EL GOLPE DE ESTADO DE JÚPITER CONTRA SATURNO.

DERECHO Y PODER EN EL CINE

ENRIQUE SAN MIGUEL PÉREZ
Catedrático de Historia del Derecho y de las Instituciones
Universidad Rey Juan Carlos. Madrid

EL GOLPE DE ESTADO DE JÚPITER CONTRA SATURNO.
DERECHO Y PODER EN EL CINE

Dykinson, S. L.

Este libro ha sido sometido a evaluación por parte de nuestro Consejo Editorial
Para mayor información, véase www.dykinson.com/quienes_somos

Editorial DYKINSON, S.L. Meléndez Valdés, 61-28015 Madrid
Teléfono (+34) 91 544 28 46-(+34) 91 544 28 69

e-mail: info@dykinson.com
http://www.dykinson.es
http://www.dykinson.com

ISBN: 978-84-9148-051-8
Depósito Legal: M-43477-2016

Maquetación:
GERMÁN BALAGUER - german.balaguer@gmail.com

Para Gonzalo de Luis Otero

ÍNDICE

INTRODUCCIÓN: EL CINE, EN FAVOR DEL PODER, DEL DERECHO, Y DE LA PAZ

"Es por orden mía y para bien del Estado por lo que el portador de la presente ha hecho lo que ha hecho"[1]. La carta que Armand du Plessis, cardenal de Richelieu, le entrega a milady de Winter en el campamento real francés que asedia La Rochela, el 5 de agosto de 1628, y que finalmente cae en poder de D'Artagnan, Athos, Porthos y Aramis, encierra toda la lógica del poder político y de su materialización institucional en la solución formal que se denomina Estado a lo largo de la historia. Y, en la clásica adaptación realizada en 1948 por George Sidney, con Lana Turner como inolvidable milady, el encuentro entre el espadachín gascón que interpreta Gene Kelly, y el purpurado que puso fin a la secular hegemonía universal hispánica y dio comienzo al gran siglo de Francia, incorporado por Vincent Price, viene a poner de manifiesto que las razones del Estado prevalecen sobre cualquier consideración, y adquieren su propia lógica, en orden a su propio bien...

... Y no necesariamente a la protección del bien común. En *Tempestad sobre Washington*, (*Advise and Consent*, 1962), la película que Otto Preminger rodó a partir de la novela de Allen Drury, la propuesta de un enfermo presidente demócrata de los Estados Unidos de nombrar como secretario de Estado a un líder pacifista no abre un debate acerca del interés nacional o la seguridad del mundo, sino una agria y despiadada

[1] DUMAS, A.: *Los tres mosqueteros 2*. Madrid. 1980, p. 806.

pugna por el poder. Seabright Colley, senador por Carolina del Sur, un típico *dixiecrat* de las décadas centrales del siglo XX interpretado en la película por Charles Laughton, más de medio siglo en el Capitolio, en el ocaso de su carrera como servidor público, pero un ocaso todavía lleno de dinamismo y de compromiso, es seguramente una de las figuras del cine que mejor definen ese irresistible impulso hacia el poder que termina desdibujando la propia motivación originaria. Si es que existió alguna vez:

> "Había desarrollado su vida pública tal como la sentía, pero nunca estando seguro de haberla comprendido por completo. Su alma al principio fue de hierro... Había tenido la determinación juvenil de vencer en cualquier oportunidad que le ofreciese la vida y hacer su propio camino en igualdad de condiciones con otros... Había sido un ambicioso sin descanso..."[2].

Manuel García Pelayo entendía el poder como la expresión dramática de un hecho tan problemático siempre como el sometimiento de un hombre a otro hombre, una realidad histórica sólo conjurada, limitada o, al menos, regulada, por el poder civilizador del derecho:

> "El hombre ha tratado constantemente de eludir, de neutralizar o de sublimar el hecho radical y terrible de estar sometido a otro hombre. Mas, como no hay unidad política sin poder, como el poder implica una relación de mando y de obediencia, y como el poder ha de ejercerse por el hombre, resulta, entonces, que hay que dar a ese hecho un sentido o una forma que lo transfigura, hasta hacerle perder su carácter de dominación interhumana. En el desarrollo de esta pretensión, la historia del pensamiento político ha creado unas fórmulas de transfiguración que, valederas para unas situaciones históricas, se convierten en inoperantes

[2] DRURY, A.: *Tormenta sobre Washington*. Buenos Aires. 1962, p. 205.

> para otras, al descubrirse que tras ellas sigue ocultándose el aborrecido poder del hombre sobre el hombre, y, entonces, otras fórmulas han de venir a cubrir el vacío abierto por la falta de convicción en las existentes..."[3].

Y entendiendo el cine, en cuanto forma de creación, como una forma de aproximación a todas las dimensiones dramáticas de la existencia humana, y además en cualquiera de sus vertientes, el poder, y con el poder su control a través del derecho, de acuerdo con la necesidad de legitimación de cualquier forma de expresión de la autoridad política, han disfrutado de una atención muy preferente a lo largo de la historia de la cinematografía. Para Orson Welles, el realizador de cine debía aspirar a madurar una percepción integral de las formas de cultura para, así, presentar una síntesis de civilización:

> "Lo que se le debe enseñar al estudiante de dirección de cine sería ni más ni menos que todo aquello de nuestra cultura que seamos capaces de sintetizar. Síntesis sí, pero no especialización. Si queremos hacer una película para el mundo de hoy tenemos que esforzarnos en comprender al máximo la mayor parte de los logros humanos conseguidos en estos últimos veinte mil años. Tenemos que haber comprendido, al menos en parte, algo de lo que era la vida bajo los faraones o lo que hizo grande a la Inglaterra de la reina Isabel, cómo se desarrolló la revolución industrial y lo que el puritanismo y la Iglesia romana han significado para la civilización occidental"[4].

---

[3] GARCÍA PELAYO, M.: *Los mitos políticos*. Madrid. 1981, p. 38: "No debe confundirse el problema que aquí planteamos con el de la legitimidad del poder político, pues más de una vez se ha tratado de legitimar, por una u otra vía, el poder del hombre sobre el hombre, mientras que aquí aludimos a la pretensión de transfiguración en un poder de otra naturaleza: de Dios, del pueblo, del derecho...".

[4] WELLES, O.: BOGDANOVICH, P.: *Ciudadano Welles*. Barcelona. 1994, p. 285.

Derecho y poder son los ejes vertebradores de esa síntesis. Charles Chaplin contaba en *Mi autobiografía* que, cuando después de la segunda guerra mundial vio *Iván el Terrible*, de Sergei M. Eisenstein, le pareció la mejor de todas las películas de contenido histórico que contempló nunca, porque "trata la historia poéticamente"[5]. Seguramente, la adopción de las formas de creación como fuente de conocimiento para el análisis de la historia, o de la política, o del derecho, determina la adopción de conclusiones poéticas, es decir, decisivamente informadas por la identidad de las fuentes. Pero el hecho sobre el que el cine deposita su mirada es el ejercicio del poder, con sus motivaciones y con sus resultados.

Y ello en el contexto del apasionante siglo XX que fue el siglo del cine. En 1931, poco antes de renunciar a su cátedra en congruencia a su oposición al totalitarismo nazi, Otto Hintze analizó las instancias de "dominación de la vida estatal" o, al menos, aspirantes a esa posición de preponderancia política, para así proceder a una clasificación de las formas de organización del sistema institucional que, casi un siglo después, conserva plena vigencia en sus perfiles esenciales, pero se interrogaba acerca de las posibilidades de futuro del "Estado nacional burgués moderno":

> "El estrato superior burgués, que ha soportado hasta ahora el Estado nacional de una manera predominante, parece ir frecuentemente al encuentro de su disolución o, por lo menos, haber perdido su influencia política decisiva. En su lugar, e incluso a su lado, vemos destacarse en parte el proletariado industrial y en parte una multicolor clase media inferior, con la pretensión a la dominación de la vida

[5] CHAPLIN, C.: *Mi autobiografía*. Madrid. 1993, p. 357: "Cuando me doy cuenta de lo falseados que llegan a ser incluso los acontecimientos recientes, la historia como tal sólo despierta en mí el escepticismo. Mientras que una interpretación poética logra dar el ambiente general de un período. Después de todo, hay más hechos y detalles válidos en las obras de arte que en los libros de historia".

estatal. El enfoque nacional y el internacional siguen apareciendo como contraposiciones irreconciliables, mientras que en el fondo solo se trata de si el nacionalismo mantiene su nota imperialista, como hasta ahora, o si adopta una nota federalista, como parece exigir el futuro. Porque de las naciones, estas formaciones de historia milenaria, no debe, naturalmente, prescindirse tampoco como portadores de la vida futura de los pueblos. Solo cabe preguntarse si han de conservar el duro y exclusivo egoísmo de su razón de Estado y de su razón de economía o si han de adoptar en su lugar un *modus vivendi* más humano, en un 'federalismo de Estados libres', como decía Kant. De ello depende en una medida predominante el futuro de la vida estatal"[6].

A lo largo del siglo XX el Estado de Derecho, como expresión institucional de un ideal político de convivencia definido por la aplicación de la regla de las mayorías desde el respeto a las minorías, la división de poderes, la efectiva tutela judicial de los derechos y libertades fundamentales, y el imperio de la ley, prevaleció sobre las agresiones autoritarias y totalitarias para abrir una nueva etapa en la historia del proyecto de civilización. El cine acompañó ese proyecto. Y por eso T. H. White, prematuramente fallecido hace ahora cincuenta años, y cuya obra *Camelot* inspiraría el musical de Broadway de Alan Jay Lerner y Fritz Loewe después llevado al cine por Joshua Logan, podía afirmar al principio de *El Libro de Merlín* que el rey Arturo había obtenido grandes logros "en favor del Poder, del

[6] HINTZE, O.: *Historia de las formas políticas*. Madrid. 1968, pp. 321-322 y 299: "1. el Estado de poder soberano en el marco del sistema europeo de Estados;

2. el Estado comercial relativamente cerrado, con una forma capitalista-burguesa de la sociedad y la economía;

3. el Estado liberal de derecho y constitucional, orientado hacia la libertad personal del individuo;

4. el Estado nacional, que abarca y acrecienta todas estas tendencias con orientación hacia la democracia".

Derecho y de la Paz"[7]. La asociación del poder con el derecho y la paz, y la descripción de sus adversarios y enemigos a lo largo de la historia, es un discurso que disfruta de una presencia invariable a lo largo de toda la historia del cine. Y este libro quiere proceder a un examen de ese proceso.

Hannah Arendt recordaba que, cuando Bonaparte declaró al convertirse en primer cónsul que asumía todos los actos de la historia de Francia desde San Luis al Comité de Salud Pública, venía a expresar el sentido de responsabilidad histórica que sobre cada ciudadano integrante de una comunidad política recae cuando asume las tareas de gobierno. ¿Incluye esa responsabilidad la acción de todos los poderes públicos, es decir, "los actos del Estado"? La visión de la filósofa alemana resulta, al respecto, sumamente lúcida cuando describe la también histórica propensión de los hombres de gobierno a separar los actos de los poderes públicos de los actos de las instancias de gobierno:

> "...tras el concepto de actos de Estado se alza la teoría de la *raison d'État*. Según esta, los actos del Estado, Estado que administra la vida del país, así como las leyes que la rigen, no están sujetos a las mismas normas que regulan los actos de los ciudadanos. Del mismo modo que la imposición del cumplimiento de la ley, que tiene la finalidad de eliminar la violencia y la guerra de todos contra todos, necesitará siempre de los instrumentos de violencia a fin de mantenerse, también es cierto que el gobierno puede verse obligado a cometer actos generalmente considerados delictuosos, a fin de conseguir su propia supervivencia, y la supervivencia del imperio de la ley"[8].

[7] WHITE, T. H.: *Camelot. El Libro de Merlín*. Barcelona. 1993, p. 717: "También quedó olvidada la angustia que él mismo había sentido al notar que fracasaba pese a todos sus esfuerzos. La Búsqueda no había llevado a ninguna parte, y los caballeros de la Tabla Redonda se dispersaron".

[8] ARENDT, H.: *Eichmann en Jerusalén*. Barcelona. 2013, pp. 433 y 422-423.

Hannah Arendt viene así a delimitar el escenario dramático en el que se desenvuelve la vida de los seres humanos, un escenario forzosamente muy atractivo para el cine. Pero no es el cinismo estatólatra del ejercicio del poder el único enemigo del ideal de civilización humanista que Otto Hintze identificaba con el Estado de Derecho. Roberto Rossellini adjudicaba a "quienes detentan el poder económico" en "todos los países capitalistas" la capacidad para controlar los medios de comunicación de masas, y ello incluyendo tanto a la prensa, para él "los más antiguos", como al cine, la radio y la televisión. Para el director romano, el Estado trabajaba al servicio de agentes públicos y de interés que no tienen nada que ver con el bien común[9].

El poder de cine, finalmente, se enfrenta a una particularidad que afecta al lenguaje cinematográfico en su conjunto: las películas empiezan a ser centenarias, a incrustarse profundamente en la historia y en la memoria, como los grandes artistas de las vanguardias, o los arquitectos del movimiento moderno. El cine no sólo hace, recoge o explica, como ciencias sociales, la política y el derecho, y con ambas la historia. El cine es historia ya. Y sus primeros grandes testimonios proyectan un mensaje

[9] ROSSELLINI, R.: *Un espíritu libre no debe aprender como esclavo. Escritos sobre cine y educación.* Barcelona. 2001, pp. 27-28: "Todos ellos significan un instrumento de gran importancia para orientar a las masas hacia valores sociales y políticos determinados, y para constituir grupos de presión que impongan su voluntad al Estado, al Gobierno y, a la vez, dirijan y condicionen la opinión pública. El poder económico, a través de los medios de comunicación, proporciona a las masas unas diversiones distractivas, trastornadoras y narcóticas... En la escalada de la difusión del 'atontamiento' colectivo, hemos llegado ahora a lo que se da en llamar 'permisividad'... Curiosamente, quienes se pretenden 'revolucionarios' reivindican estas prácticas como una conquista sobre los esquemas convencionales. Pero muy al contrario, tales procedimientos sirven sólo para crear nuevos fetiches y para hacernos cada vez más confusos, insensibles, incapaces de percibir la realidad: vivimos cada vez más frenéticamente de ilusiones. A medida que desfilan ante nuestra vista esas imágenes confusas, nos alejamos un poco más de la visión coherente de las cosas. Y así resulta fácil guiarnos, condicionarnos y orientarnos en la dirección que se desee".

muy nítido: las primeras grandes películas de la historia, esas que mi generación vio con emoción en los inolvidables cine-clubs del final de los años 70', esas que cualquier aficionado al cine se preocupa por conocer, como *Intolerancia* (*Intolerance,* 1916) de David Wark Griffith, o *El acorazado Potemkin* (*Potemkin,* 1925) de Sergei M. Eisenstein, son centenarias, o pronto lo serán. Las formas de creación y sus siempre plurales lenguajes acogen al cine, ya, con toda la solemnidad de la historia y la memoria, es decir, el "deber de memoria" de Ricoeur, el deber humano de no sólo saber historia, sino de recordar la suya, y desde la suya atesorar la compartida.

Cuando Fabrizio de Salina contemplaba las estrellas en *El gatopardo* (*Il gattopardo,* 1963), la película que Luchino Visconti rodó a partir de la novela de Giuseppe Tomasi, príncipe de Lampedusa, mantenía que, al igual que la revolución garibaldina estaba conmoviendo los cimientos del que había sido su mundo, para alumbrar una nueva Era, también los planetas conspiraban, y un golpe de Estado de Júpiter contra Saturno determinaba el orden del universo. Cabe preguntarse si nuestro mundo es jupiterino o saturnal. Rudolf Witkower mantenía que los artistas habían nacido bajo el siglo de Saturno. Los hombres de poder, desde luego, parece que no. ¿Y los cineastas?

Comillas, 29 de agosto de 2016

1. DORMIR EN EL INFIERNO: LA ANTIGÜEDAD

El cine es, siguiendo siempre la insuperable definición que aportó el maestro Nicholas Ray en una de sus más bellas películas, *bigger than life,* lo que en España se tradujo por un muy sugerente "más poderoso que la vida". Y, se diría, las grandes civilizaciones de la Antigüedad parecieron un día más fuertes que la propia historia. Desde luego, portaron consigo un inmejorable soporte para la grandiosidad del espectáculo visual y, después, audiovisual, que incorporó consigo el nacimiento del cinematógrafo. Hace ahora cien años, David Wark Griffith comenzó su repaso por la historia de la intolerancia en Babilonia. El Egipto de los faraones, a su vez, según Michel Éloy, representa la confluencia del refinamiento oriental y la brutalidad africana, la grandeza de las pirámides y de los templos y la sencillez de las pasiones y de los sentimientos, perfectamente asimilables y compartibles por el público de la áspera posguerra y la esperanzadora paz de los años posteriores a la segunda guerra mundial, que contemplaba obras tan extraordinarias como *Tierra de faraones* (*Land of Pharao,* 1954), del gran Howard Hawks, Jack Hawkins y Joan Collins en los papeles estelares, como precedente histórico del propio sistema imperial estadounidense, monumental, pero también cotidiano, en donde el faraón conversa con el arquitecto judío en medio del conflicto dinástico y familiar, sabio, sereno y lúcido, observador de las pasiones humanas, incluidas las suyas, pero perfectamente consciente de su humana fragilidad[10].

Eduard Meyer sostenía, contemplando la naturaleza fragmentaria de los testimonios históricos del antiguo Oriente, que si las líneas rectas delimitaban el conocimiento de los grandes procesos históricos en las restantes Eras, las líneas curvas aguardaban al especialista en el mundo antiguo[11]. El poder en el cine cuya mirada se desplaza hacia el exótico Oriente es siempre imprevisible y atormentado, un juguete en manos de las deidades pre-cristianas. Sinuoso. Imprevisible. Apasionante.

Marc Ferro era sumamente contundente cuando adjudicaba al cine los mismos cometidos que a cualquier forma de creación: la transmisión de ideas y conceptos, de valores y principios. Sabía que "nadie escribía la Historia inocentemente", pero pensaba que, gracias al cine, a partir del final de la primera guerra mundial, el historiador, esta vez igual que "el abogado, el funcionario, el filósofo, y el médico..." estaba "preparado para batirse", y abandonar su mirada distante[12]. Oriente parece facilitar la instalación del historiador, pero también del realizador, en la inocencia. En Oriente, el derecho, el poder y la sabiduría convergen en unos y los mismos dominios institucionales, definiendo una sociedad teocrática en donde el faraón es dios, y como dios suprema autoridad y legislador.

Mucho más atractiva para el historiador del derecho resulta la tarea cuando la sociedad teocrática desaparece, pero no la intervención de los dioses en los asuntos humanos, como irresponsables y frívolos manipuladores del acontecer humano y de la historia. En el supuesto de Grecia, como habría de hacer notar Michel Foucault cuando intentó realizar una historia de los medios de prueba que a veces quiere convertirse en una

---

[10] ÉLOY, M.: "L'Égypte: du fantasme à l'Histoire". *CinémAction nº 89. Le péplum: l'Antiquité au cinéma,* pp. 13-19. París. 4º trimestre. 1998, pp. 14-15.

[11] MEYER, E.: *El historiador y la Historia antigua.* México D. F. 1983, pp. 58-59.

[12] FERRO, M.: *Cinéma et Histoire.* París. 1993, pp. 32-33.

especie de "historia de la verdad", una premisa indispensable para el nacimiento de la civilización es la quiebra de la unidad entre poder y saber, es decir, la configuración de la ciencia y de la sabiduría como dominios autónomos. La conclusión del autor de *Vigilar y castigar* al respecto no puede ser más llamativa:

> "En el origen de la sociedad griega del siglo V que es, a la vez, el origen de nuestra civilización se produjo un desmantelamiento de esta gran unidad formada por el poder político y el saber. Los tiranos griegos, impregnados de civilización oriental, trataron de instrumentar para su provecho el desmantelamiento de esta unidad del poder mágico-religioso que aparecía en los grandes imperios asirios. En alguna medida también los sofistas de los siglos V y VI la utilizaron... Durante los cinco o seis siglos que corresponden a la evolución de la Grecia arcaica asistimos a esta larga descomposición y cuando comienza la época clásica –Sófocles representa la fecha inicial, el punto de eclosión– se hace perentoria la desaparición de esta unión del poder y el saber para garantizar la supervivencia de la sociedad. A partir de este momento el hombre del poder será el hombre de la ignorancia. Edipo nos muestra el caso de quien por saber demasiado, nada sabía. Edipo funcionará como hombre de poder, ciego, que no sabía y no sabía porque podía demasiado"[13].

[13] FOUCAULT, M.: *La verdad y las formas jurídicas*. México D. F. 1986, pp. 58-59: "Así, cuando el poder es tachado de ignorancia, inconsciencia, olvido, oscuridad, por un lado quedarán el adivino y el filósofo en comunicación con la verdad, con las verdades eternas de los dioses o del espíritu, y por otro estará el pueblo que aun cuando es absolutamente desposeído del poder, guarda en sí el recuerdo o puede dar testimonio de la verdad...

Occidente será dominado por el gran mito de que la verdad nunca pertenece al poder político, de que el poder político es ciego, de que el verdadero saber es el que se posee cuando se está en contacto con los dioses o cuando recordamos las cosas, cuando miramos hacia el gran sol eterno o abrimos los ojos para observar lo que ha pasado. Con Platón se inicia un gran mito occidental: lo que de antinómico tiene la relación entre el poder y el saber, si se posee el saber es preciso renunciar al poder; allí donde están el saber y la ciencia en su pura verdad jamás puede haber poder político".

¿No hay poder sin ignorancia? Las adaptaciones cinematográficas de las epopeyas homéricas, tanto *Ulises (Ulisse,* 1954) de Mario Camerini y Mario Bava, que protagonizan Kirk Douglas en el más elocuente Odiseo de la historia –con el permiso de Michel Piccoli en *El desprecio* (*Le Mépris,* 1963) de Jean-Luc Godard– y Silvana Mangano como Penélope y Circe, como la más reciente *Troya (Troy,* 2004), de Wolfgang Petersen, una *Ilíada* que cuenta con un extenso y brillante reparto en el que sobresalen Peter O'Toole como Príamo, Eric Bana como Héctor, Brendan Gleeson como Menelao y Brian Cox como Agamenón, pero en donde no puede olvidarse a Orlando Bloom como Paris, Diane Kruger como Helena, Saffron Burrows como Andrómaca, y Brad Pitt como Aquiles, nos presentan a los héroes y reyes de la Antigüedad, con la proverbialmente solitaria excepción del propio Ulises, como seres no precisamente denotados por su inteligencia, sagacidad y sabiduría.

Werner Jaeger procedió a una clásica interpretación de la epopeya como una suerte de universo dual, en donde los seres humanos se enfrentaban con las inevitables limitaciones derivadas de la adjudicación del poder a los dioses[14]. Y ahí

[14] JAEGER, W.: *Paideia. Los ideales de la cultura griega.* México D. F. 2012, p. 63: "...mantiene la epopeya una duplicidad peculiar. Toda acción debe ser considerada, al mismo tiempo, desde el punto de vista humano y desde el punto de vista divino... Así aparece con claridad la limitación, la miopía y la dependencia de las acciones humanas en relación con decretos sobrehumanos e insondables. Los actores no pueden ver esta conexión tal como aparece a los ojos del poeta. Basta pensar en la epopeya cristiana medieval... en la cual no interviene fuerza alguna divina y todos los sucesos se desarrollan desde el punto de vista del acaecer subjetivo y de la actividad puramente humana, para darse cuenta de la diferencia de la concepción poética de la realidad propia de Homero. La intervención de los dioses en los hechos y los sufrimientos humanos obliga al poeta griego a considerar siempre las acciones y el destino humanos en su significación absoluta, a subordinarlos a la conexión universal del mundo y a estimarlos de acuerdo con las más altas normas religiosas y morales. Desde el punto de vista de la concepción del mundo, la epopeya griega es más objetiva y más profunda que la épica medieval... Homero sitúa con la mayor resolución al hombre y su destino en primer término, aunque lo considere desde las perspectivas de las ideas más altas y de los problemas de la vida".

radicaba la grandeza y novedad radicales de la figura de Ulises, el hombre que renuncia a la inmortalidad que le propone Calypso para optar por perseverar en su condición humana. Ulises se convierte en el primer hombre porque decide serlo, y demuestra que, como Albert Camus razona con posterioridad en *El hombre rebelde*, la humanidad es por definición rebeldía.

En todo caso, la pugna entre los seres humanos y los dioses resulta tan desigual y dramática que el cine por fuerza se siente atraído por su devenir apasionante. Por eso, no debe sorprender que, desde los primeros años del siglo XXI, resurjan las grandes producciones ambientadas en la Antigüedad clásica o, en su defecto, las procedentes de cómics que se desarrollan en esa Era. Sin duda, los casos más paradigmáticos están constituidos por dos grandes películas casi sucesivas en el tiempo, además de *Troya, Alejandro Magno (Alexander the Great,* 2004), de Oliver Stone, que cuenta también con un amplio y brillante reparto que incluye a Colin Farrell como Alejandro, Angelina Jolie como Yocasta, Anthony Hopkins como el general de Alejandro y después rey de Egipto Ptolomeo I, Val Kilmer como Filipo II, Rosario Dawson como Roxana, y Jared Leto como Efestión.

Alejandro Magno, en la perspectiva estadounidense, la misma que había dedicado ya una película a su figura en la etapa dorada del cine de aventuras, heroico y el *peplum,* y todo al mismo tiempo, *Alejandro el Grande* (*Alexander the Great,* 1954) con dirección de Robert Rossen y papel estelar para Richard Burton, cobra nuevo interés como precursor de la necesidad de articular un orden compartido por Europa y Oriente Próximo cuando, a partir del atentado terrorista del 11 de septiembre de 2001, el centro de la historia regresa a su matriz milenaria, el espacio que va del Mediterráneo a Mesopotamia, el origen de la civilización, el conjunto de espacios cálidos y articulados por un gran mar y por anchos y caudalosos ríos para el comercio y para la comunicación, en donde comenzó la vida urbana, la acción reguladora y emancipadora del derecho, las formas de organización política después conocidas como estatales, la formulación de un ideal de trascendencia que cristaliza en visiones monoteístas, en definitiva, los perfiles que definen la centralidad humana, la conversión de la persona en el origen y el destino de la reflexión, la creación, el ideal, la motivación y la vocación de una existencia plena.

Tanto *Alejandro Magno* como *Troya* son películas que aproximan al espectador a la realidad de la problemática gestación de un mundo cuyos pilares, el humanismo griego, el derecho romano, y la visión trascendente judeo-cristiana, se construyen y consolidan en entornos de ambiciones enfrentadas, sueños épicos, y vocación humana de afirmación frente al capricho de los dioses antiguos, hasta que la aparición del Dios que quiere la libertad de los hombres de los cristianos impulsa al ser humano a convertirse en responsable de su propia existencia y, con ella, de sus actos. En el primer supuesto, además, la narración de Ptolomeo, un macedonio que vivirá la mayor parte de su vida en Alejandría, es decir, un ciudadano del mundo que quiso Alejandro, uniendo Oriente y Occidente bajo un mismo programa de civilización cuyo centro se radicaba en Babilonia, pero cuyos ideales eran los griegos, permite conocer con detalle hasta qué punto la grandeza del joven rey macedonio, al fin y al cabo discípulo de Aristóteles, radica en su capacidad para entender que la pugna secular entre las ciudades griegas y el imperio persa, entre Europa y Asia, era una contienda que desangraba a un mismo espacio y a un mismo continente. Y que, como todas las pugnas, la solución a la fractura venía propiciada por el encuentro entre culturas, y la creación de una nueva solución política, institucional y, también, cultural y sentimental.

En los años siguientes, *300* (*300*, 2006) y *300. El origen de un imperio* (*300. The origin of an empire*, 2014), de Zack Snyder y Noam Murro, a partir de los cómics de Frank Miller, con protagonistas como Gerald Butler-Leónidas en el primer supuesto, y actrices como Eva Green-Artemisa en el segundo, vendrían a poner en valor episodios históricos como, respectivamente, la Batalla de las Termópilas, ya abordada por *El león de Esparta* (*The 300 Spartans*, 1962), de Rudolph Maté, con Richard Egan como Leónidas y Ralph Richardson como Temístocles, o la Batalla de Salamina, para desde el lenguaje del cómic, la interpretación libre de la historia, y la adopción de nuevas soluciones cinematográficas, más próximas a las formas y lenguajes de los superhéroes, reinterpretar las Guerras Médicas de manera distinta a la película de Maté, en donde los heroicos espartanos, defensores de Occidente, se enfrentaban a la amenaza de una invasión persa cuyo triunfo representaría su aniquilamiento. La Esparta del cine del siglo XXI, en cambio, es una sociedad bélica que rivaliza con la grandeza y la exuberancia de los persas. Pero el destino de griegos y medos es compartido.

Sobre la base de esta civilización compartida, la propuesta judeo-cristiana incorpora una radical novedad. Al comienzo de *Ben-Hur*, la novela que habría de ser la base de la exitosa superproducción dirigida por William Wyler en 1959, y no casualmente hoy objeto de un remake realizado por Timur Bekmanbetov, los Reyes Magos debaten acerca del sentido de los signos que acompañan la definitiva venida del Mesías a la tierra. Uno recuerda que "la religión es sencillamente la ley que une al hombre a su Creador –...– En rigor, no contiene más que estos elementos: Dios, el alma, y su identificación"[15]. El vínculo entre Dios y los hombres se rige por parámetros jurídicos, de manera que la antigua sociedad teocéntrica cede el paso ante una organización iuscéntrica en donde las "partes contratantes" son Dios y el hombre. Judá Ben-Hur, en la inolvidable composición de Charlton Heston, es una víctima de la acción abusiva de un sistema imperial que desconoce la fortaleza de la nueva sociedad que nace cuando el ser humano se sabe poseedor de un alma.

[15] WALLACE, L.: *Ben-Hur*. Barcelona. 1977, p. 22.

Esa nueva realidad espiritual y jurídica afecta también, obviamente, a la lógica material de los grandes sistemas políticos de la Antigüedad, que se sostienen sobre la práctica del esclavismo. Lo habían hecho los sistemas despóticos orientales, no sostenidos por ningún afán ético, sino por el propio instinto de supervivencia que denota a toda forma de poder. A partir del cristianismo, hacer mal a cualquier ser humano, no digamos someterlo, vulnera la lógica de la ley suscrita por Dios y los hombres. Por eso el cura de Torcy de Georges Bernanos afirmaba que la Antigüedad había tocado a su fin con la denuncia de la esclavitud por el cristianismo. Muerto el esclavo, renace el hombre:

> "La institución murió y el Mundo Antiguo se derrumbó con ella. Se creía, trataba de creerse en su necesidad y se la aceptaba como un hecho. No volverá a restablecerse. La Humanidad no se atreverá a correr ese riesgo horrible... La ley podrá tolerar la injusticia y hasta favorecerla solapadamente, pero no la sancionará. La injusticia no volverá a tener estado legal; eso se ha terminado. Pero no por eso está menos esparcida en el mundo. La sociedad, que no se atrevería a utilizarla en beneficio de una minoría, está así condenada a proseguir la destrucción de un mal que lleva en sí, que, expulsado por las leyes, reaparece casi simultáneamente en las costumbres para comenzar al revés, incansablemente, el mismo círculo infernal. De buen o mal grado, tiene que compartir en lo sucesivo la condición del hombre, correr la misma aventura sobrenatural. Antes era indiferente al bien o al mal, sin conocer otra ley que la de su propio poder; el cristianismo le dio un alma, un alma que perder o salvar"[16].

[16] BERNANOS, G.: *Diario de un cura rural*. Madrid. 1998, p. 52.

2. CUANDO EL PODER (Y EL ESTADO) PERDURAN PARA SIEMPRE: ROMA

Entonces, ¿qué fue Roma, y qué fue y es, particularmente, para el cine? Hace una década, una maravillosa exposición recordaba en El Quirinal *La maestà de Roma*. Majestuosa, por eterna. No es una adjetivación hueca o grandilocuente. Especialmente, cuando se escribe en un hermoso dialecto del latín. Resulta sorprendente que, en términos de análisis histórico del cine, esa majestad tienda a quedar confinada dentro de un muy específico género cinematográfico, el *peplum*, un término que en España cede ante una caracterización insuperable: el "cine de romanos", en el que caben toda suerte de producciones relacionadas con la Antigüedad, romanas y no romanas, bíblicas y no bíblicas, cuyo cultivo es ya patente en los primeros años del siglo XX, y se prolonga, en su etapa de esplendor, hasta el agotamiento del género en el tránsito de la década de los cincuenta a la de los sesenta[17].

La majestad es la consecuencia de la propuesta política romana. Porque la premisa es que Roma es el primer verdadero Estado de la historia, tanto como ciudad-Estado, en un régimen de equilibrio institucional entre pueblo, magistraturas y asambleas, como en términos autocráticos asimilables a las grandes formaciones políticas orientales, habiendo calculado

[17] SOLOMON, J.: *Peplum. El mundo antiguo en el cine*. Madrid. 2002, pp. 33 y ss.

Otto Hintze para el imperio de Octavio Augusto una extensión de 3,3 millones de kilómetros cuadrados, por debajo de los 4 millones del imperio de Alejandro, pero más que duplicando los 1,5 millones del asirio-babilónico y casi multiplicando por diez el efectivo territorio del imperio egipcio, de apenas 400.000.

Roma, no digamos la Roma del cine, es un sistema histórico de poder. Partiendo de la evolución de las formas estatales que cabe advertir en la Antigüedad, Otto Hintze concebía la vida histórica como una suerte de dialéctica relación entre la identidad cultural y las bases materiales, la "lucha incesante de dioses" que resumía la definición de la historia de su compatriota y contemporáneo Max Weber. Y Roma había acertado a desarrollar las soluciones políticas e institucionales sucesivamente necesarias para consolidar una continuidad que no tardaría en cobrar aliento de eternidad:

> "El pensamiento fundamental de la escuela histórica del derecho, según el cual el derecho y la constitución son un producto del espíritu del pueblo, contiene, sin embargo, una verdad permanente y fructífera, no simplemente en oposición a las viejas nociones que querían reducirlo todo al arbitrio individual y al cálculo planificado, sino también frente a concepciones más modernas, que creen encontrar la fuerza propulsora de los movimientos históricos en la modalidad natural de los países o en las relaciones económicas de la producción. En último extremo, lo que crea o destruye las instituciones sociales son siempre fuerzas y acontecimientos espirituales... La vida histórica no es un acontecimiento espiritual aislado, progresivo de por sí, como tal vez admite Hegel, sino una constante cooperación y contraposición del mundo interior y el mundo exterior"[18].

[18] HINTZE, O.: *Historia de las formas políticas*. Madrid. 1968, pp. 18-19 y 20-21: "todas las influencias del mundo exterior actúan necesariamente a través del medio psíquico, y solo cabe preguntarse si a este se le atribuye un poder de refracción más o menos fuerte, un carácter y un efecto antagónico más o menos independiente y poderoso. Pero con esta salvedad debe

El universo romano experimenta esa tensión por la historia que distingue a los imperios cuya huella es más profunda y reconocible en la configuración del mundo en el que todavía habitamos. El emperador Claudio de Robert Graves sentía ese vértigo histórico cuando, al comienzo de sus memorias apócrifas, dirigía su relato a una posteridad distante, pero también genuina, ante la que podía expresarse con plena autenticidad, examinando la obra de sus predecesores y expresando sus anhelos políticos y personales, confiando en la benevolencia del tiempo:

> "...Nerón está destinado a gobernar como mi sucesor, a continuar con el maldito asunto de la monarquía, a desangrar a Roma y a ganarse el odio perenne, a ser el último de los Césares locos. Todos nosotros estamos locos, los emperadores. Empezamos con cordura, como Augusto y Tiberio, y aun Calígula (aunque fue un personaje maligno, al principio fue un hombre cuerdo), y la monarquía nos trastorna el seso..."[19].

---

subrayarse vigorosamente que el destino externo y las condiciones externas de vida de los pueblos tienen una influencia decisiva sobre su constitución interna...

...En tanto que Roma se convertía en imperio universal, pasaba de la forma estatal republicana a la imperial. Puede observarse claramente cómo la expansión espacial ha influido sobre este proceso del desarrollo constitucional... Los ejércitos permanentes y los mandos prolongados aparecen como precursores de una nueva forma constitucional monárquica... El final, después de tre siglos de transición, fue la introducción del despotismo oriental desde Diocleciano. Puede decirse que todo el desarrollo constitucional de la antigüedad se mueve entre los extremos del Estado-ciudad y el imperio universal".

[19] GRAVES, R.: *Claudio, el dios, y su esposa Mesalina*. Madrid. 1978, p. 532, y *Yo, Claudio*. Madrid. 1978, pp. 16-17: "Esta es una historia confidencial. ¿Pero quiénes, se preguntará, son mis confidentes? Mi respuesta es: la dirijo a la posteridad. No me refiero a mis biznietos ni a mis tataranietos. Me refiero a una posteridad remotísima. Y sin embargo tengo la esperanza de que ustedes, mis eventuales lectores de la centésima generación futura, o de más lejos aún en el tiempo, sientan que hablo con ustedes en forma directa, como si fuese un contemporáneo, como a menudo Heródoto y Tucídides, muertos tiempo ha, parecen hablarme a mí".

Pero el interés que Roma suscita en el cine, y muy especialmente en la cinematografía estadounidense posterior a la segunda guerra mundial, obedece a motivos ya presentes en la fascinación que había suscitado en la Alemania imperial o en la Gran Bretaña victoriana. Roma es la más exitosa solución política hegemónica de la historia a lo largo, al menos, de casi siete siglos, los que van del final de la Segunda Guerra Púnica, el 202 a. de C., a la deposición del último emperador de Occidente, Rómulo Augústulo, el 476. Roma, además, sobrevivirá en el derecho y, por lo tanto, en el Estado, en los idiomas procedentes del latín, hoy hablados por casi mil millones de seres humanos, en su decisiva contribución a la expansión del cristianismo, ubicado todavía hoy el Pontífice de los católicos en El Vaticano romano, y en su capacidad para regular y potenciar todos los signos y contenidos del proceso de civilización.

Roma, decía el gran Manuel García Pelayo, encarna la ambición de un orden universal, y lo hace, más allá de su plasmación concreta, desde el ideal. Un ideal que confluye con el del cristianismo naciente. Su irrupción conjunta, desde la Antigüedad tardía, en el milenio medieval, responde a la misma ilusión ordenadora y racionalizadora del mundo, de la historia, y de las relaciones políticas:

> "...hasta el comienzo de los tiempos modernos, toda pretensión hacia el imperio universal va unida al nombre de Roma, o, dicho de otro modo, que el Imperio medieval, tanto en su forma occidental como en sus formas orientales, pretendía ser una *renovatio* del Imperio romano que tiene como centro a 'Roma'...
>
> ...Es sabido cuántos templos cristianos se levantaron en lugares donde antes existían templos paganos: cambió la advocación del templo, lo que no cambió fue el *templum* en sí mismo, es decir, un lugar sagrado acotado... los poderes (...) adheridos al templo, ni, probablemente, el ámbito espacial integrado en torno al santuario. Lo propio pasó con Roma: cambió su hierofanía y lo que antes era localización

de una diosa, se convierte ahora en lugar del numen de Cristo; donde antes se fundó el Imperio pagano, se funda y fundamenta ahora la Iglesia y el Imperio cristianos; lo que antes se hacía por el poder de Júpiter, se hace ahora por el de Pedro y Pablo... pero lo que no es distinto es la lógica mítica que informa la idea de Roma, tanto en el mundo pagano como en el cristiano"[20].

Pero, de los siete siglos de orden romano en sentido estricto, un proceso seduce especialmente a la cinematografía estadounidense, y muy concretamente a la del tercer cuarto del siglo XX: la crisis de la República romana, desde comienzos del siglo I a. de C., y el tránsito hacia el principado y la consiguiente creación del imperio. Los Estados Unidos, y su modelo político fundacional de reparto y equilibrio entre poderes, políticos y territoriales, republicanos y federales, entre Congreso y Presidencia, y entre la propia Unión y los Estados, se encuentra en pleno proceso de redefinición, pero siempre con el horizonte de la concentración del poder en torno a la magistratura ejecutiva como horizonte último. Y la afinidad entre ambos procesos históricos, el antiguo y el contemporáneo, se instala en el cine.

El clima político y de pensamiento del final de la Roma republicana se hace presente ya en la adaptación que Joseph Leo Mankiewicz realiza del *Julio César* de William Shakespeare (*Iulius Caesar,* 1953), con un extraordinario reparto en el que sobresalen Marlon Brando como Marco Antonio, James Mason

[20] GARCÍA PELAYO, M.: *Los mitos políticos*. Madrid. 1981, pp. 113 y 146: "Pertenece al pensamiento mítico la creencia de que sólo el vigor adherido al centro es capaz de ordenar el espacio en torno: en el 'centro' están el 'origen', la 'causa', el 'tronco' de la ordenación espacial. Sólo la virtud del centro conforma y ordena el espacio, sólo ella convierte al caos en orden, es decir, en 'cosmos'. Más allá de donde alcanza el vigor ordenador del centro está lo caótico e informe, el mundo de los monstruos y demonios, de los infrahombres, de las tinieblas y de la tiranía. Así pues, no hay cosmos si no hay un centro con la virtud de convertirlo en tal. Por eso, el cambio de centro es correlativo al cambio de cosmos, de mundo organizado, de Imperio, y en consecuencia, el cambio de centro significa momentáneamente el desorden".

como Bruto, John Gielgud como Casio, Louis Calhern como Julio César, y Greer Garson como Calpurnia, y el siempre inolvidable discurso "Ciudadanos, romanos, compatriotas, vengo a inhumar el cadáver de César, no a ensalzarle..." en el que las personalidades del general romano y futuro triunviro y la del actor de Omaha se funden para siempre en un ejercicio clásico de persuasión retórica y de inteligencia y habilidad políticas.

Y, a las inquietudes de la Roma republicana y los Estados Unidos hegemónicos se unen las de la Inglaterra isabelina. Porque, para Shakespeare, la grandeza de César como constructor de un ideal político universal, guardaba también poderosísimos paralelismos con el propio proyecto político de la reina Isabel de Inglaterra, igualmente erguido desde la oscuridad de las contiendas intestinas y las fracturas originadas por la Reforma anglicana, la problemática dinástica que acompañó siempre a los Tudor y que, en el fondo, originó la propia Reforma, y la consiguiente crisis de las formas de representación política, una crisis a la que César responde en beneficio de un proceso de concentración de poder que él mismo representa. Igual que Isabel Tudor[21].

Pero, seguramente, dos son las películas que mejor aciertan a incorporar un análisis profundo de la naturaleza política del cambio que, se diría, siguiendo los mismos perfiles históricos, se produce tanto en Roma como en los Estados Unidos. La primera es *Espartaco (Spartacus,* 1960), de Stanley Kubrick, adaptación por Dalton Trumbo de la novela de Howard Fast, producción y protagonismo de Kirk Douglas en el papel del esclavo tracio, y un maravilloso reparto en el que sobresalen figuras como Laurence Olivier como Craso, Jean Simmons en el papel de Varinia, Charles Laughton como Graco, Peter Ustinov como el mercader de esclavos Batiato, John Gavin como César, y Tony Curtis como Antonino, el esclavo griego

[21] DRAKAKIS, J.: " 'Fashion it thus': *Julius Caesar* and the politics of theatrical representation" ALEXANDER, C. M. S. (Ed.): *Shakespeare and Politics*, pp. 206-218. Cambridge. 2004, pp. 209 y ss.

de Craso. La segunda, *Cleopatra (Cleopatra,* 1963), de Joseph Leo Mankiewicz, Liz Taylor como la última reina de la dinastía tolemaica, Rex Harrison como César, Richard Burton como Marco Antonio, y Roddy MacDowall como Octavio Augusto.

Ambas se producen y estrenan tras la realización de las últimas grandes superproducciones del cine romano-bíblico, y entre ellas *Quo Vadis? (Quo Vadis?,* 1951), de Mervyn LeRoy, *La túnica sagrada (The Robe,* 1953), de Henry Koster, *Los diez mandamientos (The Ten Commandments,* 1956), de Cecil B. de Mille, y *Ben-Hur (Ben-Hur,* 1959), de Wiliam Wyler. Es verdad que en años posteriores se producirán películas tan interesantes como *Rey de Reyes (King of Kings,* 1961), *El Evangelio según San Mateo (Il Vangelo secondo Matteo,* 1964), y *La Biblia (The Bible: In the Beginining* 1966), dirigidas por realizadores extraordinarios como Nicholas Ray, Pier Paolo Pasolini y John Huston. Pero, en pleno pontificado de Juan XXIII (1958-1963), y el comienzo del de Pablo VI (1963-1978), y en medio de la celebración del Concilio Vaticano II (1963-1965), se trata de producciones centradas en la presencia histórica de Jesucristo, o en una lectura rigurosa de los primeros libros del Antiguo Testamento, que persiguen acudir a la raíz del mensaje evangélico, y no tanto obras que pretendan proponer una reinterpretación de los orígenes del cristianismo o de las Sagradas Escrituras de acuerdo con la mentalidad que emerge tras la conclusión de la segunda guerra mundial.

En este sentido, *Espartaco* es una producción que concita múltiples resonancias. Sin duda, debe empezarse por considerar el histórico ajuste de cuentas que emprende un *blacklisted* como el guionista Dalton Trumbo, protagonista de la reciente y excelente *Trumbo* (*Trumbo,* 2016) de Jay Roach, Bryan Cranston en el papel estelar, con Diane Lane como Cleo Trumbo y Helen Mirren como una maravillosa Hedda Hopper. Cuando la película incorpora la histórica escena del "yo soy Espartaco" con el que los esclavos derrotados y cautivos se enfrentan a la propuesta de que delaten a su líder, escena no presente en la novela de Howard Fast, todos cuantos respondieron con dignidad a la "caza de brujas" del macarthismo colocan en su sitio a los delatores y los cómplices del Comité de Actividades Antiamericanas.

El guión de Dalton Trumbo, perseguido hasta la ridiculez (en su comparecencia, en donde no se le permitió leer una declaración, vulnerando sus derechos constitucionales, el senador Thomas le preguntó a Trumbo cuántas páginas tenían los guiones que escribía, y cuando le respondió que entre 115 y 160 o 170, el comentario del senador Thomas fue que se trataba de "demasiadas páginas"), representa una de las más acabadas expresiones de la gran escritura para el cine en su más acabada etapa en el Hollywood clásico [22]. Pero la película encierra también una profunda significación para su protagonista y productor, un hoy ya más que centenario Kirk Douglas, descendiente de judíos lituanos que emigraron a los Estados Unidos, y que decidió afrontar una empresa como *Espartaco*, con Stanley Kubrick como director, asumiendo su propia pertenencia a la esclavitud. Su testimonio resulta estremecedor, y permite entender el impacto de la película. Y, con el impacto, su extraordinaria vigencia:

> "Me estremece contemplar esas ruinas, la Esfinge y las pirámides en Egipto, los palacios de la India. Ves miles y miles de esclavos acarreando rocas, vapuleados, hambrientos, aplastados, muertos. Me identifico con ellos. Como dice la *Torah*: 'Esclavos éramos nosotros hacia Egipto'. Pertenezco a una raza de esclavos. Ésa había sido mi familia, yo"[23].

[22] GUBERN, R.: *La caza de brujas en Hollywood*. Barcelona. 1987, p. 44.

[23] DOUGLAS, K.: *El hijo del trapero*. Barcelona. 1998, p. 368: "Espartaco existió, pero si lo buscas en los libros de historia, verás que sólo le dedican un breve párrafo. Roma mostraba su vergüenza: ese hombre había estado a punto de destruir a los romanos. Querían enterrar su recuerdo. Llamó mi atención la historia del esclavo Espartaco, que soñaba con la muerte de la esclavitud, encajando en la coraza de Roma la cuña que finalmente la destruiría.

Pero, si importante es la figura de Espartaco, la de Craso, además magistralmente interpretada por Laurence Olivier, aporta la perspectiva del servidor del Estado. Como patricio romano, su ambición es liderar a Roma. Pero con el objeto de preservar su grandeza, consolidar sus instituciones, y garantizar la aplicación de su derecho. El Estado y el derecho son la mejor garantía de la permanencia de Roma, eterna y majestuosa. Espartaco se ha convertido en una amenaza al ideal de justicia y de belleza que Roma representa. Y Craso no vacilará en poner fin a su insurrección. De acuerdo con su sistema de valores, en hacer justicia:

> "...la muerte no ofrecía para él novedad alguna. De niño, como ocurría con los infantes de tantas entre las 'mejores' familias de la república, se le había nutrido con las leyendas del pasado. Así había llegado a creer completa y totalmente que *Roma supra hominem et factiones est*. El estado y la ley servían a todos los hombres y la ley era justa. No podría haber dicho con exactitud en qué punto dejaba de creer en eso... Íntimamente conservaba alguna ilusión, pero quien como él había podido en cierto momento definir tan claramente la justicia, ya no podía hacerlo ahora. Diez años antes había visto cómo los líderes del partido de la oposición enviaron fríamente a la muerte a su padre y a su hermano, y la justicia jamás los vengó. La confusión concerniente a qué era justo y qué injusto, aumentaba en él en vez de disminuir, al extremo de que sólo lograba una exposición racionada tomando como base la riqueza y el poder. Con toda razón la justicia haría que no se molestara ni a la riqueza ni al poder, y la importancia de los principios éticos afectados, desaparecía gradualmente..."[24].

Siempre me asombra la influencia, la magnitud del imperio romano. Caesarea, Israel: lleno de ruinas romanas. En Túnez, un coliseo. Ruinas romanas en Inglaterra. ¿Cómo llegaron a tantos sitios? Hay acueductos por todas partes... Siempre me sorprende cómo y cuánto hicieron".

[24] FAST, H.: *Espartaco*. Buenos Aires. 1955, pp. 233 y 313: "...Espartaco era un enemigo de la sociedad, colocado al margen de la ley. Era un carnicero

Sempronio Graco, líder popular, una extraordinaria composición del gran Charles Laughton, es el adversario de Craso en el Senado. La crisis constitucional suscitada por la rebelión de los esclavos les convierte en enemigos mortales. Y Craso gana. Por eso, tras liberar para siempre a Varinia y a su hijo, que se llama también Espartaco, y que ha nacido libre, medita sobre su vida y sobre la historia antes de darse muerte:

> "Pensó en su padre, un pobre zapatero... cuando los romanos trabajaban y estaban orgullosos de su trabajo. Recordó su aprendizaje político en las calles... el entrenamiento en la cínica compra y venta de votos, la forma en que se había aprovechado de las masas y cómo había escalado posiciones hacia el poder. Nunca poderío suficiente; nunca suficiente dinero. En aquellos días aún había romanos honestos que luchaban por la república, que luchaban por los derechos del pueblo, que luchaban valientemente en el Foro sobre la injusta expropiación de los campesinos y el establecimiento de grandes plantaciones con esclavos.. ¡Sacaban la cara contra la tiranía! Graco lo había comprendido. Esa era su gran virtud, la de poder comprender y entender la justicia de su causa. Pero también sabía que aquella era una causa perdida. No puede hacerse retroceder el reloj de la historia; avanza siempre, y él se había unido a las fuerzas que habían depositado sus esperanzas en la formación de un imperio...
>
> ...Tenía un sentido de la historia, un sentido del rápido transcurrir del tiempo en el cual él era sólo un instante... y esto le consolaba. Su querida ciudad perduraría. Duraría para siempre..."[25].

Lo llamativo de *Espartaco* es la plena contemporaneidad de la película, y de cada uno de sus protagonistas con ella. Fran-

---

profesional que se convirtió en un asesino, en un enemigo de todo cuanto hermoso y decente ha creado Roma. Roma trajo paz y civilización al mundo entero, pero ese sucio esclavo lo único que sabía era incendiar y destruir...".

[25] *Ibidem...*, p. 333.

cis Vanoye hacía notar que Kubrick había tratado siempre de utilizar las grandes obras de la literatura y grandes creadores a los que casi invariablemente recurría en busca de inspiración –Thackeray, Nabokov, Burgess, King o Schnitzler– como plataforma para sus propias ambiciones y delirios, y que por eso tendía a utilizar a personajes tan impostores como Barry Lyndon o Humbert Humbert[26]. Pero Espartaco, y Craso, y Graco, y César, y Lavinia, y Antonino, son de verdad. Cuando se reflexiona sobre el poder no se puede decir más que la verdad.

En *Cleopatra*, de Joseph Leo Mankiewicz, el poder, desde que César llega a Alejandría y recibe la cabeza del Pompeyo derrotado en Farsalia, adquiere perfiles muy distintos: ambición en la reina de Egipto, imperativo de plenitud en César, razón de existir en Octavio, y melancolía en Marco Antonio. Las estrategias de tan formidable conjunción de talentos políticos obedece, sin embargo, a pronunciamientos diferentes: Cleopatra aplica la inteligencia, César la racionalidad, Octavio la astucia, y Marco Antonio el encanto. Sólo Octavio sobrevive a la colisión de talentos en oposición. La astucia, esa cualidad que Albert Camus rechazaba porque la consideraba una estrategia de supervivencia, más propia del reino animal que del humano, es la nueva divisa de las relaciones políticas fundacionales del principado, es decir, de la definitiva conversión de Roma en un sistema imperial.

Rex Harrison, que contaba en sus propias memorias hasta qué punto el rodaje de *Cleopatra* había sido un fantástico derroche "de energía nerviosa y de tiempo", y no sólo de recursos materiales, mantenía que el cine de la década de los 60' que se iniciaba estaba destinado a impactar directamente "entre los ojos "del público, y mostrarle cuánto se estaba perdiendo si optaba por dedicar su tiempo de ocio a permanecer dentro de su casa languideciendo delante del televisor. Pero destacaba con enorme énfasis la genuina y seria intención de la película, y

---

26 VANOYE, F.: *L'adaptation littéraire au cinéma. Formes, usages, problèmes*. París. 2011, p. 21.

en especial de su director, por "arrojar nueva luz sobre una de las más grandes historias de la historia"[27]. Para Richard Burton, con su lacónico espíritu de galés de Port Talbot, la valoración resultaba mucho más simple: "*Cleopatra* lo cambió todo"[28].

Pero, junto a la crisis de la Roma republicana, las producciones de la década de los 60' dedicaron también una singular atención al Bajo Imperio, y muy especialmente a la caída del Imperio Romano, uno de los procesos más fascinantes de la historia. *Constantino el Grande (Constantino il Grande,* 1962), dirección de Luciano de Felice, y papel protagonista para Cornel Wilde, bien secundado por Massimo Serato, Belinda Lee y Christine Kaufmann, representa ya una excelente aproximación a una figura esencial a la definición del mundo bajoimperial, pero también del medieval, no ya por la conversión al cristianismo, por el Edicto de Milán o por la fundación de una nueva Roma que se convertirá en más que milenaria capital imperial: Constantinopla. Constantino es el emperador proclamado en York, el líder que proviene de los últimos confines occidentales del orden romano, demostrando su universalidad, el protagonista del ciclo que pinta Piero della Francesca en Arezzo para demostrar que el proyecto romano-cristiano sigue vigente

Pero, con certeza, *La caída del Imperio Romano (The Fall of the Roman Empire,* 1964), producción de Samuel Bronston y dirección de Anthony Mann, propone desde su propio título una muy completa interpretación del histórico proceso que se abrió tras la muerte de Marco Aurelio en Vindobona, en la vecindad del *limes,* el año 180. En la película, el emperador de las *Meditaciones,* interpretado por Alec Guinnes, siempre aconsejado por Timónides, el inmenso James Mason, pretende que su más querido general, el procónsul Livio, interpretado

---

[27] HARRISON, R.: *Rex. An autobiography*. London. 1974, pp. 190-191 y 194.

[28] RUBYTHON, T.: *And God Created Burton*. London. 2011, pp. 431 y ss. *Vid.* igualmente MUNN, M.: *Richard Burton. Prince of Players*. London. 2008, pp. 119 y ss.

por Stephen Boyd, que además está enamorado de su hija Lucila, Sophia Loren en la película, se haga cargo de un proceso de transición política que reinstaure una nueva República en donde los bárbaros, liderados por Ballomar, John Ireland en la pantalla, serán acogidos y educados en los valores de los ciudadanos romanos, haciendo inútil la supervivencia de la solución imperial romana, y con ella del constante esfuerzo de sostenimiento de las fronteras del imperio, que ha quebrado la hacienda romana y consumido todas las energías de su administración. Pero los planes de Marco Aurelio chocan con los de Cómodo, su hijo, un magnífico Christopher Plummer, que ambiciona la plenitud del ejercicio imperial, y rechaza la política pacifista de su padre.

James Mason era perfectamente consciente de la voluntad del productor Samuel Bronston de completar una nueva superproducción histórica, pero abordó con enorme sutileza su papel como filósofo griego partidario de la instalación de los bárbaros en el Imperio, y precursor de una nueva civilización integradora de Oriente y Occidente, el Norte y el Sur, romanos y bárbaros[29]. Éste era, y en 1964, el mensaje de la película, que se estrenó apenas unos meses después del asesinato del presidente John Kennedy, en plena escalada bélica en Vietnam, y también en pleno comienzo de la nada pacífica aplicación de la legislación sobre los derechos civiles, en un mundo escindido en bloques. La contraposición entre el mensaje y el estilo de Marco Aurelio y el de Cómodo remite a un entorno histórico en el que al mundo, y muy especialmente al Imperio americano, se le abre también la posibilidad de optar entre uno y otro modelo de liderazgo.

Algo más de un tercio de siglo después, en pleno cambio de siglo y de milenio, Ridley Scott dirige *Gladiator (Gladiator,* 2000), con casi los mismos protagonistas. Esta vez, Richard Harris interpreta a Marco Aurelio, Russell Crowe al general

[29] MORLEY, S.: *James Mason. Odd Man Out.* New York. 1989, p. 137.

hispano Máximo, Joaquin Phoenix a Cómodo y Connie Nielsen a Lucila, con la presencia de grandes actores como Oliver Reed, como maestro de gladiadores, y Derek Jacobi, como cabeza de los senadores que anhelan el restablecimiento de la República. Pero el entorno histórico de la película es diferente. En pleno cambio de Era, cuando la paz y la seguridad parecen estar implantadas en todo el mundo, el discurso histórico y político, tras el asesinato de Marco Aurelio por Cómodo, es mucho más individualista, centrándose en la peripecia del general y después gladiador Máximo, el héroe cuyos mensajes adoptan siempre tonos épicos: "lo que hacemos en esta vida tiene su eco en la Eternidad".

Era el propio Marco Aurelio quien, en sus *Meditaciones*, nos advertía de "cuán rápidamente desaparece todo"[30]. Las resonancias del pensamiento del emperador romano que más fortuna habría de atesorar en cuanto a la magnitud de los directores y actores que lo han instalado para siempre en la historia del cine resuenan con toda su escalofriante vigencia, y con ella toda la sabiduría romana, la síntesis del humanismo helénico, la practicidad civilizadora del derecho, y la tensión trascendente, que perseveran como signos delimitadores del proceso de civilización.

Sin embargo, el héroe de la Antigüedad que, según especialistas en Shakespeare como Agnes Heller, mejor se compadece con la mentalidad contemporánea, y con la naturaleza y las contradicciones de "las repúblicas modernas y las modernas democracias" es Caius Martius, "Coriolanus", duro, despiadado, soberbio, seguro de sí mismo, consagrado a servir y no a agradar, leal a las instituciones y a sus conciudadanos, pero nunca preocupado por empatizar con las unas o los otros, serio y riguroso en una atmósfera sentimental, llena de impulsos pri-

[30] MARCO AURELIO: *Meditaciones*. Madrid. 1985, p. 30: "En el mundo, los propios cuerpos; en el tiempo, los recuerdos de ellos".

marios, insegura e inestable[31]. Ralph Fiennes rodó un magnífico *Coriolano* (*Coriolanus*, 2011) muy maltratado por la crítica. En el fondo, demasiadas interrogantes, acaso demasiada sensación de familiaridad con el mundo en el que habitamos. La Antigüedad es irresistible, pero genera mucha incomodidad. Y el cine se siente mucho más confortable en una Edad no menos apasionante, pero mucho más compasivamente creada y recreada por todas las formas artísticas: la Edad Media.

[31] HELLER, A.: *The Time Is Out of Joint. Shakespeare as Philosopher of History*. Oxford. 2002, p. 282.

3. IMPUSO LA PAZ Y EL ORDEN: EL REY ARTURO

> "Tengo las siguientes opciones: puedo escoger un período y aferrarme a él, haciendo de toda la obra una pieza histórica, lo cual no me gusta porque estos cuentos son universales; o puedo, como hicieron todos los demás, hacer del pasado un amplio y complejo telón llamado 'antes'. Ahora bien, en realidad es así como la mayoría de la gente ve el pasado. En este modelo pueden operar tanto la aldea lacustre como el mercader de Toscana, porque ambos pertenecen al 'antes'. Lo único que no puede entrar es lo que pertenece al 'presente', al 'ahora'. Pero por otra parte los problemas humanos deben pertenecer todos al ahora. Malory ubicó todos los problemas del siglo quince en el 'antes'. Y yo debo ubicar los problemas de nuestro tiempo en el 'antes'..."[32].

La Edad Media es, en efecto, como hacía notar Steinbeck el 10 de agosto de 1959, siguiendo a Thomas Malory, un "antes" imprescindible a la hora de explicarnos a nosotros mismos. Pero la Edad Media en su conjunto, desde la prolongación de la Antigüedad tardía hasta su profunda penetración en el espíritu,

[32] STEINBECK, J.: *Los hechos del rey Arturo y sus nobles caballeros*. Barcelona. 1994, p. 264: "... El intervalo del tiempo en el pasado es una concepción muy reciente. Julio César no tenía dificultad en proclamarse descendiente de Venus y no sentía el hecho como muy remoto. Heródoto hace de su pasado una figura chata. Galahad es un descendiente de octava generación de José de Arimatea, y Lanzarote descendiente en séptimo grado de Jesucristo, aunque no sé cómo eso pudo ser posible...".

las formas de creación y la identidad del mundo renacentista y moderno. El Imperio Romano no desapareció en 476, porque subsistió el de Oriente, y después surgieron las nuevas síntesis germánicas, primero la visigoda, después la carolingia y más tarde la otónida, precedentes de proyectos imperiales que se prolongan hasta 1805, es decir, hasta la Era Contemporánea que toca hoy a su fin. Y eso, sin hablar de las nuevas Romas vocacionales surgidas en Europa oriental, tanto la "Romania" en sentido estricto, como la "nueva Roma" moscovita.

Pero la pervivencia del legado romano se corresponde, igualmente, con la vocación de continuidad de los pueblos que, en el extremo Occidente europeo, adoptan tardíamente civilización y cristianismo cuando, desde comienzos del siglo V, se producen las primeras invasiones germánicas. Romanidad y celtismo se enfrentan a las sucesivas oleadas invasoras a lo largo de la fachada atlántica[33], deparando una nueva síntesis política que se corresponde con la voluntad de permanencia de un orden institucional que se transforma en un programa de identidad, y también, en un mito cultural: el rey Arturo, centro de una Materia de Bretaña que encierra, ante todo, un anhelo restaurador de todo cuanto Roma representaba: el orden, la paz, la autoridad, la obra civilizadora del derecho, el control del poder y el sentido de lo público y, por lo tanto, de la preeminencia del bien común.

A finales del siglo XV, en pleno final de la Guerra de las Rosas, Thomas Malory habría de explicar en *La Morte D'Arthur*, y muy bien, las consecuencias que revistió la extinción del orden romano-celta de Uther Pendragón: "estuvo el reino en gran peligro mucho tiempo, pues cada señor que era poderoso en hombres se hizo fuerte, y muchos pensaron proclamarse rey". Por eso también, cuando se lleva a cabo la coronación de Arturo Pendragón como rey, "...juró a sus señores y comunes

[33] FLEMING, R.: *Britain after Rome. The Fall and Rise 400-1070*. London. 2011, pp. 32 y ss.

ser rey verdadero, y mantener la justicia en adelante los días de su vida"[34].

El universo artúrico representa la materialización de "una imagen ideal del mundo, la cortesana y caballeresca"[35]. Sin duda. Pero una imagen ideal que se corresponde con una concepción política e institucional perfectamente definida en sus objetivos restauradores, en su captación del sentido civilizador del derecho, y en su ambición en la construcción de complejos territoriales tan amplios cómo el imperio de los Plantagenet, y después la ambición de los reyes de Inglaterra por hacer efectiva su nominal titularidad del reino de Francia. Las primeras grandes producciones que en la historia del cine abordan la Materia de Bretaña, como *Los caballeros del rey Arturo* (*King Arthur and the knights of the Round Table*, 1954), rodada en pleno comienzo del ciclo republicano que preside Eisenhower en los Estados Unidos, dirección de Richard Thorpe, y protagonismo para Robert Taylor como Lanzarote, Ava Gardner como Ginebra, y Mel Ferrer como el propio rey Arturo, responden a esa vocación restauradora e institucional.

El *Camelot* (*Camelot*, 1967) que rueda Joshua Logan partiendo del musical de Lerner y Loewe, con Richard Harris, Vanessa Redgrave y Franco Nero como Arturo, Ginebra y Lanzarote, añade el optimismo propio de la nueva década y el espíritu kennedyano, pero siempre dentro de la misma lógica política y jurídica, cuando desde la primera canción el rey Arturo explica "una ley que fue redactada hace mucho tiempo". Una ley que prohíbe que los meses de julio y de agosto sean muy calurosos, y que pone límites legales a la nieve. Pero, a fin de cuentas, una ley. A partir de entonces, y con particular incidencia desde comienzos de nuestro siglo, la impronta céltica, que durante el tercio de siglo precedente había venido acompañando al despertar político del extremo Occidente europeo, se

[34] MALORY, T.: *La muerte de Arturo I*. Madrid. 1985, p. 15 y 20.

[35] CIRLOT, V.: *La Novela Artúrica. Orígenes de la Ficción en la Cultura Europea*. Barcelona. 1987, p. 128.

manifiesta en producciones como *Excalibur* (*Excalibur,* 1981), de John Boorman, y la irrupción de figuras como Helen Mirren y Liam Neeson, y más recientemente *El rey Arturo* (*King Arhur,* 2004), de Anthony Fuqua, y la consagración de Keira Knightley y Clive Owen. Se puede debatir si la Tabla Redonda es un *comitatus* germánico, incluso una especie de *männerbunde* germánica ordenada. Pero el liderazgo del rey Arturo obedece a una matriz política e institucional inequívocamente enraizada en la lógica romano-imperial. Britania quiere ser un Estado, y Camelot su centro de gobierno.

Y, desde su propia génesis definidora, la Materia de Bretaña quiere aportar sustento histórico al proyecto político de los Plantagenet como heredero del legado romano, pero entendido como proyecto integral de civilización. Geoffrey de Monmouth había ya reconocido la aportación de Roberto, duque de Gloucester, hijo de Enrique I Beauclerc, y no sólo por su talento militar, sino porque había sido instruido en las artes liberales. El escritor galés, que adjudica a Bruto, nieto de Ascanio y bisnieto de Eneas, el origen del propio nombre de Britania y la fundación troyana de su estirpe regia, establece también unos rasgos definitorios de la personalidad política de los britanos que se manifiestan cuando, pretendiendo Julio César la conquista de la isla, el rey Casibelauno le escribe para recordarle su común ascendencia, pero también la determinación de los britanos de defender su territorio y su identidad frente a cualquier forma de agresión o de absorción[36].

[36] MONMOUTH, G. de: *Historia de los reyes de Britania.* Madrid. 1984, pp. 2 y 54: "...esas mismas gloriosas cadenas que nos unen en un parentesco común deberían fundirnos en firme y constante amistad. Eso es lo que tenías que habernos pedido, no servidumbre, pues hemos aprendido a dar amistad con largueza, no a soportar el yugo de la esclavitud. Estamos acostumbrados a gozar de la libertad e ignoramos lo que es la servidumbre. Si los propios dioses intentaran arrebatarnos nuestra independencia, nos opondríamos a ello con todas nuestras fuerzas, y seguiríamos siendo libres. Ten por seguro, César, que si, cumpliendo tu amenaza, invades la isla de Britania, combatiremos hasta el último hombre por nuestra libertad y nuestra patria".

La emergencia de la Europa Atlántica como centro de las transacciones económicas y de pujantes intercambios comerciales, pero también como espacio cultural y de creación, completando el tránsito del eje de gravedad histórico desde el Mediterráneo, a mediados del siglo XII, se produce en un clima de pensamiento denotado por una interpretación de la historia que pone en valor la síntesis cultural que define Occidente a lo largo y desde la Edad Media. Camelot trae consigo la construcción de un mundo ético, pero también una propuesta política[37], hasta el punto de plasmarse, de manera explícita, en la propia génesis dinástica de los Tudor, cuyo fundador, el galés Enrique, conde de Pembroke, llama Arturo a su propio hijo primogénito[38].

Pero es la singular experiencia de estabilidad política e institucional liderada por los Plantagenet, y singularmente por Enrique II y Leonor de Aquitania, la que otorga significación política a las legendarias tradiciones del mundo celto-romano. La pareja que lideraba el proyecto angevino había disfrutado de los nada disimulados elogios de un Chrétien de Troyes cuya espiritualidad no tendía precisamente a aproximarle a la vida mundana: "despreciad al mundo por amor a Dios y tened a todo lo demás en menosprecio"[39]. Que dos de los primeros narradores de la Edad Media cuyo nombre conocemos disfrutaran del regio patrocinio de los Plantagenet-Aquitania indica que su proyecto político, como todos los grandes proyectos políticos de la historia, conjugaba las soluciones jurídicas e institucionales con la creación de un vasto espacio de civilización en donde pudieran florecer las formas artísticas y de pensamiento.

---

[37] SAN MIGUEL PÉREZ, E.: *La lectora de Fontevraud. Derecho e Historia en el Cine. La Edad Media*. Madrid. 2013, pp. 100 y ss.

[38] GRIFFITHS, R. A.; THOMAS, R. S.: *The Making of the Tudor Dinasty*. London. 1997, 45-47.

[39] TROYES, C. de: *Guillermo de Inglaterra*. Introducción de Marie-José Lemarchand. Madrid. 1991, pp. 6 y ss.

En la cultura atlántica, el sentido ordenador del derecho se encuentra muy asumido, al menos por la autoridad política, en el siglo XII. Ya Guillermo de Aquitania, abuelo de la doble reina Leonor, primero de Francia, por su matrimonio con Luis VII, y después de Inglaterra, tras su boda con Enrique II, decía en uno de sus poemas que una dama había acudido quejosa a solicitar su intercesión, pues sus tres guardianes la tenían encerrada y "dice que no se avienen a derecho ni a ley"[40]. Y el ideal artúrico entrará en crisis cuando sus propios paladines, y entre todos el más dotado para su liderazgo, el bretón Lanzarote del Lago, inolvidables Robert Taylor, Franco Nero, Nicholas Clay, o Ioan Gruffudd en el cine, pero también la propia reina Ginebra, no menos inolvidables Ava Gardner, Vanessa Redgrave o Cherie Lunghi, traicionan el ideal de armonía y de justicia radicado en Camelot. Considerando que Robert Taylor era el rostro de los 50', y el paradigma de grandeza, de generosidad y de lealtad[41], su selección como Lanzarote por Richard Thorpe ilustra adecuadamente la magnitud del drama artúrico.

En *Los hechos del rey Arturo y sus nobles caballeros*, John Steinbeck sostenía que el joven Arturo "demostró que era un auténtico rey" en cuanto "impuso la paz y el orden en todo el reino"[42]. Paz y seguridad jurídica son dos atributos que acompañan al mito artúrico, y al conjunto de la Materia de Bretaña.

---

40 AQUITANIA, G. de: *Poesía completa*. Edición de Luis Alberto de Cuenca. Madrid. 1983, p. 9.

41 MOIX, T.: *Hollywood Stories*. Barcelona. 1971, pp. 148 y ss.

42 STEINBECK, J.: *Los hechos del rey Arturo...*, pp. 22 y 21: "...escuchó las quejas y acusaciones de los crímenes y desmanes perpetrados en el reino desde la muerte de su padre Uther Pendragon, que aludían a territorios y castillos tomados por la fuerza, a hombres asesinados, a caballeros, damas y gentileshombres asaltados y despojados durante ese periodo en que no había rey ni justicia. Y Arturo hizo devolver las tierras y posesiones a sus auténticos propietarios.

Cumplida esta tarea, el rey Arturo organizó su gobierno. Designó a sus caballeros más fieles para los altos cargos. Nombró a Sir Kay senescal de toda Inglaterra, a Sir Bawdewyn de Bretaña condestable, para que guardara el orden y la paz. A Sir Ulfius le nombró chambelán, y a Sir Brastias guardián de las marcas del norte, pues del norte procedía la mayor parte

Arturo no es un caballero que participa en brillantes torneos, sino un líder político que porta consigo la institucionalidad y la estabilidad, capaz de establecer y consolidar la seguridad. La memoria artúrica evoca un legado de unidad, de orden, de equilibrio y de armonía en la vida pública.

Pero, sobre todo, el fundamento de la epopeya política artúrica, y la razón de su impacto en todas las formas de creación desde la propia literatura medieval, la popular y la cortesana, y en el cine a lo largo del último siglo, y en la acción política, y en la mentalidad popular, es que se trata, sobre todas las cosas, de una historia de lealtad y de confianza y, por tanto, de esplendor en sus episodios más brillantes, y de profunda decepción cuando los múltiples vínculos de fidelidad y de identidad tejidos entre los protagonistas de la hermandad de la Tabla Redonda, y la propia familia real Pendragón, se quiebran. García Pelayo no tenía la menor duda cuando, al aproximarse al análisis de la lógica política medieval, identificaba la lealtad como la base imprescindible para el funcionamiento del sistema:

> "La *fides* es el vínculo político fundamental de la Edad Media. Sobre ella se sustentaba la relación del hombre con Dios que, salvo su primacía sobre cualquier otra creencia y lealtad, no difería sustancialmente de la *fides* terrestre. Sobre la *fides* se basaba también la unidad política, pues todo aquel que tuviera personalidad política estaba unido a alguien por la *fides*, fuera a un señor, a una corporación o a un rey, y la extensión del poder real –en la que está precontenida la idea moderna del Estado– significa tanto como la expansión de la *fides* a él debida... la constitución estamental tenía como uno de sus supuestos la *fides* correlativa entre el rey y el reino...
>
> La nuda obediencia, el cumplimiento incondicional de una orden sin penetrar en sus motivos, racionalidad y justicia, se consideraba que sólo podía ser vínculo con gentes no

de los enemigos de Inglaterra. En pocos años, Arturo conquistó el norte y tomó Escocia y Gales...".

> libres, y, por tanto, sustancialmente desiguales; entre libres e iguales lo único que cabía era la *fides* que no enajenaba la voluntad del vasallo a la del señor, que, por tanto, no aniquilaba su personalidad y que se basaba en una relación de reciprocidad, obligando solamente en la medida en que la otra persona mantuviera también su fe. La *fides* era, pues, la expresión, en el campo de la relación política, de la idea de libertad y de igualdad, tal como eran concebidas en esa época histórica. Tal es el principio que preside tanto el explícito pacto feudal como el implícito pacto estamental"[43].

Marc Bloch decía que "el historiador no tiene nada de hombre libre. Sabe del pasado, sólo lo que el mismo pasado quiere confiarle"[44]. El historiador del derecho acude en su auxilio para tratar de medir el impacto de la lealtad medieval en la configuración de las ideas de libertad y de igualdad esenciales al nacimiento de la modernidad, o el surgimiento de una concepción del pacto que informa la relación entre las comunidades políticas nacientes europeas y sus centros de poder. Y Camelot, y la Materia de Bretaña en su conjunto, evocan y conjugan la libertad, el orden y la paz como atributos del ejercicio legítimo del poder político.

El contemporáneo interés por Camelot de la literatura y el cine, entre otras formas de creación, pero también de la investigación histórica, y tanto en el ámbito del pensamiento como de las formas políticas, obedece a la contraposición entre la identidad del universo artúrico, como expresión del ideal de civilización occidental, y las formas totalitarias y autoritarias. La Tabla Redonda se encuentra en las antípodas de toda forma

---

[43] GARCÍA PELAYO, M.: *Los mitos políticos...*, pp. 289-290 y 291: "...medido con el patrón del Estado moderno, el orden político medieval era harto inseguro, endeble y laxo, pero no menos cierto es que, con todo, aseguró la vida social y cultural varios siglos, y ello sólo pudo deberse a la intensidad de las creencias en que se sustentaba la *fides* y en la específica significación de ésta para el hombre de la Edad Media".

[44] BLOCH, M.: *La sociedad feudal*. Madrid. 2002, p. 24.

de poder dictatorial. En la novela de T. H. White que inspiró a Alan Jay Lerner, y cuya edición originaria se produjo en uno de esos años de la historia que no necesitan explicación adicional, 1939, el mago Merlín le explica al rey Arturo y a su hermano de leche, el senescal Kay, empeñado en la posibilidad de que el rey pueda obligar a sus súbditos a aceptar sus designios siempre que sea "en su propio beneficio", cuál es el sentido último de las responsabilidades públicas y, sobre todo, de las responsabilidades ante la historia:

> "...Conocí un hombre parecido, cuando yo era joven. Se trataba de un austriaco que inventó una nueva forma de vida y se convenció a sí mismo de que era la persona adecuada para imponerla. Trató de efectuar la reforma por medio de la espada, y sumergió al mundo civilizado en la miseria y el caos. Lo que aquel individuo había olvidado es que en ese asunto de reformar la vida de los seres humanos tuvo un predecesor llamado Jesucristo. Es de imaginar que Jesús supiera tanto como el austriaco sobre la forma de salvar a la gente. Pero lo extraordinario es que Cristo no convirtió a sus discípulos en matasietes, ni arrasó el Templo de Jerusalén, ni hizo recaer la culpa sobre Poncio Pilatos. Por el contrario, dejó claramente sentado que la tarea de los predicadores era *explicar* sus doctrinas a la gente, y no *imponerlas* por la fuerza"[45].

Richard Harris mantenía que los críticos tenían razón cuando afirmaban que *Camelot* le había brindado todo cuanto esperaba del cine, prestigio, fama, encanto, arte, fascinación... Todas las sublimes sensaciones que, hasta entonces, únicamente había experimentado jugando al rugby. Pero que no habían captado el último y supremo placer que le había regalado la película: la posibilidad de cantar[46]. John Huston volvería so-

---

[45] WHITE, T. H.: *Camelot. El Libro de Merlín...*, p. 289.

[46] FEENEY CALLAN, M.: *Richard Harris. A Sporting Life*. London. 1992, p. 124.

bre el tema cuando, en 1974, llevó al cine *El hombre que pudo reinar* (*The man who would be king)* de Rudyard Kipling, con Séan Connery, Michael Caine y Christopher Plummer en los papeles principales. "¿De qué le sirve a un hombre ser rey si no puede cantar?". El rey Arturo cantaba. Como el presidente John Kennedy cuando, al finalizar la jornada de trabajo en la Casa Blanca, se reunía con su familia y escuchaba el musical de Lerner y Loewe. Como los hijos de Robert Kennedy cuando en 1968, queriendo que su padre presentara su candidatura presidencial, le ponían *El hombre de La Mancha* (*Man of La Mancha*, 1965), de Dale Wasserman, música de Mitch Leigh y letra de Joe Darion, en el desayuno. El rey Arturo el modelo de "rey perfecto" seguido por todos los grandes mandatarios del mundo angloparlante, al menos, desde los Plantagenet o el gran Eduardo III[47], no es el primer hombre de poder que canta: ya lo hacían el rey David o Nerón. Pero, de acuerdo con el musical de Lerner y Loewe, sí que es el primero que admite haber aprendido de la gente sencilla una gran lección: cuando está triste, silba. Su fortaleza no proviene de la inspiración de ninguna forma de temor, sino de la franqueza con la que se manifiesta frágil, vulnerable o sensible, y reconoce que resulta muy fácil hacerle daño. Entrega incondicionalmente su confianza y su lealtad sabiendo lo mucho que le lastimaría no ser correspondido en la una o en la otra. Su fortaleza reside en su vaciamiento. Lo da todo. Compromete su reino y su existencia al servicio de un ideal. Nada puede perder quien ya lo ha dado todo.

Seguramente el legado del rey Arturo de T. H. White permanece más vivo y vigente que nunca. Arturo no entiende la atomización política, las disputas territoriales, las divergencias entre los seres humanos, el trazado de fronteras artificiales. En términos históricos es un hombre de la Antigüedad romana tardía, perteneciente a un espacio de civilización grandioso, en

[47] MORTIMER, I.: *The Perfect King. The Life of Edward III, Father of the English Nation*. London. 2007, pp. 3 y ss.

donde la fractura no tiene cabida. Contempla la existencia con grandeza y generosidad. Su medida es universal e intemporal. Seguirá habiendo películas sobre el rey Arturo mientras el cine exista. Ningún otro líder político de la historia sumará nunca más y mejores argumentos:

> "Entonces Arturo vio el problema delante de él tan claramente como si estuviera representado en un mapa. Lo más notable acerca de las guerras era que se luchaba por nada, realmente por nada. Las fronteras no eran más que líneas imaginarias. No existía ninguna línea visible entre Escocia e Inglaterra. La culpa era de la geografía, de la geografía política. Eso era todo. Las naciones no tenían necesidad de poseer el mismo tipo de civilización ni el mismo tipo de dirigentes, como no los tenían ni los pufinos ni las alcas. Todos podían conservar sus propias costumbres, igual que los esquimales y los hotentotes, con tal de que se concedieran unos a otros la libertad de comercio y el libre acceso a todas las zonas del mundo. Los países debían convertirse en condados o provincias, pero provincias que conservaran su propia cultura y las leyes locales. Las líneas imaginarias de la superficie de la tierra deberían eliminarse, puesto que las aves, que habitaban en el aire, las desdeñaban por naturaleza"[48].

[48] WHITE, T. H.: *Camelot..*, p. 713: "Recordó las lecciones que recibiera del tejón; recordó a la gansa salvaje y la isla que vieron durante su viaje migratorio, donde convivían pacíficamente los pufinos, las alcas y las gaviotas, protegiéndose de la civilización sin luchar entre ellos, porque tampoco tenían fronteras que mantener".

4. EL PODER ES PRESENTE: LA EDAD MEDIA DEL CINE

El rey Arturo es una figura que se ubica entre la historia y la leyenda: reiteradamente evocado, pero muy poco emulado. Los sucesores de Arturo, incluso los lectores y promotores de la anotación de sus aventuras, son mujeres y hombres de poder. Anthony Hopkins cuenta siempre que Katharine Hepburn le enseñó a ser actor cuando, en el rodaje de *El león en invierno* (*Lion in Winter,* 1968), de Anthony Harvey, interpretando él al todavía duque de Aquitania y futuro rey Ricardo de Inglaterra, y la Hepburn a su madre, la reina Leonor, fue sacudido por la gran dama del cine para que reaccionara e hiciera su trabajo[49].

Lo que conseguiría Katharine Hepburn, además de su cuarto Óscar como actriz principal, un registro nunca alcanzado por nadie más, fue inaugurar una Edad Media contemporánea, con lenguaje e inquietudes de nuestro tiempo, en un cine que habría de acudir a siglos como el XII para encontrar respuestas a lo que resulta inexplicable en el XXI. Ridley Scott se empeñó en convertir a Balian de Ibelin-Orlando Bloom en el campeón de la tolerancia religiosa y la movilidad social en *El reino de los cielos (Kingdom of Heaven,* 2006) y a Robin de los Bosques-

[49] FEENEY CALLAN, M.: *Anthony Hopkins.* Barcelona. 1994, pp. 143-144: " 'Ahí está la maldita lente. Enfocándote a ti. Parte de esta escena es tuya. Si no la quieres, dámela y te aseguro que la aprovecharé. Puedo hacerte desaparecer de la maldita pantalla".

Russell Crowe en el autor moral de la *Magna Charta* en *Robin Hood (Robin Hood,* 2010) Por en medio, Edward Norton nos regaló una magnífica composición del gran Balduino IV de Jerusalén, "el rey leproso", y Eva Green a una inolvidable reina Sibila, por no hablar de Jeremy Irons como Tiberias y Brendan Gleeson como Renato de Chatillón, en unas caracterizaciones históricas que le deben mucho, muchísimo, a Steven Runciman[50]. Robin Hood, se convierte, igualmente, en una presencia constante en la historia del cine, desde Michael Curtiz a Ridley Scott, pasando por Richard Lester o Kevin Reynolds, con una aureola tan grata para la mentalidad occidental como la que acompaña al desprendido ladrón que roba a los ricos para entregar el botín a los pobres. Y, de paso, según Scott, convertirse en el precursor del régimen parlamentario y la cultura de los derechos[51].

El cine procede, así, a la idealización de un proceso que disfruta de un sólido basamento histórico, jurídico y político. Otto Hintze hacía notar que era el Estado feudal la matriz de las formas estatales modernas y contemporáneas, considerando que las instituciones medievales se caracterizan por su vocación particularista, el predominio de lo que el científico prusiano denomina el "momento personal sobre el institucional", y el elemento jerárquico, basado en la íntima conexión entre el Estado y la Iglesia[52]. Ese "momento personal" se adapta

---

[50] RUNCIMAN, S.: *Historia de las Cruzadas II. El Reino de Jerusalén y el Oriente Franco (1100-1187)* Madrid. 1981, p. 400: "...en marzo de 1185, la muerte liberó al rey Balduino IV de las agonías de su larga enfermedad. Sólo tenía veinticuatro años. Fue el más desgraciado de todos los reyes de Jerusalén. Su capacidad estaba fuera de toda duda y su valor era enorme. Pero desde su lecho de enfermo fue impotente para dominar las intrigas en torno a él y demasiado a menudo hacía cedido a la nociva influencia de su perversa madre y de su necia hermana".

[51] AMY DE LA BRETÈQUE, F.: *La légende de Robin des Bois*. Toulouse. 2001, pp. 83 y ss.

[52] HINTZE, O.: *Historia de las formas políticas*. Madrid. 1968, pp. 40-41 y 296: "...En los reinos feudales de la Edad Media, el estamento militar hacendado conservó o se apropió, junto con el clero, el ejercicio de las funciones políticas más importantes, y el nacimiento del Estado moderno no es

admirablemente al lenguaje cinematográfico, tanto el histórico como el de aventuras, siempre muy próximo a los perfiles épicos y a los ideales heroicos que, desde las formas de la creación románticas, y muy singularmente la pintura y la literatura, atesora la Edad Media. Cuando Walter Scott decide dedicar una de sus más representativas novelas, *Ivanhoe,* llevada al cine por Richard Thorpe *(Ivanhoe,* 1952), con Robert Taylor en el papel principal de Wifrido de Ivanhoe, George Sanders como Brian de Bois-Gilbert, Deborah Kerr como Lady Rowena, Liz Taylor como Rebeca de York, y Finlay Currie como Sir Cedric, a la rebelión sajona contra la hegemonía normanda en Inglaterra, y muy especialmente con el telón de fondo de la regencia de Juan sin Tierra tras la marcha de su hermano mayor, el rey Ricardo, a Tierra Santa, y después su cautiverio en tierra germana, no hace más que poner letra al imaginario romántico que explica el nacimiento de Inglaterra como nación. Y, desde las primeras páginas de la novela, la interpretación de la historia inglesa posterior a la batalla de Hastings que aporta el novelista escocés no puede ser más nítida:

> "...Los nobles, cuyo poder había llegado a ser exorbitante durante el reinado de Esteban, y a los que la prudencia de Enrique II había reducido difícilmente a cierto grado de sujeción a la Corona, habían recobrado casi completamente su antiguo desenfado, despreciando la débil intervención del Consejo de Estado de Inglaterra, fortificando sus castillos, aumentando el número de sus vasallos, reduciendo a estado de servilismo todo cuanto se encontraba a su alrededor.
>
> La situación de los hidalgos o *franklines,* como se llamaba a los que por la ley y espíritu de la Constitución tenían

otra cosa que el proceso de estabilización de esta organización feudal de la sociedad. De esta manera nace, bajo el dominio del poder estatal soberano, es decir, absoluto, una nueva sociedad burguesa concebida de una manera individualista y sometida a las normas de un derecho privado general; y finalmente esta sociedad burguesa se emancipa ampliamente del dominio del Estado absoluto y se enfrenta al Estado moderno plenamente desarrollado, el Estado liberal del siglo XIX...".

> derecho a permanecer independientes de la tiranía feudal, llegó a ser enteramente precaria...
>
> Una circunstancia que tendió a enardecer la tiranía de la nobleza y los sufrimientos de las clases inferiores fue el conjunto de consecuencias que tuvo la conquista por el duque Guillermo de Normandía. Cuatro generaciones no fueron suficientes para aliar la sangre hostil de los normandos y anglosajones, o para unir por la comunidad del lenguaje y mutualidad de intereses dos razas hostiles, una de las cuales aún sentía la vanidad del triunfo, mientras que la otra gemía bajo todas las consecuencias de la derrota. El Poder había sido colocado completamente en manos de la nobleza normanda... y... usado, según la Historia nos asegura, con no mucha moderación. La raza entera de príncipes y nobles sajones había sido desarraigada y despojada, con pocas excepciones; no era grande el número de los que poseían tierra en el país de sus padres, ni como arrendatarios ni como clase inferior aún"[53].

Para el cine clásico, especialmente a partir del *New Deal,* los esquemas de interpretación de Walter Scott no podían resultar más gratos para sus ideales. La historia de la gente común que decide levantarse en contra de una autoridad tiránica para defender su estilo de vida, su familia y su comunidad, es decir, para defender las raíces del régimen parlamentario

[53] SCOTT, W.: *Ivanhoe*. Barcelona. 1984, pp. 5-7: "La política real fue por todos los medios, legales o legales, tendente a debilitar la fuerza de aquella parte de la población justamente considerada como albergue de la más inveterada antipatía por su vencedor. Todos los monarcas de la raza normanda mostraban la más marcada predilección por sus súbditos normandos: las leyes de caza y otras igualmente desconocidas paras el dulce y libre espíritu de la Constitución sajona fueron echados como yugo sobre los sojuzgados habitantes, para añadir más peso, si hacía falta, a las feudales cadenas de que estaban cargados. En la Corte y en los castillos de los nobles principales, donde la pompa de la Corte era emulada, el francés normando era el único lenguaje empleado; en los tribunales, los pleitos y juicios se substanciaban en la misma lengua. En suma: el francés era el lenguaje de honor de la caballería, y siempre de la justicia, mientras que el más expresivo lenguaje anglosajón se abandonó al uso de los rústicos y patanes, que no conocían otro...".

y de libertades que, de acuerdo con la interpretación que la cultura anglosajona hace de su propia historia, se plasma desde comienzos del siglo XIII, es la historia de las minorías y de los excluidos que, a partir de 1932, otorgan a los demócratas cinco victorias consecutivas en las elecciones presidenciales estadounidenses.

No debe resultar extraño, así pues, que la Edad Media ocupe un lugar tan excepcional en las producciones de contenido histórico, de aventuras, o de reflexión política e incluso espiritual, a lo largo de toda la historia del cine. Uno de los protagonistas de *Ivanhoe,* el bandido Robin de Locksley, cuyas andanzas tenían lugar en el bosque de Nottingham, había contado ya con una gran producción en pleno comienzo de la Era Roosevelt, *Las aventuras de Robin de los bosques (The adventures of Robin Hood,* 1938), Michael Curtiz director, y Errol Flynn y Olivia de Havilland, "encantadora y distante", como diría su más caracterizado galán, y hoy ya centenaria, en los papeles protagonistas[54]. Cuando en el final de la década de tiranos como, entre otros, Hitler, Mussolini y Stalin, los espectadores contemplan a un sonriente Errol Flynn dándole la bienvenida al bosque de Sherwood a Olivia de Havilland, se sienten partícipes de una historia que es la suya, e involucrados en el combate por devolver el reino al derecho, la justicia y la legitimidad, derrotando a Juan sin Tierra y sus secuaces. La Edad Media pertenece al *New Deal* tanto como las películas de John Ford, Frank Capra y Leo McCarey.

La legitimidad del régimen político es una garantía de paz, seguridad jurídica y orden público, de racionalidad y de modernidad. Y, por eso, Ernst Kantorowicz decía que uno de los obstáculos esenciales al desarrollo jurídico e institucional de las grandes comunidades políticas a lo largo de la historia que pudo resolverse gracias a la consolidación de los reinos medievales fue el de la "continuidad" en el ejercicio de las

[54] FLYNN, E.: *My Wicked, Wicked Ways*. London. 2002, p. 208.

responsabilidades de gobierno[55]. Por ello, algunas de las más caracterizadas producciones entre las centradas en la plenitud de la Edad Media acuden, precisamente, a la problemática que se suscita cuando uno de esos reinos medievales que persigue la continuidad se enfrenta a una conflictividad interna que responde a una radical naturaleza ética. Y, en este sentido, excepcional es el tratamiento que a la materia aporta *Becket* (*Becket*, 1964), dirigida por Peter Glenville, con Richard Burton como el arzobispo de Canterbury, Peter O'Toole como Enrique II Plantagenet, John Gielgud como Luis VII de Francia, y Sián Philipps como Leonor de Aquitania.

La película se inspira en *Asesinato en la catedral* de T. S. Eliot. Contiene una maravillosa conjugación de los exuberantes talentos celtas del galés Burton y el irlandés O'Toole. Y, con el telón de fondo de la pugna entre Enrique II y el antiguo canciller del reino y arzobispo de Canterbury y, también, respectivamente, entre el normando y el sajón, entre los amigos Enrique y Tomás, se aborda la problemática política con la autenticidad y la belleza del lenguaje de Eliot. De esta forma, en la segunda parte de la obra, uno de los caballeros que le dieron muerte a Becket, el llamado "segundo caballero", describe muy bien los objetivos políticos que explican el magnicidio:

> "Nuestro rey vio que lo único necesario esa restablecer el orden, moderar el excesivo poder de la administración local, ejercida generalmente con miras egoístas y con frecuencia sediciosas, y reformar el sistema legal. Entonces se propuso que Becket, que se había revelado como un gobernador extremadamente capaz –nadie lo niega–, reuniera los cargos de canciller y arzobispo. De haber cumplido Becket los deseos del rey, hubiéramos tenido un Estado casi ideal: unión de la administración espiritual y temporal bajo el gobierno central. Conocí bien a Becket, en relación con di-

[55] KANTOROWICZ, E. H.: *Los cuerpos del rey. Un estudio de teología política medieval*. Madrid. 1985, pp. 314 y ss.

> versos asuntos oficiales, y puedo afirmar que jamás conocí a nadie tan calificado para el más alto puesto en el servicio del Estado. ¿Y qué sucedió? En el momento en que Becket, a instancias del rey, fue nombrado arzobispo, dimitió del cargo de canciller, se hizo más sacerdote que los sacerdotes, y de una manera ofensiva y ostentosa, adoptó una vida ascética, afirmando, seguidamente, que existía un orden más alto que el que nuestro rey, y él como servidor del rey, se había esforzado en establecer durante tantos años. Y que –Dios sabe por qué– los dos órdenes eran incompatibles"[56].

Cuando Melvin Bragg, uno de los grandes amigos de Richard Burton, escribió una de las más autorizadas entre la biografías autorizadas del gran actor, incluyó un bellísimo texto escrito por el propio Burton, el amigo y compañero de correrías de Dylan Thomas, en donde describía su composición del personaje, y los argumentos a los que había recurrido para presentar al servidor público que, en pleno despiadado proceso de afirmación de la autoridad regia, había decidido oponer una visión ética con la sencillez silente del hombre de principios:

> "La batalla y la transformación de Thomas Becket de lo temporal a lo espiritual es tan fascinante para el actor cuanto para el autor, presentando las mismas dificultades para ambos. Es comparativamente sencillo ser un hombre encendido e iracundo. Pero no es tan fácil convertirlo en un pálido hombrecillo aislado, consumido por la furia de su te-

[56] ELIOT, T. S. *Asesinato en la catedral.* Madrid. 2009, pp. 82-83: "Nadie lamenta más que nosotros el empleo de la violencia. Desgraciadamente, hay momentos en que la violencia es el único medio de asegurar la justicia social. En otro tiempo hubierais condenado al arzobispo con una votación del Parlamento y hubiese sido ejecutado como traidor, y nadie tendrá que cargar con la responsabilidad de ser llamado asesino... Pero si habéis llegado ahora a una justa subordinación de las pretensiones de la Iglesia a la buena marcha del Estado, recordad que fuimos nosotros quienes dimos el primer paso... Hemos servido vuestros intereses, y por ello merecemos vuestro aplauso. Y si en este asunto hay algo de culpabilidad, por pequeña que fuera, debéis compartirla con nosotros".

> rrible fe, que avanza con incertidumbre hacia una santidad inalcanzable e imposible... Debe ser taciturno, reservado, parco y avaro de hermosas palabras. Ése es el problema del autor y el actor con un personaje como Becket: tenerlo lo más callado posible sin que pierda interés"[57].

Pero no tiene menos poder el que más calla. En la primera parte de la tragedia de Eliot, el "cuarto tentador" enviado por el rey para incitar a Tomás Becket a que deponga su actitud, admite la naturaleza del verdadero poder, enumerando al arzobispo de Canterbury todos los argumentos que avalan su privilegiada posición como administrador con la fuerza que asiste a quien disfruta del "pleno dominio del poder del espíritu":

> "Pero, ¿qué es el placer o el gobierno real,
> el poder de los hombres ejercido bajo un rey,
> con la astucia en los rincones o las furtivas estratagemas,
> comparado con el pleno dominio del poder del espíritu?
> El hombre está oprimido por el pecado, desde la caída de Adán.
> Vos poseéis las llaves del cielo y del infierno.
> El poder de atar y desatar. Atad, Tomás, atad
> al obispo y al rey a vuestros talones.
> Rey, emperador, obispo, barón, rey.
> Inseguro dominio de ejércitos vulnerables.
> Guerra, miseria y revolución,
> conspiraciones nuevas y pactos que se rompen,
> ser señor o criado en una hora,
> tal es el curso del poder terrenal...
> Vos tenéis la madeja. Devanad, Tomás, devanad juntamente
> el hilo de la eterna vida y muerte
> Vos tenéis el poder. Sostenedlo firmemente"[58].

---

[57] BRAGG, M.: *La vida de Richard Burton*. Barcelona. 1990, p. 195.

[58] ELIOT, T. S.: *Asesinato en la catedral...*, pp. 34 y 27, Tomás Becket define muy bien las limitaciones del poder temporal: "Potestad temporal es hacer un mundo bueno,/ imponer el orden como el mundo lo entiende./ Los que depositan su fe en el orden del mundo,/ que no fue fiscalizado por el orden de Dios,/ en confiada ignorancia, contienen el desorden,/ pero lo hacen más

En el caso de *Braveheart* (*Braveheart*, 1995), de Mel Gibson, el esquema del director australiano es tan clásico y, por lo tanto reconocible, como eficaz: de nuevo siguiendo el modelo del cine del *New Deal*, esta vez en el marco de un nuevo mandato demócrata en los Estados Unidos, el liderado por Bill Clinton, procede a ubicar en la Edad Media las inquietudes y los anhelos del final del siglo XX. Y lo hace acudiendo a la épica y a la aventura como sede natural de los más nombres sentimientos: la lealtad, el amor sin límites, la inocencia, la coherencia, la audacia, y la generosidad. Y lo hace contando con una espléndida banda sonora de James Horner y un reparto integrado por rostros clásicos, como Ian Bannen, Patrick MacGoohan y Sophie Marceau, pero también Catherine McCormack, Angus MacFadyen o Brendan Gleeson. Pero, esta vez, esas inquietudes integran formas de expresión política pertenecientes al último tercio del siglo XX, y que no se reducen al ámbito de los conceptos políticos generales, para sumar la pulsión y el sentimiento de afirmación de la personalidad propia. El lenguaje que habla William Wallace, de acuerdo con el guión de Randall Wallace, después convertido también en libro, es un lenguaje de identidad nacional y popular, en donde los intereses oligárquicos de las grandes familias escocesas, de los Balliol y de los Bruce, no tienen cabida:

> "-¡Hemos derrotado a los ingleses! Pero volverán porque no os mantenéis unidos...
> -En este país hay un clan -prosiguió Wallace alzando la voz-: el clan de los escoceses. Una clase: la de los hombres libres. Un precio: el valor...
> Wallace se dio la vuelta y enfiló de nuevo hacia la puerta.
> -Pero ¿qué haréis vos?'- quiso saber Craig.

---

firme, engendran fatal dolencia,/ degradando lo que exaltan. El poder con el rey.../ Yo *fui* rey, y su brazo, y su mejor razón./ Pero lo que fue gloriosa exaltación/ hoy sería sin duda un descenso envilecedor".

-Invadiré Inglaterra y derrotaré a los ingleses en su propia tierra- repuso Wallace"[59].

Braveheart es, además, un producto industrial casi perfecto. Convertida en un "fresco histórico prestigioso", los géneros confluyen en la definición de una obra universal, en donde se reconocen grupos etarios diversos, cualquiera que sea su formación o extracción[60]. Y su lenguaje es sumamente inteligible. Cuando John Balliol le dice a Robert Bruce que "al fin sabes lo que significa odiar y cómo tratar a los enemigos. Ahora ya estás en condiciones de ser rey"[61], la infancia de Europa está tocando, definitivamente, a su final.

Laurence Olivier había pretendido que su *Ricardo III* (*Richard III*, 1955), por él mismo protagonizado en compañía de un extraordinario reparto integrado por figuras como Ralph Richardson como Enrique VI, John Gielgud como el duque de Bugkingham y Claire Bloom como una maravillosa Ana Neville, y cuya batalla de Bosworth, por cierto, se rodó en España, en donde todo el equipo pasó seis semanas, incorporara toda la moderna mentalidad del hombre de Estado isabelino que había portado consigo la tragedia de Shakespeare[62]. Pero, en el final del siglo XX, y en su *Enrique V* (*Henry V*, 1989), Kenenth Branagh imprimió un nuevo giro a esta aproximación a una

---

[59] WALLACE, R.: *Braveheart*. Barcelona. 1995, pp. 140 y 135: "...Los nobles consideraban lerdos a los combatientes plebeyos, pero ahora se encontraban ante algo distinto que los tenía perplejos: un plebeyo que había derrotado con inteligencia a los enemigos de Escocia...".

[60] MINGANT, N.: *Hollywood à la conquête du monde. Marchés, stratégies, influences*. París. 2010, p. 77.

[61] WALLACE, R.: *Braveheart...*, pp. 239-240: "-El *Zancos* exigió a Wallace. Y los nobles también. Ése era el precio de nuestra paz. Y de tu corona...

-Eres mi hijo. Y siempre has sabido cómo pienso.

-¡Ah, no! –exclamó Roberto– ¡Me engañasteis!

-Tú te dejaste engañar. En el fondo de tu corazón siempre supiste lo que ocurriría. Lo único que podía ocurrir".

[62] SPOTO, D.: *Laurence Olivier. A Biography*. London. 1991, p. 216. *Cfr.* igualmente COLEMAN, T.: *Olivier. The Authorised Biography*. London. 2005, pp. 267 y ss., y GIELGUD, J.: *An Actor and His Time*. London. 1989, p. 194.

Edad Media en pleno otoño de Johan Huizinga, en donde al director nacido en Belfast le resultó posible mostrar toda la vulnerabilidad del poder, desde *Upon the king* hasta el encuentro del guerrero victorioso en Azincourt con la princesa Catalina de Valois, futura reina[63].

Enrique V y Ricardo III son ya hombres de poder cuya lógica adquiere perfiles perfectamente familiares para el espectador más contemporáneo. El poder es el hoy, por no decir el ahora. Eliot lo había sostenido ya en *Asesinato en la catedral*. La conversación que Becket mantiene con el segundo de sus tentadores no puede ser más iluminadora:

> "SEGUNDO TENTADOR. El poder es presente. La santidad viene más tarde.
> TOMÁS. Entonces, ¿qué?
> SEGUNDO TENTADOR. El canciller. Rey y canciller.
> El rey manda. El canciller gobierna soberano.
> Esta es una sentencia que no se aprende en las escuelas.
> Rebajar a los grandes, proteger al pobre.
> Bajo el trono de Dios, ¿puede hacerse algo más?
> Desarmar al rufián, fortalecer las leyes,
> gobernar por el bien de la mejor causa.
> Dispensar la justicia por igual para todos
> es prosperar en la tierra, y tal vez en el cielo.
> TOMÁS. ¿Con qué medios?
> SEGUNDO TENTADOR. El poder verdadero
> se adquiere siempre a costa de una cierta sumisión.
> Vuestro poder espiritual es perdición terrena.
> El poder es presente, conferido a quien lo ejecuta"[64].

Ya Víctor Hugo advertía en *Nuestra Señora de París* que Luis XI de Francia había madurado un programa de concentración del poder real en donde no tendrían más cabida

[63] BRANAGH, K.: *Beginning*. London. 1990, pp. 226 y 238.
[64] ELIOT, T. S.: *Asesinato en la catedral...*, pp. 23-24.

las pretensiones disgregadoras de la autoridad pública que albergaban algunos de los grandes nobles franceses, y que en algunos supuestos, como el del duque de Borgoña, se habían plasmado ya[65]. El escritor de Besançon, nacido en plena Francia napoleónica, liberal clásico y republicano, jacobino como sólo un francés de la periferia puede llegar a serlo, defendía así el legado político de un rey cuyos ideales habrían de alcanzar su primera expresión de plenitud en la Francia absolutista de Luis XIV. Unos ideales tan modernos como la nueva concepción del Estado emergente.

---

[65] HUGO, V.: *Nuestra Señora de París*. Madrid. 2006, p. 615: "-¡Vive Dios! ¿Qué son esas gentes que se pretenden veedores, justicias, señores y amos en nuestra casa? ¿Que tienen sus peajes por todas partes, sus justicias y su verdugo en todas las esquinas de nuestro pueblo? ¡De manera que, lo mismo que el griego creía en tantos dioses como fuentes había y el persa en tantos como estrellas veía, el francés cree tener tantos reyes como horcas ve! ¡Vive Dios! Esto es cosa mala y la confusión me disgusta. ¡Me gustaría saber si es de la voluntad de Dios que haya en este París otro veedor que el rey, otra justicia que nuestro parlamento, otro emperador que Nos en este imperio! ¡Por la salvación de mi alma! ¡Será preciso que llegue el día en que no haya en Francia más que un rey, un señor, un juez, un cortacabezas, lo mismo que no hay más que un paraíso y un Dios!".

5. LEYES JUSTAS, FUERTES Y RESPETADAS: EL ESTADO MODERNO

Renacimiento y Estado son términos demasiado polisémicos, juntos, y no digamos por separado, como para tratar de argumentar su identidad en términos de una nueva y característica solución institucional. Acudiendo a dos de los grandes pensadores del Estado moderno, Otto Hintze mantendría que ese "...'Estado moderno' no es un concepto lógico sistemático, sino una nación plástica, una abstracción expresiva de la especie que suele designarse como 'tipo ideal' ", mientras que Friedrich Meinecke optaría por identificar el Estado moderno con el ideal de asegurar el bien de la comunidad nacional que vive "encerrada en él", sabiendo que "el mismo bien del Estado se asegura, no sólo por el poder, sino también por valores éticos y jurídicos, y en último término, el poder puede verse amenazado por el quebrantamiento de los valores morales y jurídicos"[66].

---

[66] HINTZE, O.: *Historia de las formas políticas...*, pp. 293 y 294: "...Yo soy de la opinión que tras la expresión 'Estado' se esconde algo real y entiendo por él –...– el *status reipublicae:* aquélla situación o condición de una comunidad en la que esta se encuentra capacitada para producir una voluntad común y un obrar común y, por tanto, también un esfuerzo común...". *Cfr.* MEINECKE, F.: *La idea de la Razón de Estado en la Edad Moderna.* Madrid. 1983, p. 5. "Junto al valor del bien del Estado existen, en efecto, otros valores elevados que piden también para sí una vigencia incondicionada... la ley moral y la idea del Derecho".

El Estado moderno del cine se debate, igualmente, en esa misma zona de indefinición o, mejor dicho, de delimitaciones casi contradictorias entre sí. Sin duda, la fractura originada por la Reforma protestante permite trazar unos primeros perfiles definidores, muy vinculados a un proceso de concentración del poder en donde la autoridad regia se ve reforzada, en los reinos que abrazan el protestantismo, por la suprema autoridad religiosa del príncipe de acuerdo con el principio, sancionado en la Paz de Augsburgo de 1555, de *cuius regio, eius religio,* que permitirá poner término a la primera fase de las guerras de religión.

Pero seguramente la historia que por su entidad política e institucional, y su impacto en el teatro y en el cine, mejor evidencia la magnitud de la quiebra moderna es la de Tomás Moro, autor hace este año cinco siglos del clásico de la literatura política *Utopía* (1516) preceptor del rey Enrique VIII, canciller de Inglaterra, y encarcelado, juzgado y decapitado por no prestar acatamiento al segundo matrimonio del rey con Ana Bolena. Medio siglo después del estreno de *Un hombre para la Eternidad* (*A man for all seasons*, 1966), la extraordinaria pieza dramática de Robert Bolt que Fred Zinnemann convirtió en una película protagonizada por Paul Scofield, Wendy Hiller y Susannah York como Tomás, Alicia y Margarita Moro, Robert Shaw como Enrique VIII, John Hurt como Richard Rich, y Orson Welles como el cardenal Wolsey, el estilo y la actitud de Tomás Moro, de acuerdo con su interpretación por el gran guionista del cine, Robert Bolt, historiador de formación, no pueden resultar más familiares para la mentalidad contemporánea:

> "...Muy lejos de ser un hombre dislocado en la sociedad, tuvo, como el héroe de *La Chute* de Camus, un éxito casi ofensivo. Tomás Moro tuvo cuna respetable, aunque no noble; nació en la clase comerciante, la clase progresiva de la época; se distinguió primero como hombre de estudio, después como abogado; fue nombrado embajador; finalmente, lord canciller. Un libro de visitas en su casa de

> Chelsea hubiese parecido un Quién es Quién del siglo XVI: Holbein, Erasmo, Colet, todos. Se escribía con las mentes más preclaras de Europa, como representante y campeón reconocido por todos del 'nuevo saber' en Inglaterra. Era amigo del Rey...
>
> ...Pero ¿por qué un hombre tan sumergido en su sociedad al fin renunció a ella?...
>
> Para Moro... la respuesta a esta cuestión hubiera sido perfectamente sencilla (aunque... nada fácil): el reino inglés, su sociedad inmediata, estaban supeditados a la más extensa sociedad de la Iglesia de Cristo, fundada por Cristo, extendida en el pasado y el futuro, gobernada desde el cielo..."[67].

Entre el autor de *Utopía* y el hombre que agotaba los últimos años de su vida conjuntamente con la posibilidad de encontrar una fórmula legal que le permitiera prolongarla no existía contradicción. Era el mismo hombre de poder. Pero también, y por esa misma razón, sabía que la lógica del poder moderno no se basaba en la lealtad, en la *fides* medieval, sino en el mando y en la obediencia, como magistralmente habría de explicar Manuel García Pelayo empezando en Bodino y terminando en Weber[68]. Wolsey, que entiende perfectamente

---

[67] BOLT, R.: *Un hombre para la Eternidad. A man for all seasons*. Madrid. 1967. pp. 16-17: "Si 'sociedad' es el nombre que damos al comportamiento humano cuando tiene una estructura y un orden, entonces la Ley (...) es la estructura misma de la sociedad. La confianza de Moro en la ley era su confianza en la sociedad; su desesperado intento por refugiarse bajo las formas de la ley fue su determinación de permanecer dentro del refugio de la sociedad...".

[68] GARCÍA PELAYO, M.: *Los mitos políticos...*, pp. 290-291: "Todo orden social se basa, como ha demostrado Max Weber, en la posibilidad de que la gente siga una determinada conducta. Cuando el orden se sustenta en la relación de mando y obediencia, y suponiendo la vigencia efectiva de esta relación, dicha probabilidad es mucho más alta que cuando se sustenta en la pura relación de lealtad. Por ello Bodino dio como una de las características del Estado la de ser 'un orden cierto' de mando y de obediencia, basado en la rígida dualidad de los que mandan y los que obedecen, del sujeto activo y del objeto pasivo de la soberanía, del soberano y del súbdito. Ahora bien, un orden basado en el mando y la obediencia es inconcebible sin la existencia

la lógica del mando y de la obediencia, quiere hacer posible el divorcio de Enrique VIII de la reina Catalina. Moro opta por la oración, es decir, de nuevo, por la *fides*. El derecho sirvió para obtener del Papa una dispensa que hizo posible que, tras el fallecimiento del primer marido de Catalina, Arturo, príncipe de Gales, la viuda pudiera contraer matrimonio con su hermano y futuro rey, Enrique. Y Moro le pregunta a Wolsey si, de nuevo, se puede acudir al Papa invocando "razones de Estado" para que "dispense su dispensa". Bolt describe la colisión del mando con la oración:

> "WOLSEY: ...Tu conciencia es cuenta tuya, pero piensa que eres un gobernante. ¿Te acuerdas de la Guerra de las Rosas?
>
> MORO: Muy claramente.
>
> WOLSEY: Si el Rey muere sin heredero, la tendremos otra vez. Si el Rey muere sin heredero, esta 'paz' que tanto aprecias se desvanecerá como esto. (Apaga le vela.) Inglaterra necesita un heredero... Tomás, hay muchas cosas que están necesitando una reforma... Ahora, explícame cómo tú, Consejero del Reino, te opones a esas medidas sólo por la tranquilidad de tu conciencia.
>
> MORO: Pues... Cuando los gobernantes hacen caso omiso de sus conciencias, en nombre de sus deberes... creo que llevan a su país rápidamente al caos. *(Mientras que habla, vuelve a encender la vela con otra.)* Y siempre podemos volver a mis oraciones.
>
> WOLSEY: Gobernar un país a base de oraciones... ¿Eso es lo que te gustaría?
>
> MORO: A mí sí."[69].

---

de un aparato coactivo preciso y seguro que lo haga funcionar, es decir, que se encargue de aplicar medios capaces de sustituir la voluntad ajena por la propia en cuanto a la conducta exterior".

69 BOLT, R.: *Un hombre para la Eternidad (A man for all seasons)* Madrid. 1967, pp. 45-47: "WOLSEY: ¡Moro! ¡Deberías haber sido cura!

MORO *(divertido, mirando hacia abajo desde la galería):* ¿Como Vuestra Eminencia?". Sobre la actitud crítica del preceptor de Enrique VIII con el

Apenas tres décadas después de la ejecución de Moro en 1535, es decir, del definitivo asesinato de la lealtad, nace en 1564 Shakespeare, hijo ya de la Inglaterra del mando y de la obediencia. Harold Bloom contempla a Shakespeare como un reinventor de la naturaleza y, por lo tanto, un inventor de lo humano. Su propósito no es reproducir la historia o la política, sino recrearla[70]. El derecho y el poder, como el cine, son también una creación. Cuando Peter Bogdanovich le preguntó a Orson Welles por la encrucijada histórica, de estilo y de identidad, en la que se ubica la aportación de Shakespeare al debate sobre instituciones, derecho y poder, resalta esa capacidad para conjugar las mentalidades de un mundo en plena transformación:

> "Shakespeare, recuérdalo, estaba muy cerca de los orígenes de su cultura: la lengua en que escribía acababa de formarse; la vieja Inglaterra, la vieja Europa de la Edad Media, aún vivían en el recuerdo de las gentes de Stratford. Estaba muy cerca, ¿comprendes?, de una época distinta y, al mismo tiempo, en el umbral de nuestro mundo moderno. Su lirismo, su entusiasmo, su humanidad procedían de estos lazos con el pasado..."[71].

---

modelo platónico de intelectual, y sus consecuencias, *vid.* MORO, T.: *Utopía. La mejor forma de comunidad política y la nueva isla de Utopía. Librito de oro, no menos saludable que festivo, compuesto por el muy ilustre e ingenioso Tomás Moro, ciudadano y sheriff de la muy noble ciudad de Londres.* Madrid. 1991, p. 105.

[70] BLOOM, H.: *Shakespeare. La invención de lo humano.* Barcelona. 2002, p. 80. *Vid.* igualmente SAN MIGUEL PÉREZ, E.: *Abogacía, justicia y derecho en Shakespeare.* Madrid. 2004, pp. 111 y ss.

[71] WELLES, P.; BOGDANOVICH, P.: *Ciudadano Welles.* Barcelona. 1994, pp. 243 y 242: "Unos sesenta años antes, Colón había tropezado con un par de lugares de un nuevo continente y los conquistadores estaban muy ocupados explorándolo y explotándolo. Allí en Italia... los hombres se habían quitado de sus cabezas las sucias y polvorientas capuchas de la vieja Edad Media y comenzaban a mirar a su alrededor... Se escribían nuevos libros en vez de copiar los viejos, la gente había dejado de aceptar a ciegas la palabra de Aristóteles y empezaba a meter la nariz en el mundo, diseccionándolo para

De hecho, una de las películas que más seriamente se han tomado la verdadera identidad histórica de Shakespeare, *Anonymous* (*Anonymous*, 2011), de Roland Emmerich, con el gran actor de Haverfordwest Rhys Ifans como protagonista, incide en el posible perfil político del auténtico autor de las más grandes obras de Shakespeare, el conde de Oxford, convirtiendo al propio Shakespeare en una suerte de instrumento al servicio del proyecto político de concentración del poder real modelado por un refinado aristócrata. Una vez más, la Inglaterra isabelina, que de la mano de Alexander Korda había llegado al cine con *La vida privada de Enrique VIII* (*The private life of Henry VIIII*, 1933) y Charles Laughton como protagonista, y *La vida privada de Isabel y Essex* (*The private life of Elizabeth and Essex*, 1939), basándose en la deliciosa novela de Lytton Strachey, de nuevo dirección de Michael Curtiz con Olivia de Havilland y Errol Flynn como protagonistas, se interna en el problemático e incierto final de una Era que representa la consolidación de una de las grandes actrices mundiales de la historia de los últimos cuatro siglos.

Desde una perspectiva española, singular atención merece *La princesa de Éboli* (*That Woman*, 1955), dirigida por Terence Young, con Olivia de Havilland en el papel principal, Gilbert Roland como Antonio Pérez, y Paul Scofield como el rey Felipe II. La película se basa en *Esa Dama*, la novela homónima de la escritora irlandesa Kate O'Brien, quien procedió a una profunda y equilibrada disección de la España del Siglo de Oro tal y como fue: un gigantesco y racional proyecto político de hegemonía universal, basado en una estructura institucional sencilla y eficaz, asistido por profesionales de las letras y de las armas de extraordinaria valía. Lo que resulta singularmente doloroso para Ana de Mendoza y de La Cerda, como sobresale en la entrevista final que con ella mantiene su primo, el cardenal Mendoza, en el palacio de Pastrana, es que esa solución

tratar de ver qué le hace moverse. Todas las convicciones establecidas eran cuestionadas y se ganaba dinero en grandes cantidades...".

imperial se encamina hacia una decadencia irremediable que nada dejará en beneficio de la propia España:

> "...No me importaría si, como Roma, hubiera disfrutado al menos durante un breve espacio de tiempo de su poderío, pero lo que me molesta es que nos hemos hecho grandes y ahora estamos dejando de ser grandes, todavía estamos en el punto álgido del poder, en dos generaciones. Que desaparezca la grandeza, que desaparezca el dominio absoluto, si entretanto se han aprovechado algunas de esas ventajas duraderas en beneficio de aquellos que conquistaron tan pasajera gloria y para sus hijos. Si a España, si al pueblo de España, le quedara un residuo de desarrollo cívico y comercial, de formación, de cultura, de esperanza y comodidad, el declive sería bienvenido, pero lo que me enfurece es oír a Felipe y a sus parásitos hablar alborozados de este magnífico doble imperio, y mirar al país que lo ha logrado... para luego regresar a las quejas de los secretarios sobre deudas, extravagancia e insolvencia..."[72].

La Edad Moderna es en la historia, y para el cine, una Edad de grandes mujeres de Estado. Y algunas, como la reina de Francia y reina titular de Escocia, María Estuardo, albergan perfiles especialmente atractivos para el cine. Ya en 1936 John Ford realizó *María Estuardo (Mary of Scotland)* con Katharine Hepburn como protagonista, Fredrich March como Robert Bothwell, Florence Eldridge como Isabel de Inglaterra y Douglas Walton como Henry Darnley. Fue la única ocasión en que el mejor director y la mejor actriz de la historia del cine trabajaron juntos, y el resultado fue, para ambos, fallido, si bien permitió que establecieran una muy singular amistad y, sobre todo, que Katharine Hepburn captara a la perfección los meandros de la exuberante personalidad irlandesa de John Ford[73].

---

[72] O'BRIEN, K.: *Esa Dama*. Barcelona. 1986, pp. 290-291.

[73] HEPBURN, K.: *Yo misma. Historias de mi vida*. Barcelona. 1991, p. 242: "Rudo, amante de sus amigos, detestaba a sus enemigos, amaba a Irlanda

En 1971 la historia de María Estuardo fue de nuevo llevada al cine por Charles Jarrott en *María, reina de Escocia* (*Mary, Queen of Scots*), pero esta vez centrada en su histórica rivalidad con su prima Isabel de Inglaterra, interpretadas por Vanessa Redgrave y Glenda Jackson, reproduciendo un esquema de duelo de interpretaciones que se culmina en una magnífica conversación final entre ambas. Sin embargo, el planteamiento de la película no puede ser más esquemático. De acuerdo con su interpretación de la historia, María Estuardo es bella, católica, frívola, educada en la brillante Francia de los Valois, es decir, castillos en el Loira, destino regio, e ideas políticas ancladas en una concepción tradicional del ejercicio del poder real. Isabel no destaca por su encanto, es anglicana, inteligente, ha perdido a su madre con apenas dos años, decapitada por orden de su padre, y su infancia ha sido dura, áspera, triste, y siempre amenazada por la ira de una hermana mayor, María Tudor, católica fanática y llena de rencor. No está llamada a ser reina, y sus ideas son mucho más avanzadas y modernas. Adicionalmente, María se siente con mejor derecho a la herencia real inglesa. El enfrentamiento entre ambas, y por todos los conceptos, es inevitable. Y ambas enormes actrices incorporan el conflicto magistralmente.

Pero también Enrique IV de Francia merece la atención de la cinematografía. *Le roi libre* de François Bayrou es, en efecto, una figura dotada de una justa aureola de modernidad, precursor de la tolerancia religiosa a partir del *Edicto de Nantes* (1598) que permitió que durante el cuarto de siglo siguiente católicos y hugonotes pudieran convivir pacíficamente sobre el suelo francés, acudiendo a la fórmula de adjudicar a sus antiguos hermanos en la fe calvinista algunas plazas fuertes[74]. En

y la industria del cine, amaba sus éxitos, adoraba incluso sus fracasos. Era perverso, testarudo, incansable, arrogante y un gran amigo.

Ah, y un enemigo peligroso".

[74] BAYROU, F.: *Henri IV. Le roi libre*. Paris. 2007, pp. 11 y ss. *Cfr.* igualmente HENRI IV: *"J'ai tellement envie de vous". Lettres d'amour 1585-1610*. Paris. 2010, pp. 47-49.

1994 Patrice Chéreau realizó *La reina Margot* (*La reine Margot)* a partir de la novela de Alejandro Dumas (padre) con Isabelle Adjani en el papel estelar, Daniel Auteil como el todavía rey Enrique de Navarra, Jean-Hugues Anglade como Enrique III de Francia, y Miguel Bosé en el papel de un imposible duque de Guisa, con Virna Lisi interpretando a una portentosa Catalina de Médicis, personaje terrible en un siglo a su altura.

La película recogía un momento histórico en las guerras de religión entre católicos y hugonotes en la Francia del siglo XVI: la matanza de san Bartolomé, la madrugada del 23 al 24 de agosto de 1572, en la noche de los esponsales entre el rey Enrique de Navarra y la princesa Margarita de Francia, que al unir a hugonotes y católicos, y al jefe de la casa de Borbón con la hermana del rey y jefe de la casa de Valois, pretendía devolver la paz a una Francia asolada por los enfrentamientos civiles. El sector contrario al acuerdo del bando católico decide aprovechar la presencia en París de toda la cúpula hugonote, con el rey de Navarra y el almirante Coligny a la cabeza, para aniquilarla. Y, en efecto, excepto el propio rey Enrique, salvado de la muerte por su flamante esposa, los propósitos de los conspiradores se resuelven con un momentáneo éxito.

Alejandro Dumas había abordado el terrible episodio de la unión entre Enrique de Borbón y Margarita de Valois con su acostumbrada capacidad para convertirse en historiador y, con ello, formular las preguntas que el científico social debe elaborar cuando desea saber qué sucedió realmente, y por qué. En este sentido, con enorme agudeza, el escritor nacido en Picardía recuerda cómo el banquete de los esponsales en El Louvre, el 18 de agosto de 1572, ofreció ya un espectáculo insólito:

> "Celebraba la Corte las bodas de Doña Margarita de Valois, hija del rey Enrique II y hermana del rey Carlos IX, con Enrique de Borbón, rey de Navarra. Aquella misma mañana, el cardenal de Borbón los había casado...

Este matrimonio sorprendió a todo el mundo... Nadie se explicaba cómo se habían reconciliado dos partidos como el protestante y el católico... ¿Perdonaría el joven príncipe de Condé al duque de Anjou, hermano del rey, la muerte de su padre, asesinado en Jarnac por Montesquieu? Y el joven duque de Guisa, ¿perdonaría al almirante Coligny la muerte del suyo, asesinado en Orléans por Poltrot de Meré? Más aún Juana de Navarra, la valiente esposa del débil Antonio de Borbón, que condujera a su hijo Enrique a este regio-enlace, había muerto, apenas hacía dos meses, y corrían singulares rumores acerca de su repentina muerte... se llegó a decir en voz alta que Catalina de Médici.. la había envenado con unos guantes perfumados.

Como los desposados pertenecieran, uno a la religión católica y otro a la reformada, hubo de recurrirse para la autorización a Gregorio XIII... Pero la dispensa tardaba y tal retraso llegó a inquietar en sumo grado a la reina de Navarra, quien un día expresó al rey Carlos IX sus temores... a lo que el rey tuvo a bien contestar:

-No os preocupéis... os respeto más que al Papa y amo a mi hermana más de lo que parece. No soy hugonote, pero tampoco soy tonto, y si el señor Papa pretende hacerse el remolón-, yo mismo cogeré a Margarita del brazo y la llevaré hasta el templo protestante para que se case con vuestro hijo"[75].

Dumas, cuya vida discurrió durante el período napoleónico, la Restauración, la Monarquía orleanista, la Segunda

[75] DUMAS, A.: *La reina Margot.* Barcelona. 1994, pp. 9-10 y 11-12: "Los hugonotes... se hallaban por completo tranquilos... El almirante Coligny, la Rochefoucauld, el príncipe de Condé hijo, Teligny, en fin, todos los capitostes del partido se consideraban triunfantes...

...La reina Catalina, resplandeciente de alegría, hecha una dulzura, felicitaba al príncipe Enrique de Condé por su reciente matrimonio con María de Cleves. En fin, hasta los señores de Guisa sonreían a los seculares enemigos de su casa, y el duque de Mayenne conversaba con el señor de Tavannes y el almirante sobre la próxima guerra que, ahora más que nunca, era llegado el momento de declarar a Felipe II".

República, y el Tercer Imperio francés, y murió en plena derrota de Francia frente a Prusia, es uno de esos escritores que interpretan los signos de la historia, captan su tensión, y desarrollan la vocación y la pasión por tratar de interpretarla. La conversación entre Enrique de Borbón y su cuñado, el rey Carlos IX, la madrugada del 24 de agosto de 1572, es un magnífico testimonio:

> "Enrique no tenía valor físico, pero poseía algo mejor: fuerza moral. Temía el peligro pero lo arrostraba sonriendo cuando se trataba de un peligro en un campo de batalla, al aire libre, a la luz del día, a la vista de todo el mundo, acompañado por la estridente armonía de las trompetas y la voz sorda y vibrante de los tambores...
>
> -Esto significa –gritó Carlos IX furioso... – que no deseo ya verme rodeado de hugonotes. ¿Oh, Enrique? ¿No soy yo el rey? ¿No soy el amo?
>
> -Pero Vuestra Majestad...
>
> -Mi Majestad mata y extermina hoy a todo el que no es católico porque así le place...
>
> -Sire –dijo Enrique–, recordad vuestras propias palabras '¡Qué me importa la religión del que me sirve bien!'
>
> –... ¿Que recuerde mis palabras? *Verba volare,* como dice mi hermana Margarita. Mira –añadió señalando la ciudad–, ¿acaso todos esos no me sirvieron bien? ¿No eran también valientes en el combate, prudentes en sus consejos y fieles en todo momento? Todos ellos eran súbditos útiles, pero eran hugonotes..."[76].

[76] *Ibidem,* pp. 116-117 y 122: "Margarita era ambiciosa. Margarita había visto la posibilidad de reinar en su casamiento con Enrique de Bordón. Navarra, ambicionada por los reyes de Francia de una parte y por los reyes de España de otra, que pedazo a pedazo se habían apoderado de la mitad de su territorio, podía, si Enrique de Borbón no defraudaba las esperanzas que su valor había permitido abrigar en las pocas ocasiones que hubo de usar su espada, convertirse en un reino verdadero con los hugonotes de Francia por sus súbditos. Gracias a su espíritu fino y cultivado, Margarita había entrevisto y calculado todo esto. Al perder a Enrique, no sólo perdería a un marido, sino también un trono".

En la medida en que el cine de contenido histórico del siglo XX es heredero de la novela histórica del siglo XIX y de la primera mitad del XX, la obra de Dumas aporta la capacidad de literatura y cine para adentrarse en la identidad de las grandes personalidades de la Era Moderna. Un magnífico ejemplo es *La reina Cristina de Suecia* (*Queen Cristina,* 1935), de Rouben Mamoulian, en donde Greta Garbo y John Gilbert en los papeles estelares, como la hija y sucesora de Gustavo Adolfo II y el embajador español Pimentel, vienen a oponer la fragilidad y la autenticidad de los sentimientos de las verdaderas personas del Estado a la implacable frialdad de los tiranos totalitarios. En pleno período de Entreguerras, fueron muchos los espectadores que pudieron captar la felicidad con la que Greta Garbo pudo dar rienda suelta a su propio acontecer vital:

> "Al recordar mi trabajo en esa película, hay algo que surge en seguida en mi mente: lo cómoda que me sentí en mi papel. Interpretando el papel de Cristina, me sentí yo misma. Pude revivir mi juventud, no como una muchacha pobre, sino como una princesa rodeada por el esplendor real y la intriga. Yo siempre había querido ser una aristócrata, y esta película me permitió demostrar mi talento para esa clase de papeles. No me resultó difícil brillar por encima de los demás, porque los actores que intervinieron conmigo no poseían ni una fracción de mi talento. La mayoría exageró su papel, y yo estaba convencida de que aún brillaría más cuando las generaciones futuras contemplaran esa película"[77].

Del siglo XVII importa también a la cinematografía el devenir de los conflictos religiosos que ensangrentaron Europa como consecuencia de la fractura moderna, pero esta vez de acuerdo con sus perfiles políticos precursores del sistema parlamentario. Probablemente la película más representativa de este proceso sea *Cromwell (Cromwell),* rodada en 1970 por Ken Hughes, y que ofreció un extraordinario nuevo duelo inter-

[77] GRONOWICZ, A.: *Garbo. Su historia*. Barcelona. 1990, p. 337.

pretativo, en donde los papeles estelares recaen sobre Richard Harris como el fundador de la *Commonwealth* y Alec Guinness como el rey Carlos I Estuardo, pero también le corresponden lucidos papeles al gran Robert Morley como el perverso y cínico conde de Manchester, y a Timothy Dalton como el voluntarioso príncipe Ruperto del Rin, elector palatino.

La película adjudica a un único encuentro formal entre el rey Carlos y el futuro Lord Protector (que nunca se produjo) a modo de desenlace final, al contrario de los constantes duelos característicos de la década, una suerte de coronación del profundo debate acerca de las fuentes de legitimación del poder, que en la visión puritana de Cromwell y sus seguidores reside en Dios, extremo no desmentido por Carlos Estuardo, surgiendo la disputa cuando el entiende que la voluntad de Dios se manifiesta y ejerce a través del rey, es decir, en este caso a través de él, mientras que Cromwell cree que se deposita sobre un pueblo que se expresa a través de su parlamento.

Lo interesante de *Cromwell* reside en el rigor con el que afronta el conflicto político de fondo en las revoluciones inglesas, y muy especialmente en la que estalla en 1640, si bien en 1628 la *Petición de Derechos* del juez Edward Coke había ya planteado en todos sus términos políticos e institucionales el substrato de las posiciones en conflicto: la determinación del ámbito en el que reside la fuente soberana de la autoridad y, por lo tanto, de la legitimidad política. O mejor dicho, de su adjudicación por Dios, de acuerdo con dos posibilidades: el príncipe, o el pueblo.

La lógica del parlamentarismo inglés está enraizada en la solución institucional del "Estado comercial", eminentemente vinculado a un capitalismo que, como recuerda Hintze, no es una creación del Estado, pero se beneficia del marco estatal, es decir, de la seguridad jurídica e institucional que el Estado aporta, para su desarrollo[78]. Ese Estado se comporta como

[78] HINTZE, O.: *Historia de las formas políticas...*, p. 306: "El capitalismo, en cuanto razón económica del nuevo mundo de los pueblos, tiene

un cuerpo económico dotado de entidad propia, con unidad de moneda y de mercado. Pero la maduración de ese Estado es también inseparable de la consolidación de una nueva mentalidad política, que dota de formas institucionales representativas a un pueblo que asume ya la responsabilidad de su propio destino.

El modelo del Estado comercial de Hintze es, sin duda, la Inglaterra que surge de las revoluciones parlamentarias del siglo XVII. Y, entre ellas, la que más impacto origina en el cine es la revolución de 1640, liderada por un *yeoman*, un pequeño burgués de East Anglia, y ferviente puritano. *Cromwell* es, desde el punto de vista artístico, un formidable pulso entre dos inmensos talentos como Harris y Guinness, entre el céltico carácter expansivo del sempiterno *rugbyman* de Limerick y el contenido y elegante caballero católico inglés. El motivo de su duelo es nada menos que la contraposición entre dos modelos políticos diferentes, el autoritario y el parlamentario, pero partiendo de la realidad de una Inglaterra en crisis, que el propio Cromwell pretende abandonar para instalarse en América, frustrado porque, habiendo creído en "una gran nación, próspera, con temor de Dios, con leyes justas, fuertes y respetadas", se encuentra viviendo en un "país de aventureros y aprovechados, más atentos a llenar sus bolsillos que a sus principios".

Sin embargo, una oportunidad para el cambio se presenta cuando el rey Carlos Estuardo se ve obligado a convocar el Parlamento para reunir los fondos necesarios para hacer frente a las necesidades de defensa del reino. El rey ha contraído

---

un parentesco interno con la razón de Estado. Emana del mismo espíritu de una mayor intensidad y racionalidad de la empresa, que lleva consigo, como fenómeno concomitante, la transición de las relaciones comunitarias vinculadas a las relaciones sociales individuales... El capitalismo no ha sido creado por el Estado –su punto de partida es completamente distinto del de la política económica estatal–, pero se ha desarrollado en conexión con el Estado, a su servicio, bajo su protección y estímulo, hasta convertirse en la forma económica imperante... Puede decirse que está ligado para las duras y las maduras con el Estado moderno y con su orden burgués de la sociedad".

matrimonio con una princesa católica, Enriqueta María de Francia, que en privado practica su religión. Y, además, permite la introducción de imágenes en los templos reformados. El parlamento, que no olvida la desatención regia a la *Petición de Derechos* presentada por el juez Coke, no sólo no le facilita sus objetivos, sino que diputados como Cromwell le recuerdan que "el rey está obligado a mantener la ley".

Cuando una comisión de parlamentarios integrada por el propio Cromwell, John Pym, Henry Ireton y John Hampden visita a Carlos I, el conflicto político estalla. El rey se queja de que no puede serlo sin un ejército, y que sus interlocutores pretenden "que ceda toda mi autoridad soberana al parlamento y que sus leyes estén por encima de todas las cosas", convirtiéndole en "un rey fantoche". Cromwell le recuerda que el parlamento "es la auténtica voz del pueblo de Inglaterra", y que en la institución residen "las esperanzas de toda la nación para remediar pacíficamente sus males". En definitiva, Cromwell quiere "una forma más avanzada de gobierno basada en una representación auténtica de un pueblo libre: la democracia", mientras el rey Carlos considera la democracia "una bufonada griega basada en la descabellada idea de que hay posibilidades extraordinarias entre las gentes ordinarias". El rey ordena que se detenga a los cuatro diputados, pero cuando sus fuerzas se presentan en el parlamento, Cromwell permanece en el escaño recordando que se trata de un acto ilegal porque los Comunes son inviolables.

La inevitable contienda entre la Corona y el Parlamento se resuelve con la victoria del ejército liderado por Cromwell, cuyo objetivo es que el parlamento "sea libre y la nación viva en libertad", un objetivo que considera compatible con la supervivencia de la Monarquía. O, como dice el fundador de la *Commonwealth:* "una Inglaterra sin un rey resulta inconcebible, pero ha de ser un rey que logre inspirar respeto. Un monarca que gobierne no por el temor, sino por el afecto de un pueblo libre. Un rey de esta clase podría unir a esta gran nación nuestra, y convertir a Inglaterra en el nombre más noble de toda la Cristiandad"[79]. Pero el rey se muestra dispuesto a pactar "con el mismísimo diablo antes que ceder su autoridad", porque serían las instituciones y el orden en toda Europa quienes se verían amenazados por el establecimiento de un sistema político liderado por el parlamento. O, más bien, por Cromwell y su ejército, que según su líder "es el corazón y la conciencia del pueblo".

Los acontecimientos se precipitan al tener Cromwell noticia de que el rey se encuentra en conversaciones con los rebeldes irlandeses y con la Santa Sede. Se abre un juicio por alta traición, "por haberse erigido, por perversa voluntad, en un poder despótico, tiránico e ilimitado, gobernando por capricho y voluntad, por encima de los derechos y libertades del pueblo". Cuando algunos de los integrantes del tribunal nombrado por el parlamento para juzgar al rey manifiestan alguna reserva sobre su competencia para hacerlo, Cromwell recuerda que "el parlamento es la ley en esta nación". La base de la revolución de 1640 es que "esta nación está gobernada por el parlamento, y el parlamento está elegido por el pueblo".

El general Thomas Fairfax, protagonista de la muy interesante película *Matar a un Rey* (*To Kill a King*, 2003), de Mike Barker, Tim Roth y Dougray Scott como Cromwell y Fairfax, no suscribe la condena de muerte. Cromwell también rechaza la propuesta de Pym, "convencido de que "el poder tiene que ser absoluto; de lo contrario, no es poder", de convertirse en un dictador. Pero si disuelve el parlamento, asumiendo en 1649, y hasta su muerte en 1659, todos los poderes.

En términos políticos e institucionales, la revolución que encabeza Cromwell concita el descontento de grupos sociales muy diversos, cuyas ideas conjugan la religiosidad y el nacionalismo inglés (la película de Hughes muestra la querencia

---

[79] HALLER, W.: *Liberty and Reformation in the Puritan Revolution*. New York. 1963, pp. 211 y ss.

del ejército parlamentario por la Cruz de San Jorge), pero no apuntan a una solución institucional unívoca[80]. La modernidad estatal no es el resultado de planteamientos simples o esquemáticos. Pero sí que se encuentra muy presente el sentimiento de predestinación, de elección divina para la realización de una tarea histórica, fraguando una convicción que se incardina en cada uno de los proyectos de hegemonía que se suceden a lo largo de la historia, y que Arthur M. Schlesinger identificó muy bien con los proyectos nacionales que portaron consigo el ideal de pueblo elegido para conducir al mundo en razón de su "superioridad"[81]. Un planteamiento que disfruta de muy significativos grados de adhesión en el mundo posterior a la revolución inglesa de 1640. Y tanto en el grande como en el pequeño.

[80] SHARP, A.: *Political ideas of the English civil wars 1641-1649*. London. 1983, pp. 208 y ss.

[81] SCHLESINGER, A. M. Jr.: *Los ciclos de la historia americana*. Madrid. 1988, p. 36: "Todas las naciones sucumben a las fantasías de superioridad innata. Cuando actúan en función de estas fantasías, como hicieron los españoles en el siglo XVI, los franceses en el XVII, los ingleses en el XVIII, los alemanes, japoneses, rusos y americanos en el XX, tienden a convertirse en amenazas internacionales".

6. HAY QUE HACER DEL ESTADO UNA REALIDAD: ANTIGUO RÉGIMEN Y REVOLUCIÓN

En *La pasión del rey* (*Le roi danse*, 2000), de Gérard Corbiau, un joven Luis XIV interpretado por Benoît Magimel se elevaba sobre la oscura Corte de la reina regente, Ana de Austria, ya desprovista del respaldo del cardenal Mazarino, pero también sobre los formidables tacones diseñados para él por Lully, para danzar delante de los aristócratas franceses y de los príncipes de todo el mundo, mientras Molière y Lully escribían nuevos dramas musicales en donde se unían el poder, el placer, y la luz como signos del nuevo orden político e institucional.

El absolutismo no debutaba en el cine con un espectáculo de danza y narración de Molière. Roberto Rossellini había ya descrito en *La toma del poder por Luis XIV* (*La prise du pouvoir par Louis XIV*, 1966) el proceso que conducía al joven rey Luis XIV de Francia, en su infancia y adolescencia sometido a la regencia de su madre, Ana de Austria, y el valimiento del cardenal Mazarino, a la plenitud del ejercicio del poder político mediante la ejecución de un meditado plan de concentración del poder. En la película de Rossellini Luis XIV visitaba en su lecho de muerte al cardenal Mazarino, que le pedía al joven soberano compasión hacia su familia. El tercer Borbón francés, sin embargo, quien no dejaba de expresar su afecto al moribundo prelado, le respondía que no podía "recibir una fortuna de uno de sus súbditos" porque su deber era actuar "en nombre del Estado y en nombre de la Corona".

Y como le explica después también a su propia madre, la reina Ana, no quiere contar con ella, porque no desea que se siga contemplando a la Corona como una mera instancia arbitral escindida entre intereses contrapuestos, precisamente el esquema que fomentaban Mazarino y Fouquet para debilitar a la realeza y servir a sus propios intereses. La Corona de Luis XIV lidera el Estado y se yergue sobre él para reafirmar su autoridad. Por eso, dice el rey Luis, "hay que hacer del Estado una realidad".

El rey discierne perfectamente la naturaleza distinta del Estado y de la Corona. Por eso, se proclama la encarnación de ambas. Y, con perfecta naturalidad circunspecta, con enorme autoridad, le explica al funcionario que selecciona para encabezar su nueva administración, el fiel Colbert, un hombre de Estado, procedente de una familia burguesa de Reims, es decir, de Estado con arreglo a la concepción de Luis XIV: "el rey debe ser el único pilar del Estado", lo que determina que los súbditos dependan de él, "como en la naturaleza depende todo del sol". Cuando se celebra el primer Consejo real sin la presencia de la reina, anuncia a los consejeros que asume todos los poderes, colocando a Colbert al lado de un confiado Fouquet, quien se encuentra convencido de que el rey preferirá instalarse en sus propias verdaderas preferencias vitales apenas transcurridas unas semanas. Pero, en cuanto el rey cuente con un pretexto, y en concreto el intento de Fouquet de poner a su servicio a una de las favoritas del rey, Louise de La Vallière, por 20.000 pistolas, ordena su detención en Nantes, y después su traslado al castillo de Angers, en donde morirá en reclusión, en circunstancias nunca aclaradas, en 1681[82].

[82] SAN MIGUEL PÉREZ, E.: " *'Quo non ascendet?'* Absolutismo, Estado y Poder en el Cine. Fouquet, Cromwell y Olivares". *Anuario de Historia del Derecho Español LXXXV*, pp. 497-518. Madrid. 2015, pp. 505-506.

Paul Morand, en el bellísimo libro que le dedicó a Nicolás Fouquet, mantenía que el error del todopoderoso superintendente de Finanzas francés de la regencia de Ana de Austria y la privanza de Mazarino había sido creer que "todo se compraba, incluso el destino"[83]. La construcción del fastuoso palacio de Le Vaux-le Vicomte, y sobre todo su fiesta de inauguración, cuya magnificencia originó la cólera real, especialmente cuando, advertido Fouquet de la ira del rey, pretendió regalárselo, selló definitivamente la suerte del hombre que, en una velada, pasó del poder infinito a la completa caída en desgracia.

Fouquet era todavía un aventurero, y no un hombre de Estado, en el tiempo en el que los asuntos públicos no dejaban ya espacio más que para sus incondicionales servidores. Gonzalo Torrente Ballester se ocupó de alguno de ellos, como el conde-duque de Olivares, en su deliciosa novela *Crónica del rey pasmado*. Imanol Uribe la llevó al cine en 1991, con Gabino Diego como Felipe IV, Javier Gurruchaga como Gaspar de Guzmán, Fernando Fernán Gómez como el inquisidor general, Joaquín de Almeida como el padre Almeida, jesuita portugués, o Laura del Sol como la favorita real, Marfisa. Sobre la base de la pretensión de joven rey de ver desnuda a la reina, Isabel de Borbón, Torrente Ballester y Uribe se aproximan al funcionamiento ordinario de la Monarquía Hispánica como sistema de gobierno universal. Y constatan que, por ejemplo, el conde-duque de Olivares es un hombre de Estado metódico, que deja sus papeles ordenados todas las noches, al abandonar el trabajo, y puede así averiguar si alguien ha intentado hurgar en los asuntos públicos. Su máxima inquietud personal es asegurarse descendencia, pero sobre las mesas de los aposentos en los que despacha se encuentran los mapas del Océano que trae los metales preciosos de América, y de las provincias de Flandes en donde se consumen[84].

---

[83] MORAND, P.: *Fouquet, ou le Soleil offusqué*. Paris. 1971, p. 11.

[84] TORRENTE BALLESTER, G.: *Crónica del Rey Pasmado. Scherzo en Re (y) mayor. Alegre, mas no demasiado*. Barcelona. 1989, pp. 158-159: "Encima de una mesa enorme había desplegados dos mapas. El uno, de la costa de

El pensamiento político de Olivares trata de simplificar la complejidad de una Monarquía cuya dimensión es universal. El valido andaluz es consciente, como el gran hombre de su tiempo que es, de la extrema dificultad del reto. Lidera una España en donde la noción de autoritarismo, mucho menos de absolutismo, se encuentra radicalmente enfrentada a la memoria y a la vigencia de un mapa territorial e institucional compuesto, en donde cada reino y territorio se comporta con enorme celo a la hora de preservar su propia identidad y, con ella, sus privilegios, instituciones y libertades. Como si del último Shakespeare, el "Estuardo", se tratara, Olivares es consciente de las limitaciones inherentes al ejercicio del poder[85].

Lo que preocupa a Olivares es la llegada del oro y la suerte de la guerra en el Norte. Esa es la verdadera crisis que aqueja a la Corona, y no la insólita pretensión regia. Y por eso se cierra cuando la Flota de Indias llega a Cádiz sin novedad, al tiempo que las armas del rey prevalecen en Flandes. Figuras tan lúcidas como don Francisco de Quevedo y Villegas, sin embargo, no contemplan el futuro con el mismo entusiasmo que una aliviada Corte:

Cádiz: abarcaba más o menos desde el sur de Lisboa hasta el estrecho; el otro, de Flandes. En ambos había trazado círculos y señales rojos y negros, indicando donde estaban las escuadras, donde estaban los ejércitos. Ante el mapa marino, el Valido, con un compás, calculó las millas de océano que separaban de Cádiz la flota que había partido de Canarias y la inglesa avistada días antes a la altura de Cascaes. Eran distancias iguales. Razonablemente, se tenían que encontrar. Pero, ante el mapa de Flandes, el Valido se sentía más torpe, porque no entendía de tácticas y de estrategias terrestres, y el compás que tenía en las manos no le aclaraba nada. Puntos rojos, puntos negros, más puntos rojos que negros. Ya se había olvidado, o al menos lo dudaba ante su confusión, quiénes eran los unos y quiénes los otros. Tendría que haber traído a algunos de aquellos militares retirados, cojos o mancos, que hacían antesala desde meses atrás para que se les reconocieran los servicios, de mariscal algunos, de meros capitanes los más...".

[85] JORDAN, C.: *Shakespeare's Monarchies. Ruler and Subject in the Romances*. Cornell. 1999, pp. 4-5.

> "...Hemos ganado la batalla, pero, ¿cuántas nos quedan por perder? La flota de este año ha llegado a Cádiz, pero, ¿llegará la del año próximo? Y es verdad que el Rey y la Reina son felices, pero, ¿cuánto les va a durar? No pasará mucho tiempo sin que tengamos razones para estar tristes, y, entonces, volveremos a hacernos en la conciencia esa pregunta que nadie se atreve a formular: ¿por qué, si defendemos la verdadera fe, el Señor no nos ayuda? Yo intento entender el mundo y no lo entiendo, y, entonces, me agarro al único clavo ardiendo: hay pecados, no sabemos cuáles, por los que el Señor nos castiga. ¿Serán del Rey o serán del pueblo entero? ¿O será, simplemente, que el Señor cambió de pueblo escogido? Yo nací bajo el reinado del gran Felipe. Aquello sí que era un Rey, aquello sí que era un pueblo, aquéllos sí que eran tiempos"[86].

Arturo Pérez Reverte ahonda en esa lucidez de los servidores de la Monarquía en su serie de novelas protagonizadas por el capitán Alatriste. En ellas, lo que se unen en el semblante de Olivares son "la inteligencia, la dureza y la firmeza"[87]. En la película rodada en 2006 por Agustín Díaz-Yanes, con Viggo Mortensen como el capitán de los Tercios, y Ariadna Gil como María de Castro, esas cualidades adquieren tonalidades políticas muy concretas. Cuando el valido, en la película extraordinariamente recreado por Javier Cámara, recibe a Diego Alatriste, pobre y altivo, siempre receloso ante cualquier hombre de poder, le muestra un plano de Flandes. El veterano de los Tercios recibe la confesión del aristócrata andaluz: "desde hace cuatro años, estudio este mapa noche tras noche. Conozco cada puerto, cada canal, cada estuario y cada fortaleza. Flandes me quita el sueño". El capitán Alatriste no tiene la menor duda acerca de la verdadera personalidad de Gaspar de Guzmán: en el fondo, es como él. Un hombre de principios, y un servidor de la grandeza del proyecto político de la Casa de Austria.

---

86 TORRENTE BALLESTER, G.: *Crónica del Rey Pasmado...*, p. 217.
87 PÉREZ REVERTE, A.: *Limpieza de sangre*. Madrid. 1997, pp. 170.

Alatriste y Olivares forman parte de un partido que ha sido ya derrotado en la literatura, y está a punto de ser derrotado por la historia: el partido de la antigua virtud fundacional, de los principios que fundaron la Monarquía Católica, de los grandes servidores públicos, los militares, los juristas, los universitarios, y los clérigos. El partido del *Coriolano* de Shakespeare. El partido de Casio y de Bruto, a quienes Marco Antonio derrota en *Julio César*[88]. El partido de los tacitistas, de los enemigos de Maquiavelo, de los servidores del bien común.

La alternativa política y jurídica a la imposible reforma y regeneración de la Monarquía Hispánica la representa la definitiva consolidación del proyecto de Monarquía parlamentaria insular. Nunca la sociedad inglesa fue tan consciente de protagonizar un proceso revolucionario con más militante claridad que en 1688, superada la posibilidad de que se instaurara un "absolutismo católico"[89]. Una sociedad, por cierto, intensamente política, que vienen a retratar películas clásicas como la maravillosa *Ambiciosa* (*Forever Amber*, 1947), de Otto Preminger, Linda Darnell, George Sanders, como un maravilloso Carlos II Estuardo, Richard Greene y Cornel Wilde en los papeles estelares, y la más reciente *Restauración* (*Restoration*, 1994), de Michael Hoffman, Robert Downey, Jr., Sam Neill y Hugh Grant como protagonistas, quedando la revolución de 1688 como el telón de fondo del clásico del cine de aventuras *El capitán Blood* (*Captain Blood*, 1935), de Michael Curtiz, la primera de la serie de producciones protagonizadas por Errol Flynn y Olivia de Havilland, y basada en la novela de Rafael de Sabatini.

[88] .JAFFA, H. V.: "The Unity of Tragedy, Comedy, and History: An Interpretation of the Shakespearean Universe". ALVIS, J. E. & WEST, T. G. (Ed.): *Shakespeare as Political Thinker*, pp. 29-58. Wilmington (Del.) 2000, pp. 51-52.

[89] JONES, J. R.: *The Revolution of 1688 in England*. Birkenhead. 1972, pp. 18 y ss., y HARRIS, T.: *Revolution. The Great Crisis of the British Monarchy 1685-1720*. London. 2007, pp. 311 y ss.

El Antiguo Régimen es también, para el cine, la expresión del abuso a través de la administración de justicia. Es el caso de *Rob Roy*, la novela de Walter Scott que conoció una exitosa adaptación por Michael Caton-Jones con el mismo título en 1995, Liam Neeson como el jefe del clan MacGregor, Jessica Lange como su esposa Mary, y Tim Roth como su perverso enemigo, Archibald Cunningham, en el marco de la Escocia posterior al *Acta de Unión* con Inglaterra de 1707, con el consiguiente nacimiento del Reino Unido, y la insurrección jacobita de 1715, la de Jacobo III, *the Auld Pretender*, y del enfrentamiento entre los *highlanders*, en su mayoría legitimistas y partidarios de los Estuardo, y una nueva nobleza alineada con la bisoña dinastía Hannover recién instaurada en Londres.

La película se detiene en la singularidad de la figura del gran caudillo de las Tierras Altas, líder de los MacGregor, y la obstinación en la supervivencia de la vieja Escocia ganadera de los clanes. Pero Walter Scott sabe que la administración del naciente Estado británico se basa en herramientas tan esenciales y tan presentes en la vida ordinaria como la acción de la administración de justicia. Y, evocando con sorna al benemérito juez Edward Coke, y su convicción acerca del desempeño del oficio de juez –"en toda la cristiandad no hay nada comparable, si es bien desempeñado"– describe su antítesis en las figuras del juez Inglewod y el escribano Jobson[90].

---

[90] SCOTT, W.: *Rob Roy*. Barcelona. 1976, pp. 75-76: "Después de tener a Inglewood por juez, era necesario buscar a alguien que ejerciese sus funciones; aquél, era en verdad el cuerpo del tribunal, pero se precisaba un alma que dirigiese y animases sus movimientos, Un maligno escribano de Newcastle, llamado Jobson, pareció el más capacitado para ello... reputa oficio muy apto el vender la justicia a nombre del *squire* Inglewood, y cuyos emolumentos dependen del número de asuntos que pasan por sus manos, saca todo el dinero de los pobres pleiteantes, y es tan celoso de citar por la menor causa a las partes ante el tribunal, que el honrado juez no puede desenvolverse. En fin, no hay una revendedora de manzanas, en diez millas a la redonda, que arregle sus cuentas con la frutera sin una audiencia, que el juez le concede a pesar suyo, como a que le obliga el escribano Jobson... Por otra parte, el juez, que conserva por instinto cierto afecto a las opiniones que antes profesaba, con la mira patriótica de hacer ejecutar la ley contra

Rob Roy MacGregor es un hombre de honor al que sucede en el tiempo el cínico Barry Lyndon, cuyas peripecias en la Europa de mediados del siglo XVIII fueron descritas por William Makepeace Thackeray y llevadas al cine por Stanley Kubrick en *Las aventuras de Barry Lyndon (Barry Lyndon*, 1975), Ryan O'Neal y Marisa Berenson en los papeles principales, y los Chieftains poniendo la música irlandesa de la tierra natal del aventurero. La película vendría a explicitar la atmósfera de las cortes de una Europa plácidamente instalada en el despotismo, más o menos reformista, el juego, la explotación de los más humildes, y la estratificación estamental, es decir, el conjunto de elementos que nutrirán sucesivos estallidos revolucionarios desde finales del siglo XVIII. Pero, antes de que los procesos de transformación política remuevan la historia, con la nostalgia del arribista y del hombre de fortuna que menudeó en la Europa ilustrada, Barry Lyndon rememora tiempos plácidos y de oportunidades:

> "Cuando bailé con Coralie de Langeac en las fiestas celebradas en Versalles con motivo del nacimiento del Delfín, sus faldas medían dieciocho pies de circunferencia y los tacones de sus deliciosas *mules* se elevaban tres pulgadas sobre el suelo; el encaje de mi *jabot* valía mil coronas, y los botones de mi casaca de terciopelo costaban ochenta mil libras. ¡Cómo han variado las cosas! Ahora los caballeros visten como boxeadores, cuáqueros, o cocheros de alquiler; y las señoras no se visten en absoluto. No hay elegancia ni refinamiento; nada queda de la galantería del viejo mundo del cual formé parte. ¡Pensad qué elegancia puede haber ahora en Londres cuando el árbitro de la moda es un Brummel, un hijo de nadie, una persona de baja extracción, que

---

los destructores sin patente de liebres y perdices, se halla muy embarazado cuando el celo de su escribano le arrastra a procedimientos judiciales que le recuerdan sus antiguas creencias; y en vez de favorecer los esfuerzos de Jobson, le opone un ánimo de indolencia y apatía... Entonces Jobson se encoleriza y repite por todas partes que denunciaría al juez ante el consejo de Estado...".

> ni siquiera sabe beberse una botella como un caballero, ni bailar un minueto; incapaz de batirse como un hombre, tan diferente de como éramos antes de que el vulgar corso trastornará a la aristocracia mundial!”[91].

En ese examen de la “dulzura de la vida” que Chateaubriand adjudicaba a los años previos a 1789, contamos con algunas interesantes películas sobre la administración virreinal de la España americana. *La carroza de oro* (*La carrosse d'or*, 1952) de Jean Renoir, con Anna Magnani como protagonista, bien secundado por Nada Fiorelli, Odoardo Spadaro y Duncan Lamont, es seguramente la más bella y elaborada, y también la que evoca de manera más romántica el significado de la recreación de España en América. Más recientemente, *El puente de San Luis Rey (The bridge of San Luis Rey*, 2004) de Mary McGuckian, basada en la novela de Thortorn Wilder, con un reparto integrado por Robert de Niro (y su tendencia a la adopción de la nacionalidad española en el cine histórico), Harvey Keitel. Kathy Bates, Gabriel Byrne, Pilar López de Ayala y Geraldine Chaplin, música de Lalo Schifrin, y fotografía de Javier Aguirresarobe, se ocupa más monográficamente del análisis de la personalidad de los hombres de gobierno de la Monarquía de España, siguiendo las pautas enunciadas por el escritor nacido en Madison:

> “Don Andrés de Ribera, virrey del Perú, era el resto de un hombre delicioso, destrozado por la mesa, la alcoba, una grandeza de España y diez años de destierro. De joven había formado parte de embajadas a Versalles y a Roma, había peleado en las guerras en Austria, había estado en Jerusalén. Era viudo y sin hijos de una mujer enorme y rica; había coleccionado un poco de todo: monedas, vinos, actrices, condecoraciones y mapas. La mesa le había dado la gota; la alcoba, una tendencia a las convulsiones; la grandeza,

[91] THACKERAY, W.: *Las aventuras de Barry Lyndon*. Barcelona. 1991, pp. 186-187.

un orgullo tan vasto y tan pueril que rara vez escuchaba lo que le decían..."[92].

Sin embargo, será *La Misión* (*The Mission,* 1986) la película que brinde una más profunda aproximación a la identidad y el funcionamiento del conjunto del sistema político de la América española en el siglo XVIII. El guión y novela de Robert Bolt, su última gran contribución como historiador, representa una vasta reflexión sobre la introducción de los planteamientos librecambistas en los imperios ibéricos a partir del tráfico de esclavos. La película, dirigida por Roland Joffé, y protagonizada por Jeremy Irons, Robert de Niro, Aidan Quinn, Cherie Lunghi y Liam Neeson, se centra casi exclusivamente en la instalación de las reducciones de los jesuitas en el Paraguay, su combate contra el negocio de la esclavitud, y la creación de comunidades de vida para los guaraníes en torno a los principios esenciales del cristianismo. Pero omite a uno de los protagonistas esenciales de la novela: José de Carvalho y Mello, primer ministro de Portugal, el futuro marqués de Pombal, desde que durante su estancia en Londres como embajador de Portugal ante el Reino Unido descubre que, como dice la novela "la ley de la paz es la ley del mercado", entendiendo que dentro del mercado todo se compra y se vende.

Una nueva visión de la actividad económica y, por lo tanto, de la acción política e institucional, penetra en las mentes más abiertas y más carentes de escrúpulos de la Ilustración. Gran Bretaña aporta a Carvalho las claves para la edificación de un nuevo sistema basado en el interés propio, un sistema cuya lógica se enfrentaba con la protección que los jesuitas, bajo mandato de la Corona de España, prestaban a los indígenas para preservarles de la esclavitud. Para el Carvalho de Bolt, el Reino Unido había creado el patrón de la definitiva modernidad de acuerdo con una idea central:

[92] WILDER, T.: *El puente de San Luis Rey*. Barcelona. 2004, p. 102.

> "...El gobierno estaba en manos de personas que sabían en qué dirección había de moverse su país para conseguir la prosperidad. Incluso los equivalentes ingleses de la gran aristocracia dedicaban sus energías a sus propiedades, aumentando sus fortunas gracias a las mejoras que introducían en sus cosechas y su ganado. Alguno de ellos incluso utilizaba máquinas en sus campos. Y no había escasez de dinero, puesto que se habían ideado medios ingeniosos para que éste corriese, no para los pobres, desde luego, sino para la gente emprendedora que supiera hacer trabajar sus caudales, ya que aquel país era un reino comercial. Allí no se encontraban reglamentos anticuados... Los comerciantes no ocupaban ministerios, ya que estaban demasiado atareados amasando fortunas, pero todo el reino era dirigido en interés de ellos...
>
> No se mostró tan interesado en filosofías como en la competencia de los banqueros, la astucia de los corredores de valores y el ingenio de los nuevos fabricantes. Observó, fascinado, como surgía un nuevo mundo de carreteras de peaje, astilleros y talleres, fábricas de vidrio, hornos de función y cervecerías... El interés propio era la clave"[93].

En el continente, la transformación del sistema político discurre por otros cauces. *Scaramouche*, la novela de Rafael de Sabatini que George Sidney lleva al cine (*Scaramouche*, 1952) es una de esas obras cuyas resonancias se instalan en

---

[93] BOLT, R.: *La Misión*. Barcelona. 1987, pp. 193-194 y 199: "Los jesuitas... habían producido una escasez artificial de esclavos en la colonia, albergando a millares de trabajadores guaraníes en sus misiones, y salvándolos con ello del mercado de esclavos. La vigente ley española que prohibía la esclavitud ya era de por sí bastante mala, y los colonos contaban con la Corona de Portugal para abolirla. No obstante, era posible escapar a estar prohibición en la práctica, aunque se la observara según la letra. Lo que no podía infringirse, sin embargo, eran los derechos peculiares otorgados a los jesuitas por la monarquía española, puesto que los jesuitas se encontraban allí precisamente para proteger aquellos derechos. Como resultado de ello, miles de guaraníes se daban buena vida bajo la protección de los jesuitas, en vez de contribuir a la prosperidad de la colonia trabajando para sus industriosos colonos.

la memoria sentimental de una generación de espectadores formada en las grandes producciones de espadachines y sus valores caballerescos. La impecable dirección de Sidney, y un maravilloso reparto en que un Stewart Granger y Eleanor Parker en plenitud disfrutan de la aparición de una celestial Janet Leigh, e incluso hacen soportable las limitaciones de Mel Ferrer, completan una de las grandes películas de aventuras de la historia. Pero no hay gran película de aventuras sin una gran historia, sin un gran conflicto de principios, y sin una sólida propuesta ética que conquiste el corazón del espectador.

En este caso, la película narra la historia de André-Louis Moreau, un jurista y cómico bretón y miembro de los Estados Generales del viejo Ducado que, en la Francia que presiente la Revolución, y como consecuencia del asesinato –con forma de duelo desigual– perpetrado por el Señor de La Tour d'Azyr contra su joven e idealista amigo Philippe de Vilmorin, se convierte en espadachín y en revolucionario con el objeto de satisfacer su afán de venganza. Habiendo sido electo para formar parte del Tercer Estado en los Estados Generales de Francia, el cómico Scaramouche une su suerte a la del pueblo francés en su combate contra todas las formas de tiranía. Precisamente con motivo de la elección de los representantes bretones ante los inminentes Estados Generales, acude a Nantes como delegado de la capital de Bretaña, Rennes, para expresar sus ideas políticas:

> "Ciudadanos de Nantes –...–, ¡la madre patria está en peligro! Marchemos en su defensa. Proclamemos ante el mundo que las medidas para liberar al Tercer Estado de la esclavitud sólo encuentran obstáculos en el frenético egoísmo de las clases encumbradas dispuestas a seguir recibiendo de las generaciones venideras el odioso tributo de dolor y lágrimas. La barbarie de los medios empleados por nuestros enemigos para perpetuar nuestra opresión, debe prevenirnos, pues sin duda intentarán establecer la aristocracia como un principio constitucional para el gobierno de

Francia. El establecimiento de la libertad y la igualdad debe ser el objetivo de todo ciudadano perteneciente al Tercer Estado; y nuestra unidad debe ser indivisible, especialmente entre los jóvenes y los que han tenido la dicha de nacer lo suficientemente tarde para recoger por sí mismos los preciosos frutos de la filosofía de este siglo XVIII...

Juremos –...– alzar en nombre de la humanidad y de la libertad un baluarte contra nuestros enemigos; oponer a su ambición sedienta de sangre la serena perseverancia de los hombres con causa justa. Dejemos aquí constancia de nuestra protesta contra cualquier tiránico decreto que en el futuro nos declare sediciosos cuando lo único que nos anima son puras y justas intenciones. Juremos por el honor de nuestra patria que si uno de nosotros fuese llevado ante un injusto tribunal y se intentará contra él uno de esos actos llamados de conveniencia política –que de hecho no son sino actos de despotismo– juremos, digo, dar plena expresión a la fuerza que está en nosotros y usarla en defensa propia con el coraje y la desesperación que nos dicte la conciencia"[94].

Las ideas de Moreau-Sacarmuche, vienen a expresar la lógica liberal revolucionaria que sintetizaba Manuel García Pelayo cuando decía que "no mandan los hombres, sino la nación y

[94] SABATINI, R.: *Scaramouche*. Madrid. 1999, pp. 81-82 y 80-81: "...En los últimos diez años no ha habido un ministro que, en vista de las necesidades y peligros del Estado y habiendo aconsejado las medidas que ahora pedimos como único remedio para evitar que nuestra patria se precipite al abismo, no fuera expulsado de su cargo por la influencia de los privilegiados. Dos veces ha sido llamado el señor Necker al ministerio, y dos veces lo han despedido, cuando sus insistentes consejos de reforma amenazaban los privilegios del clero y de la nobleza. Ahora por tercera vez lo han llamado, y al fin parece que tendremos Estados Generales a pesar de los privilegiados. Pero lo que las clases privilegiadas no pueden evitar, están determinados a inutilizarlo. A menos que tomemos medidas para impedirlo, los nobles y el clero convertirán los Estados Generales en un mero instrumento para perpetuar los abusos gracias a los cuales viven, asegurando que el Tercer Estado esté representado por quienes ellos designen, y negándonos toda representación efectiva. No se detendrán ante nada con tal de obtener este propósito...".

el derecho" [95]. La radical novedad que aportan los procesos de transformación de las formas jurídicas y las relaciones de poder que se producen con el cambio constitucional obedece a la atribución de la soberanía a una nación que no es un artefacto político, o una ficción institucional, sino la expresión de una comunidad política, es decir, la formulación estable de principios, ideas y sentimientos comunes.

El problema se suscita cuando algunos hombres deciden adjudicarse la plena representación de la nación. Cuando Philippe Agostini y Raymond Bruckberger escriben y dirigen *Diálogos de carmelitas* (*Dialogues des carmelites*, 1960) basándose en la pieza teatral de Georges Bernanos, Jeanne Moureau y Alida Valli como protagonistas, y la historia de las 16 monjas del Carmelo de Compiègne condenadas y ejecutadas en la Plaza de la Concordia de París el 17 de julio de 1794 "por haber sostenido correspondencia fanática, albergado a sacerdotes refractarios y a emigrados, conservado escritos libertarios", reproducen el juicio sufrido por las religiosas en términos que aportan adecuado testimonio del espíritu fanático que despierta en el servidor público que ha decidido convertirse en el "guardián del alma" de esa nación:

---

[95] GARCÍA PELAYO, M.: *Los mitos políticos...*, pp. 50-51: "...La nación es la fuente y el sujeto originario del poder, porque es la realidad última, originaria, de la que derivan las demás, sólo vinculada por una realidad tan primaria como ella misma: el derecho natural. En consecuencia, la nación, y no el rey, es la soberana; pero, además, la nación está formada por lo que los hombres tienen de común, y, por consiguiente, es contradictoria con la existencia de grupos privilegiados y sólo compatible con la igualdad ante la ley o, lo que es lo mismo, con la reducción de los estamentos privilegiados al derecho común del tercer estado.

...Pero, además, dicha voluntad ha de realizarse dentro de un orden de competencias precisas establecido por el derecho, es decir, por referencia a algo todavía más impersonal que la nación o el pueblo. La división de poderes y el escalonamiento del orden jurídico, con la consiguiente supremacía de la constitución sobre las demás normas, complementan técnicamente los anteriores supuestos".

> "FISCAL. La República no necesita siervas. Yo soy el guardián del alma de la patria. Vosotras, que no reconocéis la autoridad de las leyes, habéis atentado contrala ciudad.
> MADRE TERESA. También somos ciudadanas de otra patria.
> FISCAL *(levantándose)* Os sobra una. Agradeced haber encontrado en esta patria que mencionáis un tribunal que os escuche y os juzgue y esta noche una tumba para acogeros"[96].

Tras la victoria del Frente Popular en las últimas elecciones parlamentarias de la Tercera República francesa, las de 1936, Jean Renoir había querido "expresar mi amor por lo franceses", al que decía deberle "haber vivido en el espíritu exaltado del Frente Popular", en una bellísima película, *La marsellesa* (*La Marselllaise,* 1938), que pretendía reivindicar la naturaleza popular y emancipadora del proceso político abierto en 1789, y renovado con ilusión enorme en 1936, una ilusión de la que era entusiasta partícipe el genial hijo del gran Auguste Renoir:

> "...relato la marcha de los voluntarios marselleses hacia Paría y la toma por asalto de las Tullerías, que puso fin a la monarquía... Pasamos de Luis XVI a Roederer, de la reina a una humilde operaria, y del palacio a la calle"[97].

Los voluntarios, la calle y la humilde operaria de Renoir se enfrentaban con un mundo despiadado. Y para las clases privilegiadas, incluso las más lúcidas y cultivadas, la desigualdad era una consecuencia lógica de la propia brutalidad de ese mundo. En *El Señor de Ballantrae* (*The Master of Ballantrae,* 1953), la novela de Robert Louis Stevenson que llevó al cine

[96] AGOSTINI, P.; BRUCKBERGER, R. L.: *Diálogos de Carmelitas.* Libreto. Guión cinematográfico. Madrid. 2006, p. 108.
[97] RENOIR, J.: *Mi vida y mi cine.* Madrid. 1993, pp. 122-123. "Fue un momento en el que los franceses creyeron realmente que iban a amarse unos a otros. La gente se sentía conducida por una ola de generosidad".

William Keighley, con Errol Flynn, Roger Livesey, Beatrice Campbell y Anthnoy Steel como protagonistas, el viejo Lord languidece en su castillo de las *Highlands* cuando en 1745 Escocia se levanta por última vez, impertérrito, y ubicado tanto al lado del rey como al lado del pretendiente[98]. Entre los aristócratas del cine no existe muchas veces tanto el afán de dominación como el convencimiento de que el secular orden feudal responde a una interpretación casi lógica de la historia humana. El príncipe Andrei Bolkonski se lo recuerda al idealista Pierre en *La guerra y la paz* de León Tolstoi, llevada al cine por King Vidor (*War and Peace*, 1956), con Mel Ferrer como el reflexivo príncipe, Henry Fonda como Pierre Bezújov, Audrey Hepburn como Natasha Rostova, y Vittorio Gassman como Anatoly Juraguin, cuando aboga por la emancipación de los siervos:

> "...tú, por ejemplo, deseas dar la libertad a los campesinos, pero no lo haces por ti (creo que no has azotado jamás a ninguno, ni lo habrás enviado a Siberia), ni siquiera por los mismos campesinos. Y aunque se pegue a los campesinos, aunque se les azote y se les mande a Siberia, creo que eso no es ni tanto así peor para ellos. En Siberia siguen llevando su misma vida de bestias; las heridas del cuerpo se cicatrizan y ellos siguen tan felices como antes. Eso es más necesario para hombres que perecen moralmente, que se arrepienten, que sofocan sus escrúpulos y se embrutecen por el solo hecho de que son capaces de castigar a los demás con justicia o sin ella. A ésos es a quienes compadezco y por ellos desearía emancipar a los campesinos. Tú tal vez no has visto; pero yo sí que he visto a personas excelentes, educadas en la tradición del poder ilimitado y que, con los años, se tornan

98 STEVENSON, R. L.: *El Señor de Ballantrae*. Madrid. 1987, pp. 16-17: "El anciano Lord, el octavo de su nombre, aún era joven, aunque prematuramente envejecido. Su lugar favorito era junto a la lumbre; allí permanecía, sentado en su sillón, envuelto en un grueso batín, entregado a la lectura, sin hablar apenas con nadie, sin que jamás usase con ninguno tonos violentos. Era el prototipo del antiguo jefe de familia: apoltronado y plácido".

irritables, se vuelven crueles y groseras, lo saben, pero no pueden contenerse, y cada día son más desgraciadas"[99].

En todo caso, el cine de los 50' encierra un tono crítico hacia la Revolución Francesa. El propio Scaramouche se mostrará muy descontento con el resultado del proceso revolucionario. André Moureau lamentará los excesos del naciente "Terror" cuando dice que se ha frustrado un logro revolucionario: el que "habíamos repartido el poder equitativamente en el Estado"[100]. Desde *Historia de dos ciudades* (*A Tale of Two Cities*, 1935), de Jack Conway, basada en la novela de Charles Dickens, y con Ronald Colman y Elizabeth Allan como protagonistas y, sobre todo, *La pimpinela escarlata* (*The scarlet Pimpernel*, 1934), de Harold Young, Leslie Howard, Merle Oberon, Joan Gardner y Raymond Massey en los papeles estelares, y sus secuelas, la Revolución había sido objeto de un análisis muy severo por parte de las cinematografía británica y estadounidense. En el caso de la novela de la baronesa D'Orczy, que comienza en París en septiembre de 1792, tras la frustrada tentativa de fuga de la familia real, la descripción plástica de la acción aniquiladora del naciente Terror, que en apenas cuatro meses

[99] TOLSTOI, L.: *La guerra y la paz 1*. Barcelona. 1981, p. 477-478: "-De ésos es de quienes me compadezco: de la dignidad humana, de la tranquilidad y pureza de conciencia, y no de sus espaldas ni de sus cabezas...".

[100] SABATINI, R. de: *Scaramouche...*, p. 401: "Esta es la hora de los Danton, de los Marat, la hora de la chusma que tomará las riendas del gobierno, embriagada por la vanidad que los Marat y los Danton han infundido en ese populacho. Esto sólo puede conducir al caos y al despotismo más brutal. Pero no podrá durar...

...Yo sueño con una sociedad que escoja a los mejores entre todas las clases, y que niegue a cualquier clase o corporación –ya sean los nobles, el clero, los burgueses o e populacho– el derecho exclusivo a detentar el poder. Cuando gobierna una sola clase, es fatal para todos. Hace dos años parecía que habíamos realizado nuestro ideal. El monopolio del poder le había sido arrebatado a la clase que durante tanto tiempo y tan injustamente lo había ejercido gracias al ya inútil derecho hereditario... Pero nuestro ímpetu nos llevó demasiado lejos, mientras las clases privilegiadas nos provocaban con su oposición, y el resultado es el horror...".

se llevará consigo la vida del propio rey Luis XVI, no puede ser más escalofriante:

> "Durante la mayor parte del día, la guillotina había llevado a cabo su siniestra labor. Todo lo que había enaltecido a Francia en los siglos pasados: sus nombres más antiguos, su sangre azul, pagaba ahora su tributo a los deseos de libertad y de fraternidad...
>
> El espectáculo podía presenciarse cada día, ya que aquellos aristócratas eran ciertamente muy estúpidos. Todos ellos habían traicionado al pueblo, tanto los hombres como las mujeres y los niños. Todos ellos eran traidores, a pesar de ser los descendientes de los grandes personajes que desde las Cruzadas habían configurado la gloria de Francia... Sus antepasados habían oprimido al pueblo, aplastándolo bajo los tacones escarlatas de sus magníficos zapatos cerrados con hebilla. Pero ahora el pueblo se había convertido en el legislador de Francia y aplastaba a su vez a sus antiguos señores..."[101].

Como película, *Scaramouche* no se interna en las consecuencias de la revolución, ni en la reversión tiránica del poder que, gracias a la herramienta estatal, parecía haberse convertido en una responsabilidad compartida, una adaptación de la novela que hubiera remitido muy poderosamente al mundo de la postguerra, siete años después del final del nazi-fascismo, y con Stalin vivo. Pero, en modo de humor, con ese clima de

[101] D'ORCZY, B.: *La pimpinela escarlata.* Barcelona. 1986, pp. 7-8: "No lo hacía sin duda con los tacones de sus zapatos, ya que por aquellos días la mayoría de la gente iba descalza, sino bajo el peso de algo mucho más efectivo: la cuchilla de la guillotina.

El repugnante instrumento de tortura exigía diariamente y a cada hora su variado número de víctimas: ancianos, muchachas y niños de corta edad, hasta que llegara el día en que pediría la cabeza de un rey y la cabeza y la cabeza de una reina joven y hermosa.

Sin embargo, así debía ser. ¿No era ahora el pueblo el legislador de Francia?".

elegante desenfado que recorre algunos de los mejores episodios de la película, en el final aparece Napoleón para advertir al espectador cómo termina verdaderamente la historia.

Al cine clásico, a ambos lados del Atlántico, no le gustan las revoluciones, ni siquiera las liberales, y mucho menos sus protagonistas, tanto en formulación tiránica como asamblearia. El pueblo, siempre omitido en el universo de Shakespeare, y particularmente el de las naciones no inglesas de las Islas, con la solitaria excepción del *Enrique V*, cómo un irlandés de Belfast llamado Kenneth Branagh sabrá poner de manifiesto[102], pero también en el cine histórico de la época clásica, aparece en todo caso como víctima de sus propios inocentes afanes. El examen del cambio constitucional por el cine avanza con el siglo XX, de la mano del enfrentamiento con los discursos totalitarios. Y se encuentra con una realidad tan atractiva para la industria como las formas de persistencia del Antiguo Régimen.

[102] LEHMANN, C.: *Shakespeare Remains. Theater to Film, Early Modern to Postmodern*. Ithaca & London. 2002, pp. 192 y ss.

7. GATOPARDOS, LEONES, Y SOÑADORES DIURNOS: EL ESTADO LIBERAL

Concluidos los procesos revolucionarios, la consolidación de la nueva institucionalidad liberal disfruta de una paulatina aceptación por arte de un cine que había nacido, precisamente, en plena crisis de la derivación colonialista e imperialista del modelo político del liberalismo.

El período posterior al Congreso de Viena no merecerá grandes producciones, excepción hecha de la bella adaptación que de *La cartuja de Parma (La Chartreuse de Parme,* 1948) realizó Christian-Jaque, con el gran Gérard Philippe como Fabrizio del Dongo, Louis Salou como el príncipe Ernesto IV, Renée Faure como Célia Conti y María Casares como la duquesa Sanseverina. Más atractiva le resulta al cine la actividad de los conspiradores liberales en las Cortes europeas. En *El húsar en el tejado,* la más ambiciosa de sus novelas, Jean Giono, el gran escritor de Manosque, describía la historia de uno de esos jóvenes carbonarios buscado por la policía de los Habsburgo que, fugado en Provenza, había de enfrentase, además de a sus perseguidores, al cólera devastador, conociendo a una joven condesa que comparte su anhelo de una vida distinta. Cuando en 1996 Jean Paul Rappeneau llevó al cine la novela del autor de *El hombre que plantaba árboles,* acentuó la historia de amor, contando con dos grandes intérpretes como Juliette Binoche y Olivier Martínez, pero preservó su melancólico estilo, delicado, elegante, lleno de serenidad, entre mediterránea y alpina, en su aproximación al modo de vida de un territorio más de dos veces milenario en su sabiduría y en su capacidad para leer los grandes procesos de la historia. Ángelo, aristócrata, coronel de húsares piamontés, perseguido al mismo tiempo por los servicios secretos de los Saboya y de los Habsburgo, pero también acusado por los nativos de la Provenza de haber originado el cólera envenenando las aguas, sufre todas las penalidades porque se tiene a sí mismo por un patriota. Pero disfruta de la lucidez suficiente como para no engañarse:

> " 'Ya vuelves a las palabras grandilocuentes, los pensamientos elevados, las empresas majestuosas... Ahora te ha dado por la palabra 'patriota'. ¡Así pues, somos patriotas! ¿Eres más patriota aquí, en este barranco, que el peón de albañil que prepara la argamasa en un arrabal de Turín o de Génova, aunque no construya más que un pabellón de caza o la tienda de un barbero? ¿O más patriota que el pastor lombardo que se distrae plantando bellotas con el extremo de su cayado mientras guarda sus ovejas en la meseta desierta? Los guarnicioneros de la Vía del Perseo cosen cueros que quizá contribuyan más a la gloria de la patria que toda su agitación... ¿Y con qué derecho te atribuyes el monopolio del patriotismo olvidando que cualquier labrador, panadero o persona de la condición que sea puede contribuir con su trabajo diario a construir más sólidamente la patria que todos los carbonarios con sus febriles andanzas y sus bosques donde se sienten como Cristóbal Colón?"[103].

En primera instancia, sin embargo, la cinematografía que ambienta sus historias en la Europa de las revoluciones liberales preferirá centrarse en las grandes monarquías continentales. Y eso explica que adopte una extraordinaria presencia una muy atractiva figura de la historia de la Europa danubiana que, sin embargo, gracias al cine, adquiere proyección universal: la

[103] GIONO, J.: *El húsar en el tejado*. Barcelona. 1995, pp. 202-203.

emperatriz-reina Isabel de Austria-Hungría, la célebre *Sissi,* que protagonizó la trilogía cinematográfica escrita, producida y dirigida por Ernst Marischka y encarnada por Romy Schneider, *Sissi (Sissi,* 1955), *Sissi, emperatriz (Sissi, die junge Kaiserin,* 1956), y *El destino de Sissi (Sissi, Schicksalsjahre einen Kaiserin* 1957), con Romy Schneider y Karlheinz Böhm como la pareja imperial y real, y Magda Schneider y Gustav Knuth como los duques Wittelsbach en Baviera. Pero también se internan en esta misma materia películas como *Mayerling (Mayerling,* 1968), dirigida por Terence Young, y de inolvidable reparto: nada menos que Omar Sharif como el archiduque Rodolfo, Catherine Deneuve como María Vetsera, James Mason como el emperador Francisco José, y Ava Gardner como Sissi, y el misterio de qué sucedió en el pabellón de caza de Mayerling el 30 de enero de 1889. Y, cómo no, el *Ludwig (Ludwig,* 1972) de Luchino Visconti, de nuevo Romy Schneider, pero adulta, como Sissi, Helmut Berger como Luis II de Baviera, Trevor Howard como Richard Wagner, y Silvana Mangano como Cosima Liszt-von Bülow-Wagner.

Cuando una protagonista de la historia es interpretada por Romy Schneider y Ava Gardner, sólo puede deducirse que atesora una personalidad apasionante. Pero, para las producciones de Marischka, la primera de las cuales se estrenaba el mismo año 1955 en que, en virtud del Tratado de Estado, Austria recuperaba la plenitud de su soberanía como nación independiente y neutral, el objetivo era nítido: en esencia, la figura de Sissi venía a poner en valor, en la doliente Europa central de la postguerra, muy especialmente germánica, y más concretamente austriaca, la identidad singular de la renaciente república engullida por el nazismo en 1938, evocando el esplendor y la grandeza de la monarquía de los Habsburgo.

Pero también en una clave política, simbólica y emotiva que habría de ejercer una poderosísima influencia en el díptico que sobre Alfonso XII compusieron Luis César Amadori en *¿Dónde vas, Alfonso XII?* (1958) y Alfonso Balcázar y Guillermo Cases en *¿Dónde vas, triste de ti?* (1960), las películas que exhiben la nostalgia por una interpretación de la historia que pretendía conciliar la lógica dinástica de las viejas monarquías, con sus siempre sugestivas historias de cine, con su incardinación en clave parlamentaria, obedecen a nítidos objetivos. En el supuesto español, reivindicar el legado del más inteligente y romántico de los Borbones, Alfonso XII. Y, en plena dictadura, los espectadores pudieron contemplar el funcionamiento del sistema político de la Restauración, con sus partidos y sus líderes conversando con el rey Alfonso, como Cánovas, o entablando una muy singular relación de afinidad con la reina María Cristina, como Sagasta, o concertando ambos el pacto dinástico para la alternancia tras conocer la gravedad de la dolencia que habría de conducir al propio joven soberano a la muerte con tan sólo 27 años. El éxito de ambas películas, y particularmente de la realizada por Amadori, cuya historia de amor imposible, y su todavía más inverosímil final, con el dramático fallecimiento de la reina sevillana, María de las Mercedes, con tan sólo 16 años, causó un profundo impacto en una generación de españoles, revela la recepción masiva del mensaje.

No es extraño que una mujer de cine como la emperatriz-reina Isabel de Austria-Hungría creyera en una suerte de devenir autónomo de la historia y, sobre todo, de la política, ajeno a toda forma de influencia de la acción política y de gobierno:

> "-¡Lo único que hace es engañarse a sí mismos! Los políticos creen que ellos rigen el curso de los acontecimientos, y se llevan una sorpresa tras otra. Cada equipo ministerial lleva en sí mismo su propia caída, ya desde el primer momento. El único fin de la diplomacia es obtener algún botín del vencido. Sin embargo, todo lo que sucede, sucede por sí mismo, por su necesidad interna y su madurez, y lo único que hacen los diplomáticos es constatar los hechos consumados"[104].

---

[104] CHRISTOMANOS, C.: *Sissi*. Fragmentos de diario. Impresiones, conversaciones, recuerdos. Selección y prefacio de Verena von der Heyden-Rynsch.

Si "todo lo que sucede, sucede por sí mismo", nadie como Luchino Visconti, aristócrata milanés perteneciente a uno de los grandes linajes medievales de la gran capital del Norte italiano, pero también militante comunista, para entender todas las contradicciones del sistema liberal naciente, así como la implacable supervivencia del Antiguo Régimen o, más bien, la propia identidad de amplios estratos de la sociedad europea con unas soluciones políticas e institucionales secularmente arraigadas en el estilo y en las mentalidades de los moradores del nunca mejor denominado como "viejo" continente[105].

La primera película que Visconti dedicó a la Italia del *Risorgimento* fue *Senso* (*Senso*, 1954) a partir del relato de Camillo Boito, hermano de Arrigo Boito, el último libretista de Giuseppe Verdi, autor de los textos de las dos últimas óperas del maestro padano, *Otelo* y *Falstaff*, y ambientada en la guerra austro-italiana de 1866, que habría de conducir al Véneto a la integración en el reino de Italia a pesar de las derrotas de su ejército en la segunda batalla de Custozza y de su armada en Lissa. Visconti no pudo cumplir con su plan inicial de contar con Ingrid Bergman y Marlon Brando, debiendo optar por Allida Valli como la veneciana condesa Livia Serpieri y por Farley Granger como el teniente austriaco Franz Mahler, Remigio Ruz en el relato, extraordinario acierto en el primer supuesto, y más dudoso en el segundo.

Textos de Ludwig Klages, Maurice Barrès, Paul Morand y E. M. Cioran. Barcelona. 1988, pp. 55-56: "La mayoría de las personas no quieren verse libres de las ataduras del destino y de la vida; de ese modo, creen ponerse a salvo de los peligros. Y, sin embargo, no dejamos de vivir a la sombra del destino, y esa sombra está al acecho detrás de cada rayo de luz. Lo que todas las personas tenemos en común no es el espíritu, sino el destino...

La mayoría de las personas son desgraciadas porque se hallan en perpetuo conflicto con la necesidad. Si uno no puede ser feliz a su manera, no le queda más remedio que amar su desgracia. Sólo eso nos proporciona paz, y la paz es la belleza de este mundo...".

[105] SCHIFANO, L.: *Visconti. Une vie exposée*. Paris. 2009, pp. 459 y ss. *Vid.* también MIRET JORBA, R.: *Luchino Visconti. La razón y la pasión*. Barcelona. 1989, pp. 136 y ss.

El moralista espíritu liberal tiene mucho que ver con los recuerdos que en el relato de Camillo Boito evoca una condesa Serpieri con 39 años –"terrible edad"– y que en la película de Visconti, guión del más formidable equipo de guionistas de la historia del cine, el propio Visconti, Tennesse Williams, Suso Cecchi d'Amico y Paul Bowles, se convierte en clave para entender el accionar aristocrático, la total ausencia de escrúpulos, la carencia de principios de una clase que se siente todavía destinada al mando y a la impunidad de los propios actos:

> "¡Ah, qué satisfacción la de confiarse sólo a una misma, libre de escrúpulos, de hipocresía, de reticencias, respetando en el recuerdo la verdad, aun en lo que las estúpidas convenciones sociales hacen más difícil proclamar, las bajezas propias! He leído que los santos anacoretas que vivían en medio de gusanos y de putrefacciones (que, de verdad, eran suciedades) creían elevarse a las alturas tanto más cuanto más se revolcaban en el fango. Del mismo modo, mi espíritu, al humillarse se exalta. Estoy orgullosa de sentirme realmente diferente de las demás mujeres. Mis ojos no temen ningún espectáculo; en mi debilidad hay una fuerza audaz; me parezco a las antiguas romanas, a aquellas que volvían el pulgar hacia la tierra..."[106].

Esa capacidad de la más antigua, rancia y clasista nobleza para ubicarse por encima del bien y del mal, se encontraba ya muy presente en el comportamiento de la marquesa de Merteuil en *Las amistades peligrosas* de Choderlos de Laclos, y sobre todo en su ejemplar versión para la gran pantalla por Stephen Frears, (*Les liasons dangereuses*, 1988), adaptación del texto por Christopher Hampton, y Glenn Close en el papel de la marquesa, con John Malkovich como Valmont y Michelle Pfeiffer como madame de Tourvel. Dos años después

[106] BOITO, C.: *Senso*. Barcelona. 1987, p. 156: "Si no fuese por la fiebre de mis vigorosos recuerdos y por el espanto de la vejez, yo debía ser una mujer feliz".

Milos Forman lo intentó en *Valmont (Valmont*, 1990), Annette Bening, Colin Firth y Meg Tilly en los mismos papeles, pero con inferiores resultados cinematográficos. La marquesa de Merteuil interpreta los privilegios nobiliarios como patentes de impunidad. Pero, en el final de la película puede constatar el amplio rechazo que suscita entre los probos burgueses que la abuchean en el teatro, en lo que constituye un anticipo del movimiento revolucionario que se avecina.

El aristócrata que, sin embargo, no se detiene en juegos de vanidad cortesana y amorosa, y prefiere analizar la vida y las estrellas y, por lo tanto, la historia, es el siciliano Fabrizio, príncipe de Salina, una creación del compatriota por excelencia de Visconti, como fue por tantos conceptos Giuseppe Tomasi, príncipe de Lampedusa. La conversación del príncipe de Salina con Russo en la novela, y con el padre Pirrone en la película, muestra su pronta intelección de la verdadera naturaleza del proceso político que inspira el desembarco de los garibaldinos en Sicilia, un proceso que no obedece precisamente a una lógica revolucionaria, sino de sustitución o, más bien, ampliación de las élites dirigentes:

> "-He comprendido perfectamente: no queréis destruirnos a nosotros, vuestros 'padres'. Queréis sólo ocupar nuestro puesto. Con dulzura, con buenas maneras, pero metiéndoos en el bolsillo unos miles de ducados. ¿Verdad que es esto? Tu nieto, querido Russo, creerá sinceramente que es barón, y tú te convertirás, ¡yo qué sé!, en el descendiente de un gran duque de Moscovia... Y tu hija, previamente , se habrá casado con uno de nosotros... 'Para que todo quede tal cual' Tal cual, en el fondo, tan sólo una imperceptible sustitución de castas..."[107].

[107] LAMPEDUSA, G. T. de: *El gatopardo*. Barcelona. 1984, pp. 39-41: " 'Pero ¿y los soberanos, nuestros soberanos? Y la legitimidad, ¿en qué acabará?'
Esta idea lo turbó un momento. No podía evitarlo... Estos Fernandos, estos Franciscos tan despreciados, le parecían como hermanos mayores, confiados, afectuosos, justos, verdaderos reyes...

La despiadada lógica de las relaciones políticas como relaciones de poder no contaba, en las conversaciones de Fabrizio de Salina con el padre Pirrone, con una propuesta política alternativa por parte de su confesor. A partir de 1891, tras la Carta Encíclica de León XIII *Rerum Novarum*, podrá haber un sacerdote como el protagonista del *Diario de un cura rural* de Georges Bernanos, llevada al cine por Robert Bresson (*Journal d'un cure de campagne*, 1951) que recuerde que incluso el más mísero de los hombres disfruta del verdadero poder, el de amar, y que "el infierno es haber dejado de amar"[108]. Pero las décadas centrales y finales del siglo XIX, de sucesivas oleadas de las revoluciones industriales, y cada una menos humana que la anterior, no dejan opción a la duda en el cine. El mundo victoriano, por ejemplo, cuenta en *La mujer del teniente francés* (*The French Lieutenant's Woman*, 1981) con una maravillosa película de Karel Reisz basada en la novela de John Fowles, y con Meryl Streep y Jeremy Irons en los papeles protagonistas, Sarah Woodrof y Chales Smithson. Partiendo del personaje de Charles, John Fowles procede a una definición de la generación de líderes británicos del último tercio victoriano, y el decaimiento en el seguimiento de una élite que decide dimitir de sus responsabilidades:

'¿Y Francia? ¿Acaso no es ilegítimo Napoleón III? ¿Y acaso no viven felices los franceses bajo este emperador iluminado que los conducirá ciertamente a los más altos destinos? Pero entendámonos. ¿Acaso Carlos III estuvo perfectamente en su sitio? También la batalla de Bitonto fue una especie de batalla de Bisacquino o de Corleone o de yo qué sé, en la cual los piamonteses la emprendieron a pescozones con los nuestros, una de estas batallas en las que se lucha hasta que todo queda como estuvo. Por lo demás tampoco Júpiter era el legítimo rey del Olimpo'.

Ni que decir tiene que el golpe de estado de Júpiter contra Saturno le trajo a la memoria las estrellas".

[108] BERNANOS, G.: *Diario de un cura rural...*, pp. 158-159: "...Los sacerdotes hemos callado demasiado y quisiera suponer que por lástima. Pero la verdad es que somos cobardes... ¿Qué es lo que han hecho ustedes del infierno? Una especie de prisión perpetua análoga a las suyas... Juzgamos el infierno según las medidas de este mundo, y el infierno no es de este mundo. No pertenece a este mundo y aún menos al mundo cristiano...".

> "La inercia era, por desgracia, el rasgo más acusado de Charles. Como muchos de sus contemporáneos percibía que la conciencia de la propia responsabilidad que había distinguido a sus compatriotas en la primera mitad del siglo degeneraba en autosuficiencia: lo que ahora movía al país era más el afán de aparentar respetabilidad que el de hacer el bien por convicción. Comprendía que era en exceso exigente; pero, ¿cómo iba uno a escribir Historia teniendo a Macaulay tan cerca? ¿Novela o poesía, en medio de la más brillante galaxia de talentos de toda la historia de la literatura inglesa? ¿Cómo podía uno aspirar a ser un científico creador, con Lyell y Darwin aún en activo? ¿O un estadista, cuando Disraeli y Gladstone polarizaban todo el espacio disponible?[109].

Pero no todos los jóvenes victorianos son iguales. *El joven Winston* (*Young Winston*, 1972), maravillosa primera película de Richard Attenborough, con Simon Ward interpretando su papel paradigmático como el joven Churchill, poniéndose al frente de un colosal reparto que encabezaban Anne Bancroft como Lady Jeannie Churchill, Robert Shaw como Randolph Churchil, John Mills como Lord Kitchener, o Anthony Hopkins como un joven y brillante Lloyd George, inseparable amigo de Churchill en su irrupción en los Comunes como gran promesa liberal, además de Ian Holm, Jack Hawkins, Colin Blakely, Patrick Magee, o Jane Seymour, es la demostración de la fuerza creadora del sentido de la responsabilidad cívica, el afán de servicio público y, partiendo de ambas premisas, la legítima ambición humana.

La teoría de la "democracia *tory*" de Randolph Churchill sostenía que los conservadores no podrían acceder a las

[109] FOWLES, J.: *La mujer del teniente francés*. Barcelona. 1987, pp. 22-23: "Como podéis ver, Charles era hombre de altas miras. Los ociosos inteligentes suelen serlo para justificar su ociosidad ante su inteligencia. En suma, tenía todo el *ennui* byroniano, aunque sin ninguna de las dos expansiones byronianas: el genio y el adulterio".

responsabilidades de gobierno y, sobre todo, mantenerse en ellas, mientras no ganaran la confianza de las clases medias y trabajadoras. Tras liderar a los *tories* en los Comunes y ejercer como canciller del *Exchequer* en el gobierno de Lord Salisbury, Randolph Churchill dimitió en respuesta al incremento del presupuesto del ejército y de la armada, apartándose de una vida política cuyos líderes no escondieron su rechazo al brillante e indomable descendiente del duque de Marlborough. Tras el triste fallecimiento de su padre, el joven Churchill, que carecía de reputación, amigos en el gobierno y, sobre todo, dinero, siguiendo los consejos de su madre, hubo de comenzar su carrera pública como un joven teniente que sirvió en las últimas grandes expediciones de la Gran Bretaña victoriana, tanto en el paso de Malakand, en el noroeste de la India, como en el Sudán junto a Kitchener.

Churchill, en su célebre primera gran intervención en los Comunes acerca del gasto militar, siguiendo los mismos planteamientos paternos que, bajo la influencia de su amigo y pronto rival por la grandeza, David Lloyd George, le habían conducido a las filas liberales, deseoso de reivindicar a su padre enfrentándose a los conservadores, mantenía que un país no podía renunciar a la más preciada de las fuerzas, la fuerza moral, la fuerza que conducía a la definición de grandes y nobles proyectos e ideales. La película adopta un planteamiento siempre querido por el cine, y sobre todo el anglosajón, como es la teoría del héroe solitario, especialmente cuando se aplica a vocaciones como la política, la milicia, el sacerdocio, la medicina o la enseñanza, grandes personalidades cívicas cuya capacidad para no sucumbir a la mediocridad o la ausencia de identidad les convierte en personajes imprescindibles para entender la historia, pero también sumamente atractivos para la cinematografía.

El joven Winston de Richard Attenborough se presentaba por primera vez al Parlamento por Oldham en 1898, camino de cumplir los 24. Se dirigía a los jóvenes para decirles que "los años", por excelencia, son los que van de los 20 a los 25, cuando un ser humano es generoso y dice la verdad. Todo un testimonio cuando se considera que iba camino de los 66 cuando se convirtió por vez primera en primer ministro, en junio de 1940, y que abandonó el 10 de Downing Street tras cumplir los 80. Pero probablemente debido a esa capacidad para conocer e interpretar los vaivenes de la historia que sólo atesora una existencia propia llena de esos mismos cambios, estaba especialmente capacitado para entender la dimensión de la amenaza totalitaria nazi-fascista que se cernía sobre el Estado de Derecho pero, sobre todo, sobre el propio ideal de civilización.

En todo caso, la Gran Bretaña victoriana produce también una extraordinariamente lúcida interpretación de la realidad profunda del poder en la obra de Lewis Carroll, especialmente *Alicia en el país de las maravillas* y mucho más singularmente *Alicia a través del espejo*, en donde Humpty Dumpty, el "Zanco Panco" de la siempre llamativa traducción española, viene a zanjar cualquier forma de especulación sobre la naturaleza del poder:

> "...¡Te has cubierto de gloria.
> -No sé qué es lo quiere decir con eso de la 'gloria' –observó Alicia.
> Zanco Panco sonrió despectivamente.
> -Pues claro que no..., y no lo sabrás hasta que te lo diga yo. Quiero decir que 'ahí te he dado con un argumento que te ha dejado bien aplastado'.
> -Pero ''gloria'' no significa 'un argumento que deja bien aplastado'-objetó Alicia.
> -Cuando yo uso una palabra –insistió Zanco Panco con un tono de voz más bien desdeñoso– quiere decir lo que yo quiero que diga... ni más ni menos.
> -La cuestión –insistió Alicia– es si se *puede* hacer que las palabras signifiquen tantas cosas diferentes.

-La cuestión –zanjó Zanco Panco– es saber quién es el que manda..., eso es todo"[110].

Alicia en el país de las maravillas fue recientemente llevada al cine por Tim Burton (*Alice in Wonderland,* 2010) con Mia Wasikowska como Alicia, Johnny Depp en el papel del sombrerero, Helena Bonham-Carter como la reina roja y Anne Hathaway como la reina blanca, y una desbordante actualización de la obra de Lewis Carroll. Una actualización en donde se incorpora todo el espíritu crítico con que el autor de *La caza del Snark* analiza las instituciones de la Gran Bretaña victoriana. En la novela, al contemplar una partida de ajedrez, Alicia observaba que ninguno de los jugadores jugaba cuando le tocaba el turno, sino que lo hacían a la vez y discutiendo entre sí, lo que motivaba el paulatino enfurecimiento de la reina, quien, por otra parte, no veía más solución que cortar la cabeza de los jugadores. Desesperada, se lamentaba ante el Gato de Cheshire, porque "no están jugando limpiamente... y se están peleando todo el tiempo, de forma que no hay quien oiga nada..., y además, nadie hace demasiado caso a las reglas del juego; parece como si no tuviera ninguna o, en todo caso, si las hay, nadie parece que las esté siguiendo...". El rey consideraba que todo cuanto tiene una cabeza puede ser decapitado, y la reina pensaba que, ante la falta de resolución de los problemas, la alternativa era condenar a muerte a cuantos la rodeaban. El problema, como descubrirá después Alicia en el juicio por el robo de las tartas, es que el rey era también juez. Y eso resultaba muy poco práctico[111].

---

[110] CARROLL, L.: *A través del espejo y lo que Alicia encontró al otro lado.* Madrid. 1984, pp. 122-123.

[111] CARROLL, L.: *Alicia en el país de las maravillas.* Madrid. 1970, pp. 139-142 y 174: "...el Juez era el mismo Rey, y como llevaba la corona encima de la peluca (...), no tenía precisamente aspecto de sentirse demasiado cómodo, y en todo caso no le sentaba bien".

Humpty Dumpty se quejaba, en el final de su conversación con Alicia, de que era "exactamente igual a todos los demás"[112]. Como si, en efecto, nada hubiera cambiado. Se diría que en la España de comienzos del siglo XX podía también llegarse a la misma conclusión cuando se constataba la supervivencia de formas de control político directamente enraizadas en la lógica de sometimiento político y social previa a la Era constitucional. *Jarrapellejos* (1988), de Antonio Giménez Rico, basada en la novela que Felipe Trigo publicó en 1914, y protagonizada por un extraordinario reparto integrado por Antonio Ferrandis, Juan Diego, Joaquín Hinojosa, Aitana Sánchez-Gijón, Lydia Bosch, Amparo Larrañaga y José Coronado, venía a mostrar esa supervivencia en la España profunda en plena crisis de la Restauración.

La acción se desarrolla en La Joya, en Extremadura, en 1912. Allí, el cacique Pedro Luis Jarrapellejos controla todos los poderes y todas las administraciones para imponer su voluntad, consiguiendo que un terrible crímen quede impune, para terminar por ser condecorado por el propio Ministerio de Justicia tras una suscripción popular cuyo resultado material desprecia. Jarrapellejos dedica sus mejores energías a consolidar un poder cuya lógica, como sostiene con enorme lucidez y cínica inteligencia, se fundamenta en la ausencia de toda forma de instrucción de la ciudadanía:

> "...lo que se afirma desde antiguo acerca de "la santidad de la ignorancia" es de una exactitud que no desconocería ese ministro de Instrucción, como no la desconocemos los que hemos ido recibiendo duras y algo largas las lecciones de la vida. El pueblo no comerá más aunque aprenda gramática en la escuela, y, en cambio, sabrá mejor de su hambre y del hartazgo de los otros...

[112] CARROLL, L.: *A través del espejo...*, p. 130.

...Unos con mucho, otros con nada: así ha sido siempre el mundo y lo será..."[113].

España no padece la brutal crisis que representa el estallido de la primera guerra mundial, cuyo impacto en la vida y en la actividad productiva de las potencias contendientes transforma decisivamente la estructura social y las mentalidades de los grandes Estados del continente europeo[114]. Y, también, su propia configuración territorial, con procesos de emancipación tan constantemente presentes en la historia de la cinematografía como el de Irlanda, que en la década de los 30', coincidiendo con el comienzo de la andadura del Estado Libre, John Ford llevará al cine, partiendo de la obra de dos grandes escritores irlandeses, Liam O'Flaherty en *El delator (The Informer,* 1935), Víctor MacLaglen interpretando a Gyppo Nolan, por el que obtuvo su primer Óscar como mejor director, y Seán O'Casey en *El arado y las estrellas (The plough and the stars,* 1937).

La fundación de la productora Republic por Lord Killanin y el propio Ford permitirá al realizador, tras la segunda guerra mundial, dirigir en Irlanda, y sobre todo componer a partir de la novela de Maurice Walsh una de las grandes obras de arte de la historia humana, *El hombre tranquilo (The quiet man,* 1952), ganando su cuarto y último Óscar como mejor director, un registro todavía no igualado, y brindando los papeles de su vida a John Wayne como Séan Thortorn, a Maureen O'Hara como Mary Kate Danaher, a Victor MacLaglen como Red Will

---

[113] TRIGO, F.: *Jarrapellejos*. Madrid. 2001, pp. 148-149 y 312: "El juez, al entrar, vio lo primero la banda y la insignia de la gran cruz de Carlos III, concedida ahora a don Pedro Luis por los méritos contraídos cuando la ya casi olvidada visita del ministro. Se la habían traído esta mañana: del juez había sido la iniciativa para regalársela por suscripción, habiéndola encabezado con treinta duros... y le contrarió hallar la rica condecoración displicentemente abandonada en una silla... Las condecoraciones, ¿qué le importaban a este hombre que las repartía más prácticas en nombramientos de jueces, de diputados...?".

[114] ALONGE, G.: *Cinema e Guerra. Il film, la Grande Guerra, e l'immaginario bellico del Novecento*. Torino. 2001, pp. 188 y ss.

Danaher, a Barry Fitzgerald como Michaeleen Og Flynn, y a Ward Bond como el padre Lanergan. En 1965, Jack Cardiff, su habitual director de fotografía, dirige *El soñador rebelde (Young Cassidy),* contando con la contribución del maestro en algunas escenas, y basándose en las memorias de Séan O'Casey, Rod Taylor en el papel principal, Michael Redgrave como William Butler Yeats, y un muy meritorio repaso por el proceso que condujo a la creación del Estado Libre. A pesar de su honestidad y autenticidad en el tratamiento de la realidad irlandesa, a pesar de que la viuda Tillane le aclaraba a Séan Thortorn que "Irlanda no es el paraíso" cuando le vendía White O'Morn, ambas películas convergían en el modelado de una Arcadia nacionalista habitada por poetas, artistas, y gentes llenas de humor y de sensibilidad, contribuyendo decisivamente a la consolidación del mito irlandés en el cine, de un perenne Innisfree.

Pero el propio William Butler Yeats no se llamaba a engaño. En *Michael Robartes y la bailarina,* el libro que publicó en 1921, en plena Guerra de Independencia, incluye su célebre poema *Pascua 1916,* escrito el 25 de septiembre de 1916, tras el Levantamiento, la inmediata y bárbara represión británica, y el tránsito de la ciudadanía dublinesa del rechazo a la insurrección a condenar su bárbara represión, una condena que se convierte en el fundamento del proceso político que conducirá a la independencia. Yeats, que sabe que "un sacrificio demasiado largo puede volver de piedra el corazón", se permite evocar a quienes actúan motivados por un exceso de amor:

> "¿Fue después de todo muerte inútil?
> Pues Inglaterra puede cumplir su palabra.
> De todo lo que se hace y dice.
> Conocemos su sueño; es suficiente
> Saber que soñaron y que están muertos;
> ¿Y qué importa el si un exceso de amor
> Los aturdió al punto que murieran?
> Los escribo aquí en verso-
> MacDonagh y MacBride

Y Connolly y Pearse,
Ahora y en tiempo venidero,
En cualquier lugar de verde emblema,
Han cambiado, cambiado completamente;
Una terrible belleza ha nacido"[115].

La cuestión de Irlanda, con toda su carga romántica, pero también con la importancia de la colonia irlandesa en Gran Bretaña y, sobre todo, en Estados Unidos, en donde más de cuarenta millones de ciudadanos proclaman todavía su origen irlandés, merecerá una constante atención de la cinematografía, sobre todo, en los años finales del siglo XX, tras la finalización del terrorismo, la adopción de acuerdos que permiten restablecer las instituciones de autogobierno de los 6 condados del Norte de Irlanda bajo administración británica, y la formación de gobiernos compartidos por unionistas y republicanos, con películas tan emblemáticas del examen del terrorismo de Estado como *Agenda oculta* (*Hidden agenda*, 1990), de Ken Loach, con Frances MacDormand y Brain Cox como protagonistas, o *En el nombre del padre* (*In the name of the father*, 1993), de Jim Sheridan, con Daniel Day-Lewis, Pete Postlewaithe y Emma Thompson en los papeles principales.

Pero, al margen de algunas otras producciones recientes, como *El viento que agita la cebada* (*The Wind that Shakes the Bartley*, 2006), de Ken Loach, protagonizada por Cillian Murphy y Padraic Delaney, y centrada en algunos terribles episodios de la Guerra de Independencia de Irlanda, la gran película sobre el conflicto en la nación de los celtas más occidentales, transcurridos veinte años desde su estreno, sigue siendo *Michael Collins (Michael Collins*, 1996) dirigida por Neil Jordan, Liam Neeson, Alan Rickman, Julia Roberts, Aidan Quinn, Stephen Rea y Brendan Gleeson como protagonistas,

[115] YEATS, W. B.: *Antología poética*. Biografía, selección y traducción de Manuel Soto. Madrid. 1991, p. 233. *Vid.* igualmente WALSH, M.: *El Hombre Tranquilo*. Madrid. 2012, pp. 214 y ss.

y una implacable disección del proceso que condujo a 26 de los 32 condados de Irlanda a emanciparse de la dominación inglesa, de acuerdo con una estrategia de confrontación que, en primer término, pasó por la fase martirial liderada por Patrick Pearse en el Levantamiento de 1916, prosiguió por la legitimación a través de las urnas del *Sinn Féin* que Eamon de Valera condujo a la aplastante victoria en las elecciones británicas de 1918, y la consiguiente constitución del primer *Dáil Eireann* y la proclamación de la independencia en Mansion House de Dublín en enero de 1919, y se cerró con la estrategia armada de Michael Collins, basada en una concepción muy simple: responder a la secular violencia británica con más violencia, al terror con más terror. Neil Jordan recogió en un *Diario* de rodaje sus motivaciones y objetivos, y también su contraste con su materialización en el rodaje, para así llegar a entender una figura llena de contradicciones, incluyendo, tras su muerte, el proceso que Peter Hart ha denominado *"the making of Michael Collins"*[116].

Fuera de Europa, un riguroso contemporáneo de Churchill, De Valera y Collins, Thomas Edward Lawrence, habría de merecer la atención de una de las más épicas y grandiosas producciones del tercer cuarto del siglo XX, *Lawrence de Arabia, (Lawrence of Arabia*, 1962), dirección de David Lean, guión del gran Robert Bolt, banda sonora de Maurice Jarre, papel protagonista para el inmenso Peter O'Toole, e inolvidables trabajos de Omar Shariff, Alec Guinness y Anthony Quinn.

La película explora todas las dimensiones de una figura histórica magnificada por la propaganda imperial británica, y por su propia discreción y hermetismo, y no tanto por su propia narración de los hechos, *Los siete pilares de la sabiduría*, en donde la mentalidad del joven historiador galés graduado en

[116] JORDAN, N.: *Michael Collins. Film Diary & Screenplay*. London. 1996. pp. 42-43. *Vid.* también COOGAN, T. P. *Michael Collins. A biography*. London. 1991, pp. 418 y ss., y HART, P.: *Mick. The Real Michael Collins*. London. 2005, pp. 415 y ss.

Oxford de humildes orígenes en la Gran Bretaña eduardiana, aúna con enorme sagacidad la pulsión romántica y aventurera, y sus anhelos frustrados, con una capacidad para el análisis geopolítico de primer nivel. El mérito de Lean, Bolt y O'Toole, es acertar a incorporar al cine una personalidad histórica tan extraordinariamente compleja con todos sus matices, con todos y cada uno. Los mismos matices que con enorme lucidez y abrumadora franqueza comparte con sus lectores el propio erudito especialista en fortificaciones cristianas en Tierra Santa:

> "...Los que sueñan de noche en los polvorientos recovecos de su espíritu se despiertan al día siguiente para encontrar que todo era vanidad. Mas los soñadores diurnos son peligrosos, porque pueden vivir su sueño con los ojos abiertos a fin de hacerlo posible. Esto es lo que hice. Pretendí forjar una nueva nación, restaurar una influencia perdida, proporcionar a veinte millones de semitas los cimientos sobre los que pudieran edificar el inspirado palacio de ensueños de su pensamiento nacional... Pero cuando ganamos, se me alegó que se ponían en peligro los dividendos petroleros británicos en Mesopotamia y que se estaba arruinando la política colonial francesa en Levante...
>
> Determiné no aceptar nada por mi labor en el frente árabe. El Gabinete incitó a los árabes a que lucharan por nosotros mediante promesas categóricas de autonomía...
>
> Era evidente desde el comienzo que, de ganar la guerra, estas promesas se convertirían en letra muerta, y si yo hubiera sido un honrado asesor de los árabes les habría recomendado volver a sus casas... Pero me justificaba a mí mismo con la esperanza de que, al conducir a estos árabes furiosamente hasta la victoria final, les colocaría, con las armas en la mano, en una posición tan segura (si no dominante), que la conveniencia aconsejaría a las grandes potencias un arreglo de sus reclamaciones. En otros términos, presumí (...) que sobreviviría a las campañas y que podría no sólo derrotar a los turcos en el campo de batalla, sino a mi propio país y a sus aliados en las reuniones del Consejo.

> Era una atrevida pretensión... Arriesgué en el fraude, convencido de que la ayuda árabe era necesaria para nuestra fácil y rápida victoria en Oriente, y de que era mejor ganar y dejar incumplida la palabra dada que perder"[117].

El Estado Liberal es, en fin, profundamente urbano. La nación de ciudadanos responde plenamente a la etimología originaria. El protagonista de *Fosca*, de Iginio Ugo Tarchetti, una bellísima historia de amor en los albores de la Italia unificada, no puede ser más contundente cuando se reincorpora al servicio activo como oficial del ejército italiano, siendo destinado a su población natal[118]. La adaptación al cine realizada por Ettore Scola con el título de *Pasión de amor* (*Passione d'amore*, 1981), interpretada en sus papeles principales por Valeria D'Obici, Bernard Giraudeau y Laura Antonelli transmite al espectador esta atmósfera casi opresiva.

---

[117] LAWRENCE, T. E.: *Los siete pilares de la sabiduría*. 4 vols. Madrid. 1986, vol. 1, pp. 54-57: "...Pagamos por estas cosas un precio excesivamente elevado en honor y en vidas inocentes. Remonté el Tigris con cien territoriales de Devon, jóvenes, puros, muchachos encantadores, llenos del poder de la felicidad, capaces de dar alegría a mujeres y a niños... Y los estábamos arrojando por miles al fuego, en la peor de las muertes, no para ganar la guerra, sino para que el trigo, el arroz y el petróleo de Mesopotamia fueran nuestros. Lo único necesario era derrotar a nuestros enemigos (Turquía entre ellos)... Estoy orgulloso de aquellos mis treinta combates en que no se derramó la sangre de mis hombres. Todas nuestras provincias imperiales no valían para mí la muerte de un inglés".

[118] TARCHETTI, I. U.: *Fosca*. Barcelona. 1991, p. 13: "...Esa vida de meditación y soledad habría terminado matándome. Quien haya vivido una temporada en las grandes ciudades no puede adaptarse a la vida de los pueblos; no puede limitar su manera de ver el mundo, sus ideas, sus costumbres hasta las proporciones mezquinas y a menudo ridículas de las gentes del campo. Siempre he pensado en los pueblos como centros de ignorancia, de barbarie, a menudo de corrupción. Ellos son los que frenan el progreso de la civilización interponiéndose entre las ruedas de su carro. Si todos los puntos habitados de la Tierra fueran Londres, Petroburgo, París, Roma o Berlín, la cuestión cuya solución preocupa desde hace siglos a la humanidad ya estaría resuelta".

El Antiguo Régimen, en todo caso, habría de pervivir en el ámbito del estilo. Y el cine acudió con enorme y exitosa reiteración a su clima característico para modelar un sub-género, las llamadas películas "de época", en donde se satisfacía la nostalgia o el gusto por los ambientes recargados y/o refinados de un amplio público, mostrando espacios habitados por la realeza y la aristocracia, en donde se bailaba el vals, las fiestas eran interminables, y la segregación social se adivinaba cuando algún "plebeyo" osaba transgredir el orden plurisecular. Un ejemplo es el de Rodolfo Rassendyll, protagonista de *El prisionero de Zenda (The prisoner of Zenda)*, la novela de Anthony Hope que llevaron al cine John Cromwell en 1937, con Robert Donat, Madeleine Carroll y Douglas Fairbanks en los papeles protagonistas de Rassendyll-Rodolfo V de Ruritania, la princesa Flavia y el espadachín y aventurero Ruperto de Hentzau, y en 1952 Richard Thorpe, en ese caso con Stewart Granger, Deborah Kerr y James Mason en los mismos roles.

El supuesto es tan inverosímil como apasionante. A Ruritania, un reino de Europa Central de ubicación indeterminada, en los mismos años de la todavía misteriosa y trágica muerte del *Kronprinz* de Austria y de Hungría Rodolfo en Mayerling, llega con el ánimo de pescar un joven aristócrata inglés en la víspera de la coronación de su lejano pariente el rey Rodolfo. Ambos se conocen, descubriendo su asombroso parecido. Tras una copiosa cena de celebración en el pabellón de caza de Zenda, junto a los fieles Fritz von Tarlenheim y el coronel Sapt, el rey no se encuentra en condiciones de acudir a su coronación en la catedral de Strelsau, un hecho que convertiría a su hermano mayor, Miguel, separado del trono por el origen no regio de su madre, en dueño del país. Rassendyll acepta suplantar a su primo, lo que le permite conocer a su prometida, la encantadora princesa Flavia. Pero cuando Rassendyll regresa a Zenda, descubre que el rey ha sido secuestrado por los esbirros del duque Miguel, liderados por Ruperto de Hentzau. Rassendyll debe entonces seguir ejerciendo como rey. Y no le resulta difícil. Como él mismo describía, ha sido educado para la vida del aristócrata del siglo[119].

Un siglo que, todavía en plena Gran Guerra, no parecía tener fin. Un niño de diez años que acababa de empezar el *Gymnasium* en Viena, y al que el mundo del cine habría de conocer como Billy Wilder, relata cómo el 30 de noviembre de 1916, con motivo del funeral del emperador-rey de Austria-Hungría, Francisco José, fallecido con 86 años tras 68 de reinado, en un día gris, húmedo y frío, del final del otoño junto al Danubio, tras más de dos años de guerra, hambre, tristeza y escasez, su padre se llevó a su hijo al Café Edison. Pero el recuerdo del niño que sería Billy Wilder se dirigía hacia la figura que parecía asegurar la continuidad de un mundo imperecedero:

> "Y en medio de toda aquella pompa negra, había un solo punto blanco, una aparición clara y resplandeciente, una figura luminosa que avanzaba en medio de toda aquella oscuridad. Era el príncipe Otto, un niño como yo, quizás era dos o tres años más joven, e iba completamente vestido de blanco. Llevaba el uniforme de los húsares de *Honved*, y una pluma blanca adornaba su chacó.
>
> Lo admiré, lo envidié. Él me pareció el futuro del mundo. Aunque era más joven que yo, sería emperador. Emperador y rey, señor del mundo. Era un príncipe de ensueño y yo era testigo de cómo la historia desfilaba ante mí, que estaba de pie sobre una mesa de mármol en un café. Y por un momento me perdí en aquella comitiva como en un sueño, me metí

---

[119] HOPE, A.: *El prisionero de Zenda*. Madrid. 2004, pp. y 12-13: "...Había estudiado en un colegio y en una universidad alemanes y me expresaba en alemán tan espontánea y correctamente como en inglés, me sentía perfectamente cómodo en francés, poseía nociones de italiano y en español podía maldecir. En mi opinión, era un esgrimista potente aunque sin mucho estilo y un buen tirador. Era capaz de cabalgar en cualquier cosa que tuviera lomos en que sentarse... Si se me indica que debiera haber empleado mi tiempo en tareas útiles me encuentro fuera de mi terreno y no tengo nada que decir, salvo que mis padres no me dejaron otras ocupaciones que dos mil libras al año y un talante inquieto".

> en mis sueños dentro del príncipe blanco, con su uniforme blanco, y mientras se me nublaba la vista me hice uno con él y ocupé su lugar"[120].

Una nueva e incontenible realidad, sin embargo, había ya irrumpido en la historia. Figuras como Fabrizio de Salina la contemplaban con tristeza, con melancolía, con decepción y con amargura, ante todo, propias, mientras su existencia, como la de su clase y su mundo, se dirigían hacia el ocaso. Y, además, nada nuevo podía esperarse de la instauración de un orden político que había decidido descansar sobre los pilares sustentantes del antiguo. La conversación entre Fabrizio de Salina y el caballero Chevalley certificaba la sentencia solemne del príncipe astrónomo. El pasado estaba muerto:

> "-La intención es buena, Chevalley, pero tardía... Usted me hablaba hace poco de una joven Sicilia que se asoma a las maravillas del mundo moderno. Por mi parte, veo más bien a una centenaria arrastrada en coche a la Exposición Universal de Londres, que no comprende nada, que se cisca en todo, en las acerías de Sheffield como en las hilaturas de Manchester, y que desea solamente encontrar su propio duermevela entre sus almohadas baboseadas y con el orinal bajo la cama...

[120] WILDER, B.; KARASEK, H.: *Nadie es perfecto*. Barcelona. 1993, pp. pp. 22 y 21-22: "-Mi padre me subió a una mesa de mármol, en el primer piso, desde donde podía ver a la gente formando largas y silenciosas hileras en la calle. Después, tras una larga espera, llegó el cortejo fúnebre; pasó despacio, con solemnidad. Me acuerdo de todas aquellas personas vestidas de negro, con trajes de ceremonia, que mi padre me iba diciendo quiénes eran. Estaban allí el príncipe heredero alemán, los reyes de Baviera, de Sajonia y de Bulgaria, las delegaciones del Imperio otomano. Detrás del féretro caminaba la joven pareja imperial, el emperador Carlos I y la emperatriz Zita. Podían verse los cabellos enjaezados de negro, los sobrios uniformes. Sólo más tarde oí decir que la gente vio pasar el cortejo fúnebre más bien con silenciosa indiferencia en medio de los horrores de la guerra y los sufrimientos del hambre. Yo, en aquel momento, estaba profundamente impresionado por toda aquella grandeza y solemnidad".

-El sueño, querido Chevalley, el sueño es lo que los sicilianos quieren, ellos odiarán siempre a quien los quiera despertar... Todas las manifestaciones sicilianas son manifestaciones oníricas, hasta las más violentas: nuestra sensualidad es deseo de olvido, los tiros y las cuchilladas, deseo de muerte, deseo de inmovilidad voluptuosa, es decir, también de muerte, nuestra pereza, nuestros sorbetes de escorzones y de canela... De esto proviene el poder que tienen entre nosotros ciertas personas, los que están semidespiertos, de ahí el famoso retraso de las manifestaciones artísticas e intelectuales sicilianas; las novedades nos atraen sólo cuando están muertas... de ello el increíble fenómeno de la formación actual de mitos que serían venerables si fueran antiguos de verdad, pero que no son otra cosa que siniestras tentativas de encerrarse en un pasado que nos atrae solamente porque está muerto"[121].

[121] LAMPEDUSA, G. T.: *El gatopardo...*, pp. 180-181 y 179-180: "...Nosotros los sicilianos estamos acostumbrados a través de una larga, larguísima hegemonía de gobernantes que no eran de nuestra religión, que no hablaban nuestra lengua, a andar con pies de plomo, a andar con pies de plomo. Si no se hacía así, no nos librábamos de los exactores bizantinos, de los emires berberiscos ni de los virreyes españoles... En Sicilia no importa hacer mal o bien: el pecado que nosotros los sicilianos no perdonamos nunca es simplemente el de 'hacer'. Somos viejos, Chevalley, muy viejos. Hace por lo menos veinticinco siglos que llevamos sobre los hombros el peso de magníficas civilizaciones heterogéneas, todas venidas de fuera, ninguna germinada entre nosotros... desde hace dos mil quinientos años somos colonia. No lo digo lamentándome: la culpa es nuestra. Pero estamos cansados y también vacíos".

Cfr. también GILMOUR, D.: *El último gatopardo. (Vida de Giuseppe de Lampedusa)*. Madrid. 1988, pp. 183 y ss.

8. LA POSESIÓN DE LA VERDAD: EL TOTALITARISMO

Y la muerte del pasado se convirtió en un poderoso incentivo para quienes decidieron hacer de él tabla rasa, y reinventar la vida y la sociedad, no digamos las relaciones políticas, el derecho y las instituciones. Cuando Sergei Eisenstein explicaba cómo se había convertido en director de cine, más allá de la educación exquisita recibida en un hogar amante de todas las formas de creación, cultivado y muy occidental, acudía al impacto que originó en sus años adolescentes la pavorosa y sencilla grandeza de una guerra civil, como la rusa, en donde el pueblo luchaba por su propio destino. Era la reinvención de la realidad la que le convocaba:

> "La caldera de la guerra civil y el trabajo de ingeniería militar en los diversos frentes me centraban en la vivencia aguda del destino de Rusia, y de la revolución, me apasionaban con la vivencia del proceso histórico, se depositaban como impresiones acerca de la envergadura y grandeza del destino de un pueblo, se asentaban en forma de aspiraciones épicas que posteriormente habrían de cobrar vida en los temas de futuras películas de 'estilo monumental' "[122].

[122] EISENSTEIN, S. M.: *Yo. Memorias inmorales 1*. Madrid. 1988, p. 54.

Eisenstein sostenía que la rusa era la última de las revoluciones liberales del siglo XIX, una interpretación en la que habría de coincidir Boris Pasternak. En la génesis del primero en la historia de los grandes discursos totalitarios, el leninista-stalinista, cuya implantación en medio mundo habría de revelarse como el fenómeno más criminal en la historia de la condición humana, se encuentra esa concepción épica, casi romántica, profundamente idealista, que denota los orígenes de toda forma de fanatismo.

Y las vivencias de Eisenstein coinciden muy poderosamente con las de Leni Riefenstahl, la cineasta que habría de filmar los grandes documentales programáticos del nazismo, tanto *El triunfo de la voluntad (Das Triumph des willems,* 1935) y *Olimpiada (Olympia,* 1936), y quien habría de recordar en sus *Memorias* su propio proceso de aproximación al nazismo, igualmente, en términos más románticos y emotivos que racionales o analíticos. Cuando el 8 de diciembre de 1932 Gregor Strasser abandonó a Hitler, y parecía que el asalto al poder del nazismo fracasaba en el propio umbral de la cancillería, la realizadora tenía concertada una entrevista con el mismísimo líder nazi. El relato de la directora de la entrevista o, más bien, el retrato de un Hitler desesperado y vulnerable, denota la entraña también emocional de su adhesión a una propuesta política que representaba el final de la civilización:

> "-Esos traidores, esos cobardes, y tan cerca de la victoria definitiva... esos locos... trece años combatiendo, trabajando y abandonándolo todo. Crisis más graves hemos superado, ¡y ahora, poco antes de llegar a la meta, esa traición! –Mientras profería estas palabras, no me miró ni una sola vez, seguía yendo de aquí, para allá; se detuvo, se llevó una mano a la frente y, como hablando consigo mismo añadió–: Si el partido hubiera de desintegrarse, tendría que poner yo fin a mi vida... Pero mientras tenga a mi lado a hombres como Hess o Göring, no puedo hacerlo, no puedo dejarles en la

estacada, ni tampoco a los compañeros leales. Seguiremos luchando, aunque tengamos que volver a partir de la nada.

Respiraba pesadamente, juntaba convulsivamente las manos. Ahora comprendí por qué me había hecho venir. Necesitaba a su lado a una persona en quien pudiera confiar. Luego cayó en un monólogo interminable, hablando del origen del partido. Poco a poco se fue tranquilizando. Entonces me miró por primera vez, me cogió la mano y dijo:

-Le agradezco a usted que haya venido.

Yo no podía hablar, estaba demasiado emocionada..."[123].

Las sutilezas con las que Sergei Eisenstein y Leni Riefenstahl, sin duda inmensos realizadores, trataban de explicar su comportamiento, no reflejan la naturaleza áspera, vulgar, tosca y siniestra del totalitarismo bajo todas sus formas. Probablemente hasta *La caída de los dioses (La caduta degli dei,* 1969) de Luchino Visconti, Dirk Bogarde, Ingrid Thulin, Helmut Berger y Charlotte Rampling como protagonistas, no se plasmó en toda su burda intensidad la banalidad del nazismo. Se conviene en asimilar su trama a la de *Macbeth*. Pero la familia Essenbeck no es ninguno de los clanes de la tragedia escocesa. Cuando el joven Konstantin von Essenbeck escucha en la Universidad el listado de autores prohibidos no se molesta en anotar sus nombres: están todos los que le importan, comenzando por Thomas y Heinrich Mann, terminando en Marcel Proust, y pasando por André Gide o Stefan Zweig. El totalitarismo le declara la guerra a la inteligencia y a la creatividad. Pero a toda.

El propio Eisenstein reconocía en su "crueldad frustrada" de la infancia, en las ansias enfermizas de torturar" que denotan la educación de los niños de su generación, la propensión a la crueldad sin límites, despiadada, implacable. Una crueldad que pretendía después cobrar sentido cuando se ponía al servicio de una empresa revolucionaria:

[123] RIEFENSTAHL, L.: *Memorias*. Barcelona. 1991, pp. 126-127.

> "...en mis películas se fusilan multitudes humanas, cascos de caballos destrozan los cráneos de los peones que tras haber sido lazados fueron enterrados hasta el cuello (*¡Que viva México!*), aplastan niños en la escalinata de Odesa, los lanzan desde el tejado (*La huelga*), además, los niños son asesinados por sus propios padres (*El prado de Bezhin*), arrojados en las hogueras (*Alexander Nevski*); en la pantalla los toros vierten sangre auténtica (*La huelga*) y los actores un sucedáneo de sangre humana (*Potiomkin*); en unas películas se envenena a los toros (*Lo viejo y lo nuevo*), en otras envenenan a las zarinas (*Iván el Terrible*); un caballo muerto cuelga de un puente levadizo (*Octubre*); las flechas perforan los cuerpos atados a la valla de la asediada ciudad de Kazán. Y no es en absoluto casual que durante muchos años ocupara mis pensamientos y fuera mi héroe preferido el mismo zar Iván Vasilievich el Terrible"[124].

Ya en *El joven Törless* (*Der jünge Törless*, 1966) la novela de Robert Musil llevada al cine por Völker Schlondorff, su protagonista, un adolescente cadete en un internado militar de la Monarquía danubiana en los años del *Finis Austriae*, magistralmente interpretado por Mathieu Carrière, a partir de su pasión por los números imaginarios, contempla las humillaciones que sufre su compañero Basini, cuyas deudas le obligan a convertirse en objeto de los abusos de otros cadetes. Y Törless asistirá con impávida curiosidad a la capacidad de la condición humana para desdoblarse hasta los últimos y más abominables abismos de su naturaleza:

---

[124] EISENSTEIN, S. M.: *Yo. Memorias inmorales...*, p. 49: "...es interesante que, precisamente en el guión sobre el Terrible, aparezca una especie de autoapología del autor...

En el guión se muestra cómo la suma de las impresiones infantiles favorece la creación de una causa social o históricamente útil, lo cual sucede cuando el complejo emocional formado por estas impresiones coincide, en el orden de los *sentimientos*, con aquellas que en el orden de acciones *racionales* y *volitivas* debe realizar el adulto...". *Cfr.* igualmente CHATEAU, D.: *Cinéma et philosophie*. París. 2003, p. 65.

> "...No puedo decir sino que veo las cosas en dos formas. Todas las cosas, también los pensamientos. Hoy son las mismas que ayer. Así lo veo cuando me esfuerzo por establecer su diferencia. Pero cuando cierro los ojos, las cosas viven iluminadas por otra luz... no me equivoco con Basini. No me equivoco cuando oigo el ligero murmullo de los altos muros. No se equivocan mis ojos cuando contemplan la silenciosa vida del polvo que la luz de una lámpara súbitamente encendida puede matar. No, no me equivoco cuando hablo de una segunda, misteriosa, inadvertida vida de las cosas. No... Esto no ha de tomarse literalmente. No es que las cosas vivan ni que Basini tenga dos rostros; pero, en mí, él tenía dos rostros, y los ojos del entendimiento no podían ver ese segundo rostro. Así como siento que un pensamiento cobra vida en mí, siento también que en mí vive algo al contemplar las cosas, cuando los pensamientos callan. Detrás de todos los pensamientos hay en mí algo oscuro que no puede medirse con el pensamiento, una vida que no puede expresarse con palabras, y que, sin embargo, es mi vida... Tenía miedo de que toda nuestra vida fuera así y que yo, sólo aquí y allá, fragmentariamente, la viviera..."[125].

Michael Haneke retomó muy recientemente el problema en *La cinta blanca* (*Das weisse Band*, 2009), protagonizada por Ulrich Tukur y Susanne Lothar, en donde la acción se traslada a las tierras del Norte de Prusia, agrícolas y de severa religiosidad reformada, en los años anteriores al estallido de la Gran Guerrra, en pleno final del Segundo Imperio, en una Alemania guillermina cuyas formas de autoridad despótica y represiva, en cualquier forma o solución institucional, conducen al estallido de pulsiones de odio y de resentimiento que formarán parte

[125] MUSIL, R.: *Las tribulaciones del estudiante Törless*. Barcelona. 1985, pp. 210-211: "Ahora todo ha pasado. Sé que me equivoqué. Ya no temo nada. Sé que las cosas son las cosas y que siempre seguirán siendo ellas mismas, y que yo las veré ora de una manera, ora de otra. Ora con los ojos del entendimiento, ora con los otros... Y ya no intentaré compararlas, cotejarlas...".

de la síntesis letal de rencor y de agresividad que residen en la base del nazismo.

Pero el mejor análisis de la naturaleza profunda del totalitarismo se corresponde con una obra publicada hace poco más de medio siglo, *Eichmann en Jerusalén,* también conocida por su subtítulo, *La banalidad del mal,* obra de una de las grandes pensadoras del siglo XX, Hannah Arendt, y cuyo examen de la figura del criminal responsable de la materialización eficiente de la denominada "solución final" representó una también decisiva contribución en forma de ensayo. Dentro del cuadro institucional del régimen nazi, la conversión de los servidores públicos en burócratas sin capacidad de discernimiento ético, gélidos ejecutores de órdenes cuya dimensión moral les resulta ajena, es una de las más estremecedoras consecuencias del totalitarismo[126]. Y la película *Hannah Arendt (Hannah Arendt,* 2013), de Margarete von Trotta, sólidamente protagonizada por Bárbara Sukowa, vendría a mostrar el estupor con el que una gran intelectual, alemana y judía, discípula de Heidegger, instalada en Nueva York, independiente de criterio, asiste a la vulgaridad con la que el mal, es decir, la irresponsabilidad, la ausencia de compasión, la carencia de principios y de escrúpulos, la insensibilidad, la falta de humanidad, se expresa a través de Adolf Eichmann, el verdugo, el criminal, el burócrata, que decide dejar de ser hombre, es decir, decide que todo lo humano le resulte ajeno.

Porque, más allá de su retórica vacía de resabios nieztscheanos, "más allá del bien y del mal" el totalitarismo tiende hacia la más banal, adocenada y vulgar de las expresiones de la normalidad. En *El conformista* de Alberto Moravia que

[126] ARENDT, H.: *Eichmann en Jerusalén...*, pp. 420-421: "...para las ciencias políticas y sociales tiene gran importancia el hecho de que sea esencial en todo gobierno totalitario, y quizá propio de la naturaleza de toda burocracia transformar a los hombres en funcionarios y simples ruedecillas de la maquinaria administrativa, y, en consecuencia, deshumanizarles. Y se puede discutir larga y provechosamente sobre el imperio de Nadie, que es lo que realmente representa la forma de administración política conocida con el nombre de burocracia".

Bernardo Bertolucci convirtió en extraordinaria película (*Il conformista*, 1970) protagonizada por Jean-Louis Tringinant, Stefania Sandrelli y Dominique Sanda, se muestra la versión fascista de esta ausencia de mínima empatía, de renuncia a la propia personalidad para preferir la disolución en una masa informe, en donde no importan ni los rostros ni los corazones:

> "...su normalidad no era ni superficial ni estaba pergeñada, racional y voluntariamente, con razones o motivos opinables, sino ligada a una condición instintiva y casi fisiológica, a una fe, a fin de cuentas, que él compartía con millones de personas. Él formaba un todo con la sociedad y con el pueblo entre el que vivía, no era un solitario, un anormal, un loco; era uno de ellos, un hermano, un ciudadano, un camarada..."[127].

Pero es Fred Uhlman en su novela *Reencuentro*, llevada al cine por Jerzy Schätzberg en *El reencuentro del amigo (Reunion*, 1989) una película de culto, con adaptación de la historia por Harold Pinter y Jason Robards como protagonista, quien mejor capta la magnitud de la transformación que en la propia entraña profunda de la identidad alemana representa el nazismo, cuando los progenitores judíos de Hans, veterano héroe de guerra y respetado médico en Stuttgart el padre, se niegan a reconocer la realidad aún en fecha tan tardía como 1932 frente a la advertencia de un líder sionista que insta a la familia al abandono del país:

[127] MORAVIA, A.: *El conformista*. Barcelona. 2010, pp. 93-94: "...Así la cadena permanecía ininterrumpida, con todos los eslabones bien soldados de la simpatía, anterior a toda reflexión, a la conciencia de que esa simpatía era compartida de igual modo por millones de personas; de esta conciencia a la convicción de estar en la verdad; de la convicción de estar en la verdad a la acción. Porque, como aún siguió pensando, la posesión de la verdad no solo permitía la acción, sino que la exigía. Como una confirmación que brindarse a sí mismo y a los demás de la propia normalidad, que no existiría como tal si no era, precisamente, ahondada, confirmada y demostrada de continuo".

> "Cuando el sionista mencionó a Hitler y le preguntó a mi padre si eso no hacía vacilar su confianza, mi padre dijo:
> -En absoluto. Conozco a mi Alemania. Esta es una enfermedad temporal, algo parecido al sarampión, que pasará apenas mejore la situación económica. ¿Usted piensa realmente que los compatriotas de Goethe y Schiller, de Kant y Beethoven, se dejarán engatusar por esa bazofia? ¿Cómo se atreve a insultar la memoria de doce mil judíos que murieron por nuestra patria? *Für unsere Heimat?*[128].

El "Estado de poder" de Otto Hintze se convierte, en realidad, en un poder que, sin duda, sabe servirse del Estado[129]. Y el propio Hintze y su esposa judía, separados de la actividad docente en Berlín por el nazismo, habrán de constatarlo de manera dramática. La capacidad destructora del nazismo revestirá consecuencias abrumadoras. En *Pentimento*, una suerte de memorias compuestas por fragmentos de vida, Lillian Hellman incluyó un extraordinario relato, *Julia*, que habría de constituir la base de la película realizada por Fred Zinnemann (*Julia*, 1977) para regresar a Viena, rodar en la escalinata de la *Neue Universität* que Heinrich von Ferstel levantó al principio del *Ring*, junto a la *Schöttentor*, y componer la memoria de una generación aniquilada:

> "...yo sabía que había pasado a ser, tal vez siempre lo había sido, una socialista y vivía de acuerdo con ello en un apartamento de una sólo habitación, en un barrio proletario de Viena, compartiendo su gran fortuna con quien la necesitara. Se permitía muy pocas cosas, deseaba muy poco.

---

[128] UHLMAN, F.: *Reencuentro*. Barcelona. 1987, pp. 63-64: "...Mi padre aborrecía el sionismo. Esa sola idea le parecía demencial. A su juicio, era tan absurdo reclamar Palestina después de dos mil años como lo habría sido que los italianos reclamaran Alemania porque en otra época la habían ocupado los romanos. Eso sólo podría desembocar en una matanza interminable y los judíos deberían combatir a todo el mundo árabe. Y al fin y al cabo, ¿qué podía unirle a él, un habitante de Stuttgart, con Jerusalén?".

[129] HINTZE, O.: *Historia de las formas políticas*, pp. 173 y ss.

> Por raro que parezca, los regalos para mí no entraron en su negativa: los hubo, muchos y extravagantes. A lo largo de los años, siempre que vio algo que me podía gustar, me lo mandó: antiguas piezas de porcelana de Wedgwood, un dibujo de Toulouse-Lautrec, un abrigo forrado de piel que vimos juntas en París, un juego de obras de Balzac que colocó en un raro escritorio estilo Imperio, y un maravilloso conjunto de joyería georgiana al que hubiera juzgado la última cosa para cuya adquisición ella pudiera haber hallado un momento disponible"[130].

La lógica totalitaria destruye todo cuando es esencial a la experiencia de la vida humana. Trotski había sostenido en *La revolución permanente* que el proceso revolucionario no podía terminar más que con "la liquidación completa de la sociedad de clases". Pero Stalin no se ocupó tanto de la liquidación de la sociedad de clases como de la liquidación de toda forma de oposición, comenzando por el propio Lev Davidovich Bronstein. En 1972, Joseph Losey llevó al cine *El asesinato de Trotski (The assassination of Trotski)* con un impresionante reparto en donde Richard Burton interpretaba el papel principal y Alain Delon a Ramón Mercader, secundados por Romy Schneider. Y en su maravillosa novela *El hombre que amaba a los perros*, Leonardo Padura se preguntaba, al final, tras narrar el fracaso final de Trotski, el político y el humano, qué hacer "con la verdad, la confianza y la compasión"[131].

---

[130] HELLMAN, L.: *Pentimento*. Barcelona. 1978, pp. 96-97: "Julia había dejado la universidad, se había trasladado a Oxford, de allí se había ido a la facultad de medicina de Viena, había pasado a ser discípula-paciente de los discípulos de Freud. En una ocasión, en los últimos diez años, habíamos pasado juntas unas vacaciones de Navidad; y en el curso de un verano, partiendo de Massachusetts, habíamos zarpado juntas para un mes en su pequeño barco. Sin embargo, en las numerosas cartas que nos habíamos escrito en aquellos años, ninguna de las dos sabía respecto a la otra mucho más que los perfiles escuetos de la vida respectiva, nada del acontecer diario que es la verdadera realidad, lo importante".

[131] PADURA, L.: *El hombre que amaba a los perros*. Barcelona. 2009, p. 570. *Cfr.* TROTSKI, L: *La revolución permanente*. Buenos Aires. 1973, p. 29.

En *El jardín de los Finzi-Contini*, Giorgio Bassani habría de explicar muy bien cómo la verdad, la confianza y la compasión no existen en la cultura del totalitarismo. El fascismo italiano se convertía en la directa consecuencia de las propias insuficiencias históricas y las expectativas no cumplidas del *Risorgimento*, pero también en la deliberada postergación de la cultura liberal italiana, de sus principios, valores y estilo, del pensamiento libre. La "invasión de los hicsos" de Benedetto Croce:

> "...en el fondo, el fascismo no había sido otra cosa que la enfermedad repentina e inexplicable que ataca a traición al organismo sano, o bien, por usar una frase grata a Benedetto Croce... la invasión de los hicsos... la Italia liberal de los Giolitti, los Nitti, los Orlando, e incluso la de los Sonnino, los Salandra y los Facta, había sido enteramente hermosa y santa, producto milagroso de una especie de edad de oro a la que, si se pudiera, sería oportuno volver tal cual. Pero estábamos en un error, ¡y qué error! El mal no había sobrevenido de improviso, ni mucho menos. Al contrario, venía de muy lejos, de los primerísimos años del *Risorgimento*, caracterizados por una ausencia total, seamos sinceros, de participación del pueblo, del pueblo de verdad, en la causa de la Libertad y la Unidad ¿Giolitti? Si Mussolini había podido superar la crisis que había seguido al asesinato de Matteotti, en 1924, cuando todo parecía desmoronarse a su alrededor y hasta el rey vacilaba, debíamos agradecérselo precisamente a *nuestro* Giolitti, y a Benedetto Croce, también, dispuestos ambos a tragar cualquier sapo con tal de impedir y retrasar el avance de las clases populares. Habían sido precisamente ellos, los liberales de nuestros sueños, quienes habían concedido a Mussolini el tiempo necesario para recuperar el aliento. Apenas seis meses después el Duce les había pagado el servicio suprimiendo la libertad de prensa y disolviendo los partidos. Giovanni Giolitti se había retirado de la vida política y se había refugiado en sus

haciendas del Piamonte; Benedetto Croce había vuelto a sus predilectos estudios filosóficos..."[132].

Cuando Vittorio de Sica llevó al cine este fragmento esencial de *La novela de Ferrara*, en una bellísima adaptación (*Il giardino dei Finzi-Contini*, 1970) y Lino Capolicchio, Dominique Sanda, Helmut Berger y Fabio Testi en los papeles principales, quedó de manifiesto, y una vez más, que no existe muro capaz de separar a los seres humanos, incluso a los apacibles moradores de tiempos de pérgola y tenis, del alud incontenible de la historia. Y Georges Bernanos, según Hannah Arendt el autor de la que debe ser considerada la mejor obra nunca escrita en contra del totalitarismo, *Los grandes cementerios bajo la luna*, no limitaba sus críticas a las propuestas totalitarias, sino que las extendía a la propia inacción e irresponsabilidad de la ciudadanía conformista, resignada o, simplemente, inactiva y no ejerciente de sus derechos y obligaciones:

> "El hombre es resignado por naturaleza. El hombre moderno más que los otros, debido a la soledad extrema en que le deja una sociedad que apenas conoce entre los seres relaciones que no sean de dinero. Pero estaríamos muy equivocados si creyéramos que esta resignación lo convierte en un animal inofensivo. La resignación concentra en él unos venenos que lo mantienen listo, llegado el momento, para toda suerte de violencias. El pueblo de las democracias no es más que una muchedumbre, una muchedumbre a la que mantienen perpetuamente en vilo el Orador invisible, las voces que llegan de todos los rincones de la tierra, voces que muerden sus entrañas y atacan sus nervios porque hablan el idioma mismo de sus deseos, sus odios, sus terrores. Verdad es que las democracias parlamentarias, más excitadas, carecen de temperamento. Las dictatoriales tienen fuego en

[132] BASSANI, G.: *La novela de Ferrara 1*. Barcelona. 1984, p. 375.

las entrañas. Las democracias imperiales son democracias en celo"[133].

A veces, también, democracias corroídas por la enfermedad populista. Robert Penn Warren describió en su novela *Todos los hombres del rey*, ya en 1946, los efectos de la sinrazón caudillista sobre los ciudadanos de las grandes democracias. Centrada en la figura de Huey Long, eterno gobernador de Luisiana, la obra fue llevada al cine por Robert Rossen siendo llamada en España *El político* (*All the king's men*, 1949), y protagonizada por el gran Broderick Crawford, que obtendría el Óscar al mejor actor por su inolvidable papel, y en 2006 por Steven Zaillian, conservando el título original de la novela, y con Sean Penn en el papel estelar, acompañado por un gran reparto en el que destacan Jude Law y Kate Winslet.

En la novela, un joven e idealista ciudadano, al que le remueve la pobreza y el atraso de sus compatriotas, y la indiferencia de una clase dirigente insensible y acomodada, emprende desde abajo una modesta carrera política que se enfrenta, en primer lugar, a sus propias prudencia y honestidad. Pero se siente incapaz de atraer la atención de sus auditorios. Y es entonces cuando uno de sus ayudantes de campaña le transmite la primera y más elemental lección del aprendizaje político: la necesidad de suscitar emociones. La obligación de conmover, antes que decir la verdad:

[133] BERNANOS, G.: *Los grandes cementerios bajo la luna*. Barcelona. 2009, pp. 26-27 y 19: "La verdad es que la ira de los imbéciles llena el mundo. Reíd si queréis de ella, no se librará nada ni nadie, es incapaz de perdonar. Evidentemente, los doctrinarios de derechas e izquierdas, como es su oficio, seguirán clasificando a los imbéciles, denominarán sus especies y géneros, definirán cada grupo según las pasiones y los intereses de los individuos que los componen, su ideología particular. Para ellos no es más que un juego. Pero estas clasificaciones responden tan poco a la realidad que el uso reduce implacablemente su número...".

> "-Les das demasiadas explicaciones. Diles solamente que vas a exprimir a los ricos, y olvídate del resto de los programas de impuestos.
>
> -Pero es que necesitamos un programa de impuestos equilibrados. En estos momentos, la relación entre el impuesto sobre la renta y los ingresos totales del estado arroja una tasa que...
>
> -Si, ya –lo interrumpí–. He escuchado el discurso. Pero eso les importa un pito, como muy bien has dicho. ¡Joder, hazles reír, hazles llorar, hazles creer que eres tan débil como ellos y que también te equivocas, convénceles de que eres Dios Todopoderoso! ¡Haz que se vuelvan locos! ¡Locos por ti! Despierta su interés, no importa cómo ni acerca de qué, y te querrán, y volverán en busca de más dosis de la misma medicina. Encuentra su punto débil. Muchos de ellos son como zombies, y llevan más de veinte años así. ¡Joder, si beben, se les revuelve el estómago, sus mujeres han perdido los dientes y están gordas como vacas, y ni siquiera creen en Dios! Tu misión es ofrecerles algo que los saque de su marasmo y les haga recuperar las ganas de vivir. Aunque sólo sea durante media hora. Por eso acuden a los mítines. ¡Diles lo primero que se te ocurra, pero, por el amor de Dios, no intentes conseguir que piensen!"[134].

No debe extrañar que, cuando tras el final de la segunda guerra mundial, la cinematografía europea se refunda, lo haga sobre la base de la reivindicación, cuando no el "redescubrimiento", del ser humano concreto, atropellado por el totalitarismo y el autoritarismo, pero también por el populismo. En definitiva, por todas las formas de la falsedad[135]. En sus *Memorias*, el cardenal primado de Hungría, Jószef Mindszenty,

---

[134] PENN WARREN, R.: *Todos los hombres del rey* (Edición restaurada) Barcelona. 2006, pp. 133-134.

[135] ASOR ROSA, A.: "Il neorrealismo o il trionfo del narrativo". ABRUZZESE, ASOR ROSA, FINK, GUIDORIZZI, LIZZANI, ORATI, PAGANOTTO, TINAZZI, ZANCAN: *Cinema e Letteratura del Neorrealismo.* A cura di Giorgio Tinazzi e Marina Zancan, pp. 79-102. Venezia. 1990, p. 80.

símbolo de la resistencia magiar a la dominación comunista, habría de relatar el proceso al que fue sometido por las autoridades stalinistas en Budapest, un proceso que Peter Glenville llevaría al cine en *El prisionero* (*The prisoner*, 1955) protagonizada por Alec Guinness y Jack Hawkins. Del "tribunal popular" que se ocupó de su caso, por ejemplo, formó parte integrante, y nada menos que como presidente, un antiguo militante del nazismo húngaro, de la siniestra "Cruz Flechada", o "Cruces de Flechas". Antes nazi y stalinista después, y siempre del lado de la tiranía y de la falsedad [136].

Existieron también mentes lúcidas, como la del célebre mariscal alemán Erwin Rommel, que habría de ser objeto de atención durante la propia segunda guerra mundial por parte de Billy Wilder en su primera película como realizador, *Cinco tumbas a El Cairo (Five graves to Cairo*, 1942), con Erich von Stroheim incorporando al gran estratega y, cómo no, *Rommel, el zorro del desierto (Rommel*, 1951) de Henry Hathaway, una de las más célebres interpretaciones de James Mason. Su único hijo, Manfred Rommel, después alcalde de Stuttgart por la CDU, habría de relatar cómo la gran preocupación de su padre, virtualmente derrotada Alemania, era preservar el proyecto de civilización:

> "La guerra –...– raramente ha ocasionado beneficios a los pueblos. Pero éstos nunca son consultados. Una vez empezada la contienda, sólo cabe el luchar con el fin de salir

---

[136] MINDSZENTY, J.: *Memorias*. Barcelona. 1974, pp. 207-208: "En los procesos políticos no eran competentes los tribunales ordinarios, sino que, como en el caso de los Estados fascistas, entraban dentro de la esfera de los 'tribunales populares'. Su organización era un calco del modelo soviético. Mi caso cayó bajo la competencia de una mesa especial del Tribunal Popular de Budapest. El presidente fue nombrado por el ministro de Justicia y los jueces populares habían obtenido su mandato de los partidos políticos. En tal caso actuaba como presidente del tribunal un antiguo miembro de la organización 'Cruces de Flechas' posteriormente inscrito en el partido comunista. Su pasado le obligaba a desplegar un celo especial respecto a los compañeros del nuevo partido. Era en realidad un incondicional instrumento de ellos...".

> lo mejor librados posible. Pero ¿qué ocurre cuando ya no queda ninguna perspectiva? Lo mejor es detenerse sin pérdida de tiempo. Tal es nuestra posición actual, exceptuando que en el Este contendemos con un enemigo ante el que no cabe rendición. Hemos de luchar por nuestras vidas... Debemos procurar que nuestro enemigo de Occidente ocupe la totalidad de la Europa central, manteniendo a los rusos fuera de nuestras fronteras"[137].

Rommel, obligado a quitarse la vida por Hitler, quien le consideraba el verdadero inspirador del complot von Stauffenberg del verano de 1944, había sido uno de los primeros militares en unirse al nazismo, y no era precisamente la figura mejor cualificada para mostrar inquietud por el destino de la humanidad después de su activa participación en el establecimiento de un régimen tiránico sobre Alemania. Resulta curioso que apenas unos años después Franz von Papen, otro eficiente cooperador en el ascenso de los nazis al poder, antiguo canciller de la república de Weimar tras su expulsión del *Zentrum* católico, y vicecanciller, ministro de Exteriores y embajador en Turquía con Hitler, juzgado en Núremberg, se manifestara partidario de establecer una ley penal universal, de manera que los nacionales de cualquier Estado pudieran responder de sus hipotéticas violaciones de la legalidad internacional:

> "Hasta que algún organismo, como las Naciones Unidas, sea capaz de conseguir la aceptación por cada nación individual de reglas de conducta internacional, no puede haber base para una ley internacional verdadera. El Tribunal de

[137] ROMMEL, E.: *Memorias*. Madrid. 2008, p. 511: "Cuando supo que se quitaban tropas del Este para mandarlas al Oeste, estalló:

-¡Qué locura! No piensan sino en su propia piel. ¿Qué sacarán con prolongar unos meses más sus miserables vidas? El frente oriental se derrumbará, y al siguiente empuje los rusos estarán en Alemania. Todos sabemos lo que ello significa".

Vid. también KOSZARSKI, R.: *Erich von Stroheim y Hollywood*. Madrid. 1983, pp. 280 y ss.

> Nüremberg fue establecido en respuesta a una demanda universal de que ciertas cosas que habían ocurrido no quedasen impunes, por temor de que pudiesen repetirse en forma aun peor. Pero el proceso afectó sólo a un lado y murió por eso la concepción básica de la ley –que debe ser universal y obligar a todos– . Su consecuencia debió haber sido la confección de un Código de ley criminal internacional, aceptado por cada Estado, tan obligatorio como la ley nacional. El segundo paso habría sido entonces la aplicación de sus artículos, siempre que fuese necesario. Hasta ahora, no se ha hecho nada en este sentido.
>
> Nüremberg tuvo un resultado positivo, a saber: el que despertó la conciencia del mundo... Quizá en el momento oportuno las naciones cedan algo de su soberanía nacional para permitir una solución. Por otro lado, estableció el concepto de culpabilidad colectiva de ciertas organizaciones. Bajo la égida de las potencia de ocupación, esto condujo a la constitución de tribunales de desnazificación... Miles de personas en Alemania han sido colocadas bajo una suposición de culpabilidad que ellas han tenido que desaprobar individualmente en audiencias totalmente inadecuadas. Esto ha conducido a una forma de caos jurídico cuyos efectos morales y políticos pesarán sobre el pueblo alemán en los años venideros"[138].

En *Vencedores o vencidos* (*Judgement at Nuremberg,* 1961) de Stanley Kramer, con un maravilloso reparto integrado por Spencer Tracy, Burt Lancaster, Maximliam Schell, Richard Widmark, Marlene Dietrich, Judy Garland y Montgomery Clift, se examina la culminación de los procesos abiertos en la ciudad de los maestros cantores por "crímenes contra la humanidad" revisando los que involucraron a los juristas afectos al nazismo. El sentido de la responsabilidad no sólo ética, sino también jurídico-positiva, de los protagonistas de la violación de los derechos humanos más elementales, es ya parte de una renovada concepción de

[138] VON PAPEN, F.: *Memorias*. Madrid. 1952, p. 627.

la legalidad internacional. Y la conversación final entre Ernst Janning y Dan Haywod, en un memorable duelo de talento y de sensibilidad entre Burt Lancaster y Spencer Tracy, cuando el modesto juez de Nueva Inglaterra le recuerda al refinado jurista alemán, contrito al confesar que "yo nunca pensé que se pudiera llegar a esto", que "a esto se llegó la primera vez que usted dictó una resolución injusta a sabiendas", es el mejor testimonio de la supervivencia del proyecto de civilización, humanista, de derecho, y abierto a la trascendencia, que constituye el crisol de una vida humana libre.

Pero probablemente la mejor explicación a tanta barbarie se encuentre en los propios protagonistas de los crímenes del nazismo. Si se leen las declaraciones de los principales acusados en los juicios de Núremberg, puede deducirse hasta qué punto eran sabedores de la brutalidad de los actos cometidos, escudándose en argumentos como la fuerza del juramento de fidelidad y la consiguiente debida obediencia, la conformación de la jurisdicción y del tribunal de acuerdo a criterios jurídicos no positivos, o la accidentalidad histórica, para exculpar una aberración totalitaria de la que eran plenamente conscientes. Hermann Göring sería particularmente prolijo al respecto, y en todos los sentidos:

> "...Para nosotros, los alemanes, un juramento de fidelidad es más importante que cualquier otra cosa. El Tribunal no se da cuenta de que el acatamiento a las órdenes es una excusa legítima para casi todo. El Tribunal se equivoca. Pero, permítame, he dicho 'casi todo'. No considero que el exterminio de mujeres y niños pueda llevarse a cabo ni siquiera aunque se haya prestado un juramento... Mantengo una postura muy cínica respecto a este proceso. Es la prensa mundial la que debate el proceso en la sala. Todo el mundo sabe que los jueces rusos y franceses han decidido que todos somos culpables y, mucho antes de que comenzase el juicio, recibieron instrucciones de Moscú y de París para que nos condenen. Está todo decidido y el proceso es una farsa...

> Francamente, tengo la intención de convertir este juicio en una broma. Creo que un país extranjero no tiene ningún derecho a juzgar al Gobierno de un Estado soberano...
>
> Aunque uno no sienta la menor compunción al pensar en el exterminio de una raza, el sentido común nos dice que, en nuestra civilización, eso es un acto bárbaro y recibirá muchas críticas en el extranjero y en el interior, que será condenado como el mayor acto criminal de la historia. Bien entendido que yo, aunque posea mi propio código caballeresco, no soy un moralista. Si creyese de verdad que matar a los judíos podría servir de algo, como hubiera servido ganar la guerra, no me habría molestado gran cosa. Pero ha sido completamente absurdo y no ha servido para otra cosa que para ensuciar el nombre de Alemania..."[139].

Los escrúpulos que respecto al derecho y su recta interpretación y aplicación se suscitan en los procesos contra los criminales nazis revelan la permanente sensibilidad garantista que denota a la civilización de las libertades, pero no ignora la verdad. Como no la ignoran, y en primer lugar, los propios criminales nazis. Cuando Ernst Janning se levanta en *Vencedores o vencidos* para asumir la plena conciencia con la que los propios juristas del nazismo participaron en la creación de un imperio totalitario, racista y genocida, se reanuda el histórico itinerario del Estado de Derecho. Los verdugos se han decidido a decir, por fin, la verdad. Ya no son sus únicos dueños e intérpretes. Y eso significa que se restablece el proceso de civilización.

[139] GOLDENSOHN, L: *Las entrevistas de Nüremberg*. Ed. e Intr. de R. GELLATELY. Madrid. 2004, pp. 184-185 y 187: "...Lo más extraño de todo es que no me siento como un criminal y que si yo me hubiera encontrado en Estados Unidos, en Sudamérica o en cualquier otro lugar, sería probablemente una figura política eminente. Soy un capitalista y un hombre cultivado".

9. CONTAR LA VERDAD: EL ESTADO DE DERECHO Y EUROPA COMO MISIONES OBLIGATORIAS DE LA RAZÓN

Fue un director de cine quien, explicando tras la finalización de la contienda en que consistirían sus nuevas películas, mejor supo expresar el espíritu verdaderamente refundador de una democracia que, a despecho de la agresión totalitaria, prevaleció y acertó a refundarse. Se llamaba Frank Capra:

> "Como cineasta defenderé al hombre, lucharé por sus causas, protestaré de la degradación de su dignidad, espíritu, divinidad. Porque, sea sano o pecador, rico o pobre, cobarde o héroe, negro o blanco, genio o retrasado, inválido o saltador de pértiga; sea cojo, lisiado o ciego, todos son uno con su Creador. Si palmeas la cabeza de un niño, estás palmeando a Dios; si matas a un hombre, estás asesinando la Divinidad.
>
> Y, finalmente, mis filmes deben permitir que todo hombre, mujer y niño sepa que Dios les quiere, y que yo les quiero, y que la paz y la salvación se convertirán en una realidad solamente cuando todos aprendan a amarse los unos a los otros"[140].

[140] CAPRA, F.: *El nombre delante del título. Autobiografía*. Madrid. 1999, p. 432: "...Mis filmes explicarán el corazón no con lógica, sino con compasión... Me ocuparé de las dudas del hombre insignificante, de sus maldiciones, su pérdida de fe en sí mismo, en su semejante, en su Dios. Y mostraré la superación de las dudas, la valerosa renovación de la fe, y la convicción final de que

¡Qué bello es vivir! (*It's a wonderful Life*, 1946) la primera de las películas dirigida por el realizador panormitano tras la conclusión de la guerra, con James Stewart, Donna Reed, Henry Travers, Lionel Barrymore, Thomas Mitchell, Ward Bond y Gloria Grahame, es la mejor plasmación de semejantes principios. George Bailey, responsable de una modesta cooperativa que financia viviendas a bajo crédito en los Estados Unidos de la Gran Depresión, y que no ha podido llevar a término sus ilusiones infantiles, descubre la significación transformadora de su existencia cuando está a punto de acabar con ella, y constata que cada vida humana resulta determinante y esencial para el futuro de la condición humana, para hacer el bien, para comprobar que es más feliz quien más comparte. Para aprender que la vida es dar.

La reafirmación de la confianza en la condición humana no obedecía a un impulso voluntarista. El mundo estaba constatando el alcance todavía increíble del genocidio totalitario. En una carta que el 16 de mayo de 1945 escribió Klaus Mann a su padre Thomas desde Roenheim, en Baviera, con motivo de su septuagésimo cumpleaños, le relata su visita al campo de concentración de Dachau el 11 de mayo precedente en términos todavía hoy escalofriantes:

> "...ya no se encontraba en su infernal estado original, pero aún poseía una notable crueldad. A través del fuerte olor a desinfectantes notaba uno con escalofríos y ligeras náuseas ese otro aroma dulzón y pútrido con el que los muertos suelen hacerse recordar. La cámara de tormentos, el horno y la horca eran inspeccionadas como curiosidades macabras, como si se estuviera visitando un museo. Todo este moderno aparato para asesinar nos producía una im-

---

puede y *debe* sobrevivir por sí mismo y seguir siendo libre. Porque el único auténtico revolucionario es el hombre libre, y la revolución es libertad, y la libertad es revolución. Y recordaré al hombre insignificante que su misión en la tierra es avanzar espiritualmente, que rendir su espíritu libre al campo de concentración del Gran Hermano es un paso atrás hacia la jungla".

presión de irrealidad, de cosa fantástica e históricamente distanciada, a pesar de sus instalaciones técnicas, muy modernas. ¿Existen estas cosas en un pueblo que nosotros creíamos civilizado? Si, existen. En Dachau todavía se encuentran algunas de las siniestras y malditas personas que hace apenas un mes tomaban parte en aquellos crueles actos atávicos y obscenos. No lejos de la cámara del tormento se encuentran, encerrados tras alambradas, los verdugos del Nuevo Orden..."[141].

Sobre estas bases, asumiendo el legado de la acción implacable del horno, la horca y las alambradas, reinició Europa su andadura democrática. Cuando el 10 de diciembre de 1972 un compatriota y colega de Klaus y Thomas Mann, Heinrich Böll, recibió el Premio Nobel de Literatura, recordó una reciente visita del rey de Suecia a la República Federal de Alemania en donde había recorrido las tierras de Renania o, como decía el escritor nacido en Colonia, "las capas efímeras de las que venimos y en las que vivimos". Las conclusiones del autor de *Retrato de grupo con señora* no podían ser más definitivas del espíritu de un siglo en una Europa todavía instalada en la memoria de los dos conflictos mundiales:

"...Ese suelo no es ni virgen ni inocente y jamás ha podido apaciguarse... ha visto tantos gobernantes como guerras. Guerras mundiales, coloniales, nacionales, regionales, locales y confesionales. He visto los progromos y he conocido el destierro: siempre venían desterrados de allende la frontera y siempre se desterraba a gente a otros lados...

La violencia, la destrucción, el dolor y los malentendidos se encuentran en el camino que nos traen aquí, desde las capas de una transitoriedad pasada hasta un presente transitorio. Y los añicos, las ruinas y los escombros, los desplazamientos al Este y al Oeste, no crearon lo que se

[141] MANN, K.: "Al Profesor Thomas Mann, Nueva York". RAUSCHNING, K.: *1945. El año de la catástrofe*, pp. 323-327. Barcelona. 1971, pp. 330-331.

podía esperar de tanta, de demasiada historia: el sosiego. Sin duda, porque nunca nos dejaron. Para unos, éramos demasiado occidentales; para otros, demasiado orientales, para unos, demasiado mundanos; para otros, demasiado espirituales..."[142].

Konrad Adenauer, alcalde de Colonia entre 1917 y 1933, en que dimitió por su oposición al nazismo, y que habría de convertirse en el canciller de la reconstrucción de Alemania, desempeñando sus responsabilidades entre 1949 y 1963 para liderar la génesis de la Europa comunitaria, y el reingreso de una Alemania federal y democrática en el concierto de las grandes Estados de Derecho del mundo, describía el nuevo sistema internacional surgido del final de la segunda guerra mundial, en donde las ambiciones hegemónicas cedían ante la necesidad de cooperación entre los pueblos, y los servidores públicos asumían sus obligaciones con sencillez y humildad, conscientes de la histórica dimensión de sus deberes:

> "...La política de viejo cuyo, según la cual una gran nación conservaba su hegemonía o imponía su voluntad a las otras sobre la base de la pura fuerza, es cosa del pasado para todos los países.
>
> La era de los estados nacionales ha llegado a su fin. Cada uno debe sentir que ha ocurrido un cambio, que ha concluido una etapa, y que está alboreando una edad nueva en la cual los hombres mirarán más allá de los límites de su propio país, y trabajarán en fraternal colaboración con los otros países, en pro de los verdaderos fines de la humanidad.

[142] BÖLL, H.: *Más allá de la literatura. Ensayos políticos y literarios*. Barcelona. 1985, pp. 194-195: "De joven oí en la escuela ese deportivo refrán, según el cual la guerra es el padre de todas las cosas; en aquel tiempo también, oí en la escuela y en la iglesia que los pacíficos y los mansos, o sea, la gente no violenta, poseería la Tierra de Promisión. Hasta el final de su vida, uno no se podrá deshacer de la fatal contradicción que promete a unos el cielo y la tierra y a otros, sólo el cielo...".

> Quienquiera deje de comprender esto, está irremisiblemente perdido...
>
> Si el Estado es un sistema de orden querido por Dios, y en consecuencia necesariamente basado en Dios, todo aquel que dentro del orden político tenga alguna responsabilidad, en cualquier parte y de cualquier modo que sea, recuerde siempre que tiene esa responsabilidad ante su propia conciencia y ante Dios"[143].

La reconstrucción del Estado de Derecho se convirtió en una tarea compartida por todas las fuerzas democráticas. Incluso por las que, obedeciendo las consignas totalitarias de la URSS, como el italiano Pci, decidieron participar activamente en la construcción del ordenamiento constitucional italiano, respondiendo a la tarea común que el secretario general del más poderoso de los partidos comunistas occidentales, Palmiro Togliatti, habría de adjudicar a cristianos y comunistas: "convivir para salvar a la civilización". En este ámbito se incardina, por ejemplo, la saga cinematográfica de Don Camilo, sacerdote, y Peppone, alcalde comunista, basada en las novelas de Giovanni Guareschi, y después en sus homónimas películas comenzando por *Don Camilo* (*Don Camillo*, 1952) dirigida por Julien Duvivier, con Fernandel y Gino Cervi en los papeles protagonistas, y que vendría a explorar las bases de una profunda reconciliación entre sensibilidades políticas diversas. El propio Cristo le resume a Don Camilo el espíritu fraterno, de concordia y de voluntad de encuentro, con el que debe enfrentarse a sus hermanos comunistas:

> "Ellos buscan afanosamente la justicia sobre la tierra porque no tienen ya fe en la justicia divina, y procuran afanosamente los bienes terrenales porque no tienen fe en la recompensa divina. Por eso creen solamente en lo que se toca y se ve... Es el fruto de la excesiva cultura que conduce a la ignorancia, pues si la cultura no está sostenida por la

143 ADENAUER, K.: *Un mundo indivisible*. Buenos Aires. 1957, pp. 41 y 43.

> fe, en cierto punto el hombre solo ve la matemática de las cosas. Y la armonía de esta matemática se vuelve su Dios y olvida que es Dios el creador de esa matemática y esa armonía... El progreso torna el mundo cada vez más pequeño para los hombres: algún día, cuando las máquinas corran a cien millas por minuto, el mundo parecerá a los hombres microscópico y entonces el hombre se hallará como un gorrión en el ápice de un altísimo mástil, asomado sobre el infinito, y en este infinito volverá a encontrar a Dios y la fe en la verdadera vida"[144].

Pero, en la posguerra, "la verdadera vida" era sólo una distante ilusión para muchos europeos. Cuando en *El tercer hombre (The third man,* 1949) Carol Reed muestra la Viena ocupada y dividida que recorre Graham Greene en su maravillosa novela, interpretada en el cine por Joseph Cotten, Orson Welles, Alida Valli y Trevor Howard, está relatando la física materialización del drama europeo, ocupadas y cuarteadas sus capitales, fracturadas por fronteras artificiales a través de las propias calles que ahora escinden a familias, vecinos y amigos, ignoradas las más elementales obligaciones éticas por desaprensivos dispuestos a enriquecerse a costa de la salud y de la vida de otros seres humanos[145]. Y apenas un año antes, en

[144] GUARESCHI, G.: *Don Camilo.* Barcelona. 1973, p. 169.

[145] GRAHAM GREENE, H. *El tercer hombre.* Barcelona. 1998, pp. 20-21: "...dividida en zonas por las cuatro potencias: las zonas rusa, británica, norteamericana y francesa, marcadas únicamente por carteles de aviso, y en el centro de la ciudad, rodeada por el Ring con sus sólidos edificios públicos y su estatuaria ecuestre, la Innere Stadt bajo el control conjunto de las cuatro potencias. Cuando le llegaba el turno, cada potencia asumí el mando, por decirlo así, durante un mes en la antaño elegante Ciudad Interior y se hacía cargo de su seguridad; durante la noche, si eras lo bastante tonto como para malgastar tus chelines austriacos en un cabaret, era casi seguro que podrías ver al Poder Internacional en acción: cuatro policías militares, uno por cada potencia, que se comunicaban entre sí, si es que se comunicaban, en el idioma común de su enemigo. No conocía la Viena de entreguerras... para mí era sencillamente una ciudad cubierta de ruinas sin dignidad, que en aquél febrero se convirtieron en grandes glaciares de nieve y hielo. El Danubio era un río grisáceo, liso y fangoso... No tengo suficiente imaginación para visua-

Ladrón de bicicletas (*Ladri di biciclette*, 1948) Cesare Zavattini escribe para Vittorio de Sica una visión de la Roma depauperada de la posguerra en donde la familia Ricci empeña sus únicos bienes, que se reducen al ajuar de la madre, María, para que el padre, Antonio, pueda contar con una bicicleta que le permita trabajar. Y su hijo, Bruno, comparte con su padre la angustia cuando la bicicleta es robada. El modo en el que De Sica dirige, y Lamberto Maggiorani, Lianella Carell y Enzo Staiola encarnan la pobreza, sencilla, desnuda, llega a su culminación en la célebre Misa a la que los propios pobres asisten[146].

---

lizar cómo fue antes, como tampoco puedo ver al Hotel Sacher como algo diferente de un hotel de tránsito para oficiales ingleses, o la Käntnerstrasse como una calle comercial de moda en vez de lo que era entonces, una calle en cuyas casas sólo se había reparado el primer piso. Un soldado ruso pasa con un gorro de piel y un fusil al hombro, unas cuantas busconas merodean en torno a la Oficina Norteamericana de Información y unos hombres con abrigos sorben un sucedáneo de café en los ventanales del "La Vieja Viena"...".

[146] DE SICA, V.: *Ladrones de bicicletas*. México D. F. 1977, p. 86: "Quiero salir de este santo lugar con el alma purificada y el espíritu sereno. Iluminado, regreso a mi pobreza corporal para recorrer de nuevo los caminos del dolor y de la privación. Ya no me sentiré sólo y sin consuelo, porque llevo tu gracia, Señor, oh Señor, y pronto estoy a enfrentar todas las penalidades. Te agradezco, Jesús mío, los dones espirituales que me has dispensado. Te agradezco la gracia que mi cuerpo va a recibir, en nombre tuyo y con exaltada humildad, de manos de aquéllos que creen firmemente que cada acción en contra de la miseria y de la pobreza es como una caricia y un beso sobre la mejilla de Cristo en bien de la doliente humanidad. Regrésales en bendiciones, a ellos y a sus familias, toda la bondad de su caridad. ¡Así sea!".

El propio realizador nacido en Sora habría de narrar el nacimiento del neorrealismo italiano, DE SICA, V.: *La puerta del cielo. Memorias 1901-1952*. Salamanca. 2015, pp. 98-99: "Rodaba en Roma... paseaba una mañana por Vía Francesco Crispi y, sobre las escaleras de un portal, cerca de la entonces llamada Tabarin Florida, vi sentado a Roberto Rossellini.

-¿Qué haces aquí?- le pregunté.

-Espero a una señora que tiene que darme el dinero para hacer una película. ¿Y tú qué haces? -me preguntó.

-Una película sobre unos limpiabotas. ¿Sobre qué trata la tuya?

-Una película sobre un padre.

-Entonces te deseo la misma suerte que yo, y que la señora te dé el dinero.

-Igual para ti. Muchísima suerte.

...Así es como nació, sobre las escaleras de un portal en una calle de mala reputación, el neorrealismo italiano. No había mesas redondas ni programas,

Una nueva civilización estaba surgiendo. Con certeza áspera, ajena a cualquier pretensión esteticista, distante de cualquier afectación, auténtica, trabajadora, genuina. Y probablemente uno de sus más caracterizados representantes es Hooper, el suboficial con el que el capitán Charles Ryder comparte el servicio durante la guerra en *Retorno a Brideshead, (Brideshead Revisited,* 2008), la novela de Evelyn Waugh que Julian Jarrold llevó al cine, con Mathew Goode como el propio Ryder, Ben Wishaw como Sebastian Flyte, Hayley Atwell como Julia Flyte, Emma Thompson en el papel de Lady Marchmain, Michael Gambon como su esposo, y Greta Scacchi como Cara, la amante del marqués, es decir, los mismos papeles que en la serie de televisión dirigida por Charles Sturridge y Michael Lindsay-Hogg interpretaron en 1981 Jeremy Irons, Anthony Andrews, Diana Quick, Claire Bloom, Laurence Olivier y Stéphane Audran. Ryder-Waugh sabe que ha comenzado la Era de Hooper. La que es, todavía, nuestra Era:

> "...Hooper no era ningún romántico. De niño jamás había montado el caballo de Ruperto, ni se había sentado junto a las fogatas de Xanthos; a la edad en que yo tenía los ojos secos para todo lo que no fuera poesía –ese interludio estoico que introducen nuestras escuelas entre las lágrimas fáciles del niño y las del hombre–, Hooper había llorado a menudo, pero nunca por las palabras de Henry en el día de San Crispín, tampoco por el epitafio de las Termópilas. La historia que le enseñaron era de pocas batallas pero, en cambio, con profusión de detalles en cuanto a legislación humana y reciente evolución industrial. Gallípoli, Balaclava, Quebec, Lepanto, Bannockburn, Roncesvalles, Maratón y la Batalla del Oeste donde cayera Arturo... cien nombres semejantes cuyas voces de trompeta, aun ahora en mi estado marchito

---

solo un deseo vivo de contar la triste realidad de nuestra pobre Italia tras un período de retórica, mal gusto y tonterías. Queríamos contar la verdad, la pura verdad; se trataba de decir la verdad transfigurándola en el plano poético y humano, volcando en aquellos sucesos nuestro dolor por la ruina moral y material de nuestro país".

y confuso, me atraían irresistiblemente a través de los años transcurridos con la misma fuerza que en la juventud, sonaban en vano para Hooper"[147].

Había llegado el momento de "contar la verdad", como recordaba en sus memorias el gran Ugo Pirro, rememorando el estreno de *Roma, ciudad abierta* (*Roma, cittá aperta*, 1945) en una Roma que todavía recordaba muy bien la inmediatez de la contienda, y los estragos de la ocupación nazi, y en donde los espectadores hacían suya una historia que les pertenecía[148]. Pero el mundo stalinista, mientras, prolongaba la pesadilla totalitaria. Arthur Koestler recordaba, a través del personaje de Rubachof en *El cero y el infinito*, la ciega confianza del materialismo histórico en el cumplimiento de las leyes de la historia, inexorable en sus designios, interpretados por "El Partido" por excelencia, el comunista, como su instrumento imprescindible. Milan Kundera, por su parte, retrataba en *La insoportable levedad del ser*, llevada al cine por Philip Kaufmann

[147] WAUGH, E.: *Retorno a Brideshead. Las memorias sagradas y profanas del capitán Charles Ryder*. Buenos Aires. 1948, p. 18: "Rara vez se quejaba. Aunque no podía confiarle la más simple tarea, tenía un soberano respeto por la eficiencia y, arrastrado por su modesta experiencia comercial, decía a veces al referirse a las prácticas del Ejército en cuanto a paga y provisiones y empleo de 'horas de trabajo': -Nunca podrían hacer esto en el mundo mercantil".

[148] PIRRO, U.: *Celuloide*. Madrid. 1990, p. 350: "...con *Roma città aperta*, no hubo ninguna cola ante la taquilla, pero al cabo de pocos días no se hablaba de otra cosa en la ciudad: sobre todo impresionaban las reacciones del público. Los espectadores lloraban, imprecaban a los alemanes, como si fuese la primera vez que iban al cine y creyeran verdadera la ficción. También había quien se reconocía en este o aquel personaje, quien volvía a encontrarse con sus peripecias y miedos de entonces, y como sabían que ya nada tenían que temer insultaban a los fascistas y a los alemanes cuando aparecían en la pantalla como si fuesen verdaderos, de carne y hueso. La gente que iba a ver *Roma città aperta* se comportaba como si el cine hubiese nacido el día antes y fuera la primera vez que podían ver a las personas moverse sobre un telón. En realidad sólo eran otras personas, gente auténtica, caras verdaderas, hechos realmente ocurridos que cada uno volvía a ver como en una pesadilla".

(*The Unbearable Lightness of Being*, 1987) la plasmación ridícula de una interpretación totalitaria de la vida, los sentimientos y las identidades que, en su enfrentamiento de postguerra con el Estado de Derecho, habría de conocer sus más patéticas formulaciones:

> "El primer decenio posterior a la segunda guerra mundial fue el período más horrible del terror stalinista... En la misma época Sabina, a sus veinte años, estudiaba en la Academia de Bellas Artes. El profesor de marxismo le explicaba a ella y a sus condiscípulos esta tesis del arte socialista: la sociedad soviética ha llegado tan lejos que la contradicción básica ya no se da allí entre el bien y el mal, sino entre lo bueno y lo mejor. Por eso la mierda (es decir, lo que es esencialmente inaceptable) sólo podía existir en 'otra parte' (por ejemplo, en América) y sólo desde allá, desde fuera, como algo extraño (por ejemplo, en forma de espías), podía introducirse en el mundo de 'los buenos y los mejores'.
>
> En efecto, las películas soviéticas, que precisamente en aquella época extremadamente cruel inundaron los cines de todos los países comunistas, estaban impregnadas de una increíble inocencia. El mayor conflicto que podía producirse entre dos rusos era un malentendido amoroso... "[149].

[149] KUNDERA, M.: *La insoportable levedad del ser.* Barcelona. 1986, pp. 258 y 259: "En el imperio del kitsch totalitario las respuestas están dadas de antemano y eliminan la posibilidad de cualquier pregunta. De ello se desprende que el verdadero enemigo del kitsch totalitario es el hombre que pregunta. La pregunta es como un cuchillo que rasga el lienzo de la decoración pintada, para que podamos ver lo que se oculta tras ella...

Sólo que quienes luchan contra los llamados regímenes totalitarios difícilmente pueden luchar con interrogantes y dudas. Ellos también necesitan su seguridad y sus verdades sencillas, comprensibles para la mayor cantidad posible de gente y capaces de provocar el llanto colectivo".

Cfr. igualmente KOESTLER, A.: *El cero y el infinito.* Barcelona. 2014, pp. 68-69: "-El Partido no se equivoca nunca –dijo Rubachof–. Tú y yo podremos equivocarnos. Pero el Partido, no. El Partido, camarada, es algo mucho más grande que tú y que yo y que otros mil como tú y como yo. El Partido es la encarnación de la idea revolucionaria en la Historia. La Historia no tiene escrúpulos ni vacilaciones. Inerte e infalible, corre hacia su fin. A cada curva

Frente a la sinrazón totalitaria, la renacida vida democrática demostraba que el regreso a la nueva normalidad se constataba en el retorno de las viejas mezquindades y deslealtades. El veterano antiguo presidente del Consejo de Ministros de Francia Émile Beaufort de *El presidente* (*Le président*, 1961), de Henri Verneuil, maravillosa película protagonizada por Jean Gabin y basada en una extraordinaria novela de Georges Simenon, sabe que, a pesar de su popularidad, visible en las vitrinas de los escaparates en toda Francia, en donde su retrato aparece rodeado de cintas tricolores, siempre unido a la reconstrucción de la dignidad y de la grandeza del país, es ya, como le confiesa a su médico, un prisionero de su tiempo:

> "-Ya ve usted, mi querido doctor, hay una verdad que se les escapa, no sólo a los pueblos, sino a quienes crean la opinión, y esto me ha impresionado cada vez que he leído la vida de un político ilustre. Se habla del interés de los dirigentes, de su orgullo, o de su sed de poderío. Lo que se pierde de vista, o lo que se niega la gente a comprender, es que a partir de cierta etapa, de cierto grado de éxito, un estadista no es ya él mismo, sino que se convierte en prisionero de la cosa pública...."[150].

Igualmente, cuando Otto Preminger llevó al cine *Tempestad sobre Washington*, no incorporó el final de la narración, cuando el ya presidente Harley Hudson, después de anunciar al Senado que no se presentará a las presidenciales al finalizar el mandato que inesperadamente le ha correspondido, se dirige a Ginebra para entablar conversaciones de paz con la Unión Soviética. Dentro de su séquito, el senador Orrin, flamante secretario de Estado, que es un hombre sencillo procedente de la industriosa

---

de su carrera deposita el fango que arrastra y los cadáveres de los abogados. La Historia conoce su camino. Nunca se equivoca. El que no tiene una fe absoluta en la Historia no debe estar en las filas del Partido".

[150] SIMENON, G.: *El presidente*. Barcelona. 1962, p. 78.

Springfield, sabe que no acude al diálogo para la paz con otro bagaje que su patrimonio de vivencias:

> "Había llegado muy lejos –la nación también–, y ahora ellos viajaban en el avión que los llevaba muy lejos también. Esperaban regresar al hogar, quizá no con las riquezas de las Indias, pero sí con un principio de acomodación con ese enemigo tan reacio a toda decencia humana; y no llevando necesariamente la riqueza de las Indias con ellos, sino unos retazos de algo: el recuerdo de un discurso en Filadelfia, un parlamento en Gettysburg, algunos ejemplos de bravura, todavía extendiéndose por los aires norteamericanos desde las distantes batallas, y cosas aún más lejana –Chancellorsville y The Wilderness, el Álamo y San Juan, Belleau Wood y el Argonne, Bataán y Corregidor, Omaha Beach y Salerno, Midway, Iwo-Jima, Guadalcanal–, determinada manera de enfocar las cosas, determinada manera de vivir, una forma de gobierno que podría o no convertirse en algo digno de alabanza, cuando todo fuese conseguido. Pero el juicio final no se había celebrado todavía"[151].

La refundación del Estado de Derecho ofrece espacio a la génesis de un nuevo espacio político y sociológico. Los directores del *New Deal* habían acudido a los grandes novelistas de su tiempo, como John Ford hizo con John Steinbeck en *Las uvas de la ira* (*The Grapes of Wrath*, 1940) Henry Fonda protagonista absoluto, para describir a una humanidad doliente, que habitaba en días que comenzaban, en donde los seres humanos no disfrutaban de la aurora, como puede constatarse en las bellísimas primeras páginas de la novela, pero las familias, las mujeres, los hombres y los niños, se mantenían enteros y unidos, sabedores de que en esa fortaleza se encontraba la capacidad de superar cualquier obstáculo[152].

---

[151] DRURY, A.: *Tormenta sobre Washington...*, p. 807.

[152] STEINBECK, J.: *Las uvas de la ira*. Madrid. 2002, pp. 12-13: "...los rostros atentos de los hombres perdieron la expresión de perplejidad y se

Por eso episodios como la "caza de brujas" habrían de originar tantos daños, no únicamente sobre el mundo de cine, sino sobre la propia salud del Estado de Derecho. Frank Capra sostenía que, en democracia, el espectador común disfrutaba siempre con las películas de contenido político, mientras que era el extremista el que no disfrutaba nunca[153]. Ese mismo extremismo que no ríe se adueñó de la Comisión de Actividades Antiamericanas. Y en *Vueltas al tiempo* Arthur Miller habría de describir las consecuencias:

> "...La conmoción, si no trágica, era notable: al margen del prestigio que tuviéramos, éramos poco más que jornaleros de sustitución fácil. Por todas partes se despedía a profesores porque se reunían o a causa de sus ideas, reales o inventadas, al igual que se despedía a científicos, diplomáticos, carteros, actores, directores, autores: como si la Norteamérica 'auténtica' se sublevase contra todo lo que no fuese de comprensión fácil, contra todo lo que fuera o pareciese extranjero, contra todo lo que pareciese algo menos tranquilizador que aquella Norteamérica que se erguía inocente y pura en un mundo vil y siniestro allende las fronteras. Y sin apelación posible. Vivíamos en un país ocupado en que cualquiera podía ser espía del enemigo"[154].

---

tornaron duros y airados, dispuestos a resistir. Entonces las mujeres supieron que estaban seguras y que sus hombres no se derrumbarían. Luego preguntaron: ¿Qué vamos a hacer? Y los hombres explicaron. No sé. Pero estaban en buen camino. Las mujeres supieron que la situación tenía arreglo, y los niños lo supieron también. Unos y otros supieron en lo más hondo que no había desgracia que no se pudiera soportar si los hombres estaban enteros".

[153] CAPRA, F.: *El nombre delante del título...*, p. 446: "...mi trabajo más duro en *State of the Union* no fue de dirección sino político. El filme era una sátira política, más bien brutal en ocasiones. Pero la gran mayoría de norteamericanos (republicanos y demócratas), cuya política reside en la parte media del amplio espectro político, se reirán siempre con la sátira política si ésa está bien llevada. Sin embargo, cuanto más cerca se desvía su tinte político hacia cualquiera de los dos extremos del espectro, más pierden su sentido del humor. Los de ambos extremos –comunistas y fascistas– nunca ríen. No pueden".

[154] MILLER, A: *Vueltas al tiempo*. Barcelona. 1988, pp. 299-300: "Diez, veinte, treinta años después se aclaró que lo que había desencadenado aquella

En *El presidente*, Émile Beaufort, el veterano político que se encuentra en los últimos estertores de su vida inspirado seguramente en Edouard Herriott, un radical-socialista denotado por su honestidad, su seriedad, y su capacidad para conectar con la ciudadanía, contempla cómo Philippe Chalamont, quien fuera su jefe de gabinete y se viera envuelto en un escándalo financiero, pero en plena crisis de la banca francesa, lo que, en contra de sus principios, impedía al presidente denunciarle y convertir esa crisis en un colapso general, es propuesto para la presidencia del Consejo de Ministros. Y es entonces cuando Beaufort se pregunta si existen todavía políticos dotados de estatura acorde a la dignidad de sus responsabilidades:

> "...No veía él a nadie. ¿Obedecía quizás a la ley del envejecimiento que, en un momento dado, deforma el juicio, hasta entonces más firme? En ese caso, los diarios habían envejecido al mismo tiempo que él... además, puesto que muchos tenían al frente o en su consejo de administración hombres a quienes el Presidente había conocido allí treinta o cuarenta años antes.
>
> Lo cierto era que ellos también, en cada nueva crisis, aludían al 'gran equipo', deplorando la ausencia de hombres de igual talla que los antiguos, no sólo en Francia, sino al frente de países amigos.
>
> El mundo, ¿había conocido realmente una época de auténticos grandes hombres...? "[155].

El presidente recuerda que, cuando de niño acompañaba a su padre médico en sus visitas, y contemplaba edificios, y

---

campaña doméstica fue, en gran medida, una decisión consciente, primero de un sector del Partido Republicano, al margen del poder durante casi dos décadas, de reducir a traición los conceptos básicos del New Deal, y luego de los demócratas conscientes, que quisieron hacerla pública. Pero en la época, para la mayoría, todo tenía el aspecto de un fenómeno natural, de terremoto incontenible que recorriese toda la escena política. Con la única y pusilánime oposición de los demócratas, McCarthy no tardaría en calificar de 'veinte años de traición' a todo el período Roosevelt-Truman".

[155] SIMENON, G.: *El presidente...*, p. 121.

estatuas, y rótulos, sabía que algún día se convertiría en uno de esos hombres. Ahora, no se engaña al reconocerse, enfermo y agotado, cuando habla con su enfermera:

> "-Antes de serlo yo mismo, me asqueaba el olor de los viejos. Usted finge que no lo nota. Tiene usted la satisfacción de decirse: 'Este hombre, a quien veo todas las mañanas, feo y desnudo, medio muerto ya, es el mismo cuyo nombre aparece en los manuales de historia, y que, el día de mañana, tendrá su estatua, o cuando menos, una avenida, en la mayoría de las ciudades francesas... ¡Como Gambetta!... Como el pobre Jaurès...' "[156].

Willy Brandt era uno de esos políticos de la postguerra, primero como alcalde de Berlín occidental, después como vicecanciller y, desde 1969, como canciller de Alemania, que supo estar a la altura de la dignidad de su cargo. Que entendió que el proceso de restablecimiento y consolidación de la democracia en Europa era inseparable de la reconciliación de sus pueblos y la construcción de su unidad. Que, en la historia, la razón tiene a veces deberes que se convierten en obligaciones. Obligaciones, también, de cine:

> "Un buen alemán no puede ser nacionalista, un buen alemán sabe que no puede sustraerse al destino de Europa. A través de Europa, Alemania se encuentra a sí misma dando con las fuerzas edificantes de su historia. Nuestra Europa, nacida de la experiencia en sufrimientos y fracasos, es la misión obligatoria de la razón"[157].

[156] *Ibidem*, p. 14.

[157] BRANDT, W.: *Memorias políticas 1960/1975. Quince años vitales: de alcalde de Berlín a canciller de Alemania*. Barcelona. 1976, pp. 394-395: "... Europa ha demostrado su inquebrantada fuerza vital después de la última guerra; aún no ha dejado atrás su futuro. Europa se reunirá en Occidente –más allá de la Comunidad Económica– de tal forma que le será posible aceptar también una parte de la responsabilidad política mundial, con independencia de los EE.UU. pero al mismo tiempo firmemente unida a

éstos: 'Simultáneamente existen unas posibilidades para la cooperación y consolidación de la paz a nivel global europeo, acaso algo parecido a una asociación europea para la paz; si yo no conociese la clase de obstáculos prácticos e imaginarios que han de ser remontados, todavía hablaría incluso aquí de una alianza europea de la paz' ".

10. DE CABEZA AL ABISMO DE LA VIDA: LA PLENITUD DEMOCRÁTICA

Al comienzo de su libro sobre Aldo Moro, Leonardo Sciascia recuerda que Pier Paolo Pasolini, gran realizador de cine e inmenso intelectual, sujeto central de una extraordinaria película de Abel Ferrara, *Pasolini* (*Pasolini*, 2014) en donde el protagonista lo incorpora Willen Defoe, había decidido enfrentarse al poder –al que denominaba *Palazzo*– en defensa de las luciérnagas. Hace unos cincuenta años, como consecuencia de la expansión industrial italiana, y la consiguiente contaminación del aire y de las aguas, las luciérnagas habían comenzado a extinguirse, y de manera fulminante. Y ello le permitía a Pasolini establecer una fundamental distinción en la evolución política de la Italia de la postguerra:

> "El régimen democristiano ha pasado por dos fases completamente distintas, dos fases que no sólo no se pueden comparar –lo que supondría cierta continuidad–, sino que han llegado incluso a ser históricamente irreconciliables.
>
> La primera fase de dicho régimen (...) va desde el fin de la guerra, hasta la desaparición de las luciérnagas; la segunda, desde la desaparición de las luciérnagas hasta hoy.
>
> En la fase de transición –es decir, 'durante la desaparición de las luciérnagas'–, los hombres de poder democristianos cambiaron de pronto su manera de expresarse y adoptaron un lenguaje completamente nuevo (...), sobre

todo Aldo Moro... con el objeto, hasta ahora formalmente logrado, de conservar el poder"[158].

En sus memorias, publicadas apenas semanas antes de su fallecimiento el 31 de agosto de 2009, quien fuera senador por Massachussets entre 1962 y 2008, Edward Moore Kennedy, recordaba el contenido de una carta que su padre escribió a un amigo cuyo hijo había fallecido inesperadamente, en plena juventud, para recordar que, entre todas las rosas, ninguna era tan bella como la rosa viva. Que el sentido y significado del proceso de civilización consistía en preservar, en toda su grandeza y dignidad, la plenitud de la existencia humana:

> "Ojalá esta vida fuera más sencilla. Ojalá que los seres queridos no tuvieran que morir prematuramente. Ojalá que esta tragedia nunca rondase a nadie. Desear todo eso es como pedir el fin de nuestra condición humana. Dios, la familia y el país nos sustentan a todos.
>
> Cuenta la leyenda que, en la antigüedad, cada año se celebraba un concurso de poesía. El que quedaba tercero recibía una rosa de plata; al segundo le entregaban una rosa de oro y el primero se alzaba con la rosa de verdad, una bella rosa viva que no tardaba en languidecer, marchitarse y morir. A pesar de ello, me gustaría saber si entre vosotros hay alguien que no elegiría la rosa viva"[159].

Edward "Ted" Kennedy sabía bien de qué hablaba. Dos rosas vivas de la política democrática, sus hermanos John y Robert, habían sido asesinados, en 1963 el primero en plena presidencia, y en 1968 el segundo siendo senador por Nueva York y cuando se encontraba a punto de obtener la nominación demócrata para las presidenciales de 1968. A la reconstrucción moral y material del Estado de Derecho, y a la refundación de una democracia más amplia y más abierta, siguió un tiempo

---

[158] SCIASCIA, L.: *El caso Moro*. Barcelona. 2010, pp. 15-16.

[159] KENNEDY, E. M.: *Los Kennedy. Mi familia*. Madrid. 2010, pp. 559-560.

en el que la violencia de naturaleza política se convirtió en una permanente amenaza para la libertad y para la convivencia. El propio John Kennedy sabía hasta qué punto una vida de servicio no puede ser otra cosa que una vida de donación, de gratuidad y de gratitud, y en *Perfiles de coraje*, el libro con el que ganó el Premio Pulitzer en 1956, lo había puesto de manifiesto:

> "¿En qué otro lugar, en un país no totalitario, que no sea en la profesión política, se espera que un individuo sacrifique todo –inclusive su propia carrera– por el bien nacional? En la vida privada, como en la industria, esperamos que el individuo promueva su aclarado interés propio –dentro de las limitaciones de la ley– a fin de alcanzar un progreso general. Pero en la vida pública esperamos que los individuos sacrifiquen sus intereses privados para permitir que progrese el bien nacional.
>
> En ninguna otra ocupación que no sea la política se espera que un hombre sacrifique honores, prestigios y su carrera elegida en base a una simple decisión. Abogados, comerciantes, maestros, doctores, todos enfrentan decisiones personales difíciles que implican su integridad, pero pocos, si es que los hay, las enfrentan en medio del enfoque concentrado de la atención general como lo hacen quienes se hallan en funciones públicas"[160].

Kennedy, admirador del poeta Robert Frost y convencido de que la política debía ser también poesía, amante de la música que invitó al gran violonchelista catalán Pau Casals a ofrecer un recital en la mismísima Casa Blanca, cuyo padre había sido productor de cine, cuñado de Peter Lawford, amigo de Frank Sinatra, y que había mantenido un noviazgo con la extraordinaria actriz Gene Tierney, estaba dotado de una formación extraordinaria y versátil, pero el cine y las artes escénicas ocupaban un lugar de excepción entre sus preferencias. Jackie Kennedy habría de relatar cómo en la intimidad

[160] KENNEDY, J. F.: *Perfiles de coraje*. Buenos Aires. 1957, pp. 20-21.

del hogar presidencial, cuando la familia tenía oportunidad de reunirse en el final de la jornada de trabajo, escuchaban *Camelot*, el disco que recogía el extraordinario musical de Alan Jay Lerner y Frederick –Fritz– Loewe estrenado en Broadway precisamente el histórico 1960 de su elección, y protagonizado por Richard Burton como el rey Arturo, Julie Andrews como la reina Ginebra, y Robert Goulet como Lanzarote del Lago. Faltaban todavía años para su adaptación al cine, que habría de dirigir en 1967 Josuha Logan cambiando el reparto teatral del musical por completo, optando por Richard Harris, Vanessa Redgrave y Franco Nero.

Camelot simbolizaba, para sus creadores, los mismos de *Brigadoon* y *My fair lady*, un ideal de plenitud que, en el recuerdo de una mujer que con 36 años había visto estallar la cabeza de su marido apenas meses antes de su conversación con Arthur M. Schlesinger, permanecía igual de vivo dentro y fuera del arte y de la política. Sin embargo, Jacqueline Kennedy le confesó a Arthur Schlesinger Jr., en la primera de las conversaciones que mantuvieron en 1964, que cuando le preguntó a John Kennedy qué deseo pediría si pudiera verlo cumplido, recibió como respuesta: "desearía haber tenido más buenos momentos"[161].

El asesinato de John Fitzgerald Kennedy es uno de esos acontecimientos históricos que, desde que se producen, parecen destinados a ser objeto de atención preferente por el cine. Ted Sorensen decía que, en los días posteriores al magnicidio de Dallas, el presidente Kennedy era ya recordado como el

[161] KENNEDY, J.: *Conversaciones históricas sobre mi vida con John F. Kennedy*. Entrevistas con Arthur M. Schlesinger Jr., en 1964. Introducción y notas de Michael Beschloss. Madrid. 2011, pp. 58 y 65: "...entonces, todos ellos se interesaron por la política... Y es porque Jack era joven, y amado... Era como si tuviera muchas cosas en común ese joven, de la misma forma que él tenía, sabes, muchas cosas en común con muchos aspectos tuyos. Todo el mundo encontraba una parte de él mismo en Jack. Antes de esto la política sólo quedaba para esos ancianos sensibleros que gritaban el 4 de julio...".

Vid. también LERNER, A. J.: *The street where I live*. New York. 1994, pp. 188 y ss.

hombre que no había completad su vida[162]. Sin embargo, sólo su amigo John Frankenheimer dirigió al año siguiente *Siete días de mayo (Seven days of may*, 1964), una película lejanamente inspirada en el magnicidio de Dallas, protagonizada por un general interpretado por Burt Lancaster que planea un golpe de estado. Y no fue hasta 1991, casi tres décadas después, que Oliver Stone tomó el ensayo *JFK* de Jim Garrison, en donde el antiguo fiscal de Nueva Orleans relata las incidencias de la única acusación formal que se presentó contra un ciudadano por conspiración para el asesinato del presidente, Clay Shaw, la suya, sustanciada en juicio en 1969, y resuelta en un veredicto de inocencia, como base para una gran producción sobre el suceso.

Garrison mantiene que "la historia está llena de veredictos cambiantes", y la actitud de los ciudadanos estadounidenses ante el asesinato de su presidente fue evolucionando hasta no aceptar la explicación oficial aportada por la Comisión Warren[163]. El cine, también, prefiere siempre la explicación

---

[162] SORENSEN, T.: *Counselor. A Life at the Edge of History*. New York. 2008, p. 377.

[163] GARRISON, J.: *JFK*. Barcelona. 1996, pp. 18-20: "Hace veinte años la mayoría de los estadounidenses aceptó sin más la aseveración del Gobierno acerca de que el asesinato había sido un acto de violencia casual. Un joven solitario, con la mente impregnada de ideas marxistas, aparentemente frustrado por su incapacidad para hacer nada correctamente, se agazapó en la ventana de un almacén y, en seis segundos, mediante una acción propia de un tirador de primera, acabó con el presidente de Estados Unidos.

Cuando se anunció tal explicación, poco después del asesinato, el país quedó profundamente conmovido. Habíamos perdido de pronto a un dirigente realmente especial, cuyas virtudes personales –frescura, juventud, humor, estilo, inteligencia, calidez– nos hacían sentir a todos que algo se renovaba en la presidencia... Tristes y ecandalizados, los estadounidenses esperaban una respuesta. Y tuvieron una. La policía de Dallas cerró el caso casi de inmediato, al declarar convicto de asesinato a Lee Harvey Oswald sin juicio alguno. El FBI estuvo de acuerdo, y prácticamente cerró el caso en cuestión de semanas. La Comisión Warren, nombrada poco después del asesinato, le colocó el sello oficial de aprobación en menos de diez messes.

Pero el tiempo ha anulado la explicación oficial que la mayoría de los norteamericanos creyó en un principio. Había demasiadas contradicciones, compleja a la simple, una preferencia que, por otra parte, viene a coincidir con la experiencia resultante de los grandes magnicidios de la historia. Con el asesinato de Kennedy y el comienzo del período presidencial de Lyndon B. Johnson se consolida definitivamente la que Arhur M. Schlesinger habría de calificar como "la presidencia imperial". En términos históricos, seguramente esa presidencia había nacido con la obtención del arma atómica por los Estados Unidos, y la decisión de hacer recaer su eventual utilización sobre las responsabilidades que incumben al presidente como comandante en jefe de las fuerzas armadas de la Unión.

Pero, en términos de concepción y ejercicio de las responsabilidades políticas e institucionales y de la acción de gobierno, probablemente la presidencia imperial comienza con Johnson, que accede al cargo desde una responsabilidad ejecutiva, como es la vicepresidencia. No será hasta 2008 que un parlamentario, Barack Obama, senador por Illinois, como senador por Massachusetts era John Kennedy en 1960, alcance la presidencia. Entre 1963 y 2008 todos los presidentes de los Estados Unidos provienen de mandatos ejecutivos. Richard M. Nixon (1968-1974) había sido vicepresidente con Dwight Eisenhower. Gerald Ford (1974-1976) vicepresidente con Nixon. Jimmy Carter (1976-1980) gobernador de Georgia. Ronald Reagan (1980-1988) gobernador de California. George Bush (1988-1992) vicepresidente con Reagan. Bill Clinton (1992-2000) gobernador de Arkansas. George W. Bush (2000-2008) gobernador de Texas, mientras Al Gore, que se impuso en votos populares, había sido vicepresidente con Clinton. Lyndon Johnson es el primer presidente que expresa abiertamente la soledad que recae sobre el mandato ejecutivo:

---

demasiados testigos, demasiados fotógrafos y películas en la escena, demasiados escépticos... En 1967, dos tercios de los ciudadanos no aceptaban la conclusión de que Lee Harvey Oswald fuera el único asesino".

Cfr. WARREN, E. (Pres.): *Report of the Warren Commission. The Assassination of President Kennedy*. New York. 1964, p. 446.

> "...aunque raras veces me sentí abandonado, con frecuencia si me encontré sólo. Nadie puede compartir con el presidente de los Estados Unidos la gloria y la agonía de su cargo. Ni la majestuosa vista desde el pináculo del poder. Ni la carga de sus decisiones o el alcance de sus obligaciones. Un ministro, no importa cuán amplio es su mandato, posee una responsabilidad limitada. Un senador, no importa cuán variadas sean sus prerrogativas, ha de rendir cuentas a su distrito electoral. Pero el Presidente representa a todo el pueblo y ha de enfrentarse con todos los problemas. Es responsable, desde la posición que ocupa, del bienestar de todos y de cada uno de los grupos. No puede elegir libremente su ámbito de actividades. Todas sus acciones vienen condicionadas por su mandato. Por este motivo, su experiencia es única..."[164].

El cine vendrá a dotar de contenidos, rostros y argumentos a la terrible crisis constitucional de la presidencia estadounidense que condujo a la dimisión de Nixon. *Todos los hombres del presidente* (*All the president's men*, 1976) de Alan J. Pakula, y Dustin Hoffman y Robert Redford interpretando a los célebres periodistas Carl Bernstein y Bod Woodward, es una película que, además de representar un modelo de producción del *establishment* demócrata de Hollywood en año de elección presidencial, acaba de cumplir cuarenta años explicando las claves del periodismo de investigación. Cuando Bernstein le pregunta a un funcionario de la Casa Blanca por su funcionamiento interno, descubre una realidad mucho más ordinaria de la que imaginaba. El centro de poder del mundo por excelencia, es una instancia dominada por los imperativos del día a día:

[164] JOHNSON, L. B.: *Memorias de un presidente 1963-1969.* Barcelona. 1971, pp. 7 y 29: "Todo Presidente ha de establecer, con los varios sectores de la nación, lo que yo llamo el 'derecho a gobernar'. El solo hecho de haber sido elegido para el cargo no le garantiza este derecho. Todo Presidente ha de inspirar la confianza del pueblo. Todo Presidente ha de crear la base moral que fundamente su poder o, en caso contrario, pronto descubrirá que no disfruta de ese poder".

> "-Yo conozco al presidente lo suficientemente bien para saber que si necesita que se haga una cosa como ésa no lo haría de un modo tan estúpido- dijo el ex-funcionario. Pero no resultaba de todo punto inconcebible que el presidente deseara que sus ayudantes en la campaña electoral conocieran cualquier dato de información política y chismes de sus adversarios. Recordó que uno de los consejeros políticos de la Casa Blanca se pasaba el tiempo hablando continuamente de 'walkies-talkies'. Uno le hablaba de política y él respondía hablando de instrumentos de escucha. En la Casa Blanca existió siempre una gran preocupación por todas esas tonterías del espionaje...
>
> La imagen que su amigo le ofrecía de la Casa Blanca era muy distinta, un duro contraste con la máquina suave y bien engrasada que Bernstein estaba acostumbrado a identificar en los periódicos cuando mencionaba la casa presidencial: esos vigilantes de idéntico aspecto, cuidadosos y disciplinados, que guardaban el palacio y a los que invariablemente se mencionaba como 'los hombres del Presidente' "[165].

Pero, al mismo tiempo que se reafirma la presidencia imperial, en su grandeza y en su vulgaridad, se pone en valor el legado humanista de la opción de civilización del amor, el perdón y la reconciliación que desde sus raíces clásicas, helénicas, latinas y judeo-cristianas, madura y consolida el mundo occidental. *Un hombre para la Eternidad,* de Fred Zinnemann, rodada en plena presidencia Johnson, apostaba por una vida dedicada al servicio público, en donde no existía el honor sin carga[166]. Pero la sociedad europea, y muy especialmente sus más jóvenes segmentos, se sentían defraudados con la configuración de las democracias de postguerra. Anne Wiazemsky, que después de protagonizar ese mismo año 1966 *Al azar, Baltasar*

---

[165] BERNSTEIN, C.; WOODWARD, B.: *Todos los Hombres del Presidente (El escándalo Watergate)* Barcelona. 1974, pp. 30-31.

[166] BOLT, R.: *Un hombre para la Eternidad...*, p. 34: "MORO: Richard, si yo tengo un cargo es por obediencia, porque me han forzado a él... (Rich *lo mira)* ¿No lo puedes creer?".

(Au hazard, Balthazar) de Robert Bresson, habría de convertirse en la segunda esposa de Jean-Luc Godard e incorporar uno de los papeles principales de *La chinoise* (*La chinoise*, 1967), relataría en sus casi memorias del año en el que conoció al genial realizador la atmósfera de decepción en las aulas de Nanterre en su primer año de existencia[167].

Pero es *El caso Moro* (*Il caso Moro*, 1986), de Giuseppe Ferrara, protagonizada por el gran Gian María Volonté, la película que, partiendo del suceso terrible del secuestro de Aldo Moro por la banda terrorista Brigadas Rojas en Roma el 16 de marzo de 1978, reteniendo 55 días al presidente de la Dc italiana y arquitecto del "compromiso histórico" entre su partido y el comunista, antiguo presidente del Consejo de Ministros entre 1963-1968 y entre 1974 y 1976, y que tras asesinarlo deposita su cadáver en la Vía Caetani de Roma, en el maletero de un R-4 rojo, el 9 de mayo siguiente, mejor acierta a recoger el clima de unos años, fundamentalmente identificados con la década de los 70', años de crisis económica, energética e industrial, pero también política e institucional, a los que la violencia terrorista terminará connotando como los "años de plomo". Y es un adversario político de Moro, un extraordinario escritor e intelectual, líder y diputado del Partido Radical, el siciliano Leonardo Sciascia, quien mejor acierta a recoger y expresar la verdadera naturaleza del histórico drama:

[167] WIAZEMSKY, A.: *Un año ajetreado*. Barcelona. 2013, pp. 65-66: "Tras un largo peregrinar por pasillos y escaleras, acabé dando con el aula adonde debía acudir a mi primera clase de sociología. Asistía, incrédula a la afectada palabrería de un eminente profesor que se escuchaba hablar en medio de un silencio total. En torno a mí, más de doscientos estudiantes, todos ellos con la cabeza inclinada, tomaban notas a velocidad endiablada, sin formular preguntas ni hacer comentario alguno. El conjunto desprendía una angustiosa soledad que volví a experimentar más adelante, en los grupos reducidos donde debíamos realizar 'prácticas'. Un profesor mucho más joven que el anterior nos alentaba a emitir una opinión sobre Spinoza y se topaba con un tétrico silencio. ¿Eramos todos tímidos? ¿Zopencos? Resultaba difícil decirlo. Por más que escrutaba los semblantes de aquellos chicos y chicas, no advertía diferencia alguna entre ellos. No me hallaba con indiividuos sino con una masa, y yo formaba parte de esa masa".

"...aunque las víctimas de esta grandiosa representación -...- parecían ser quienes no sentían gran amor por el Estado o por el Estado italiano tal como era, la verdadera víctima fue Aldo Moro.

Hasta el 16 de marzo Moro no fue un 'gran estadista'. Fue, y siguió siendo mientras estuvo en la 'prisión del pueblo', un gran político, lúcido, atento, calculador; aparentemente dúctil, pero en realidad inflexible; paciente, pero con paciencia perseverante; y que tenía una visión de las fuerzas, o sea, de las debilidades que mueven la vida italiana, amplia y certera como jamás la tuvo político alguno... En esta estrategia concurrían dos experiencias, atávicas y personales: el catolicismo italiano y esa versión más crudamente cotidiana del catolicismo italiano que es la vida social (asocial) del sur de Italia. Una estrategia comparable con la que Kutuzov adopta ante Napoleón...

...Precisamente por ser, como dice Pasolini, 'el menos implicado de todos', tenía, más que ningún otro miembro de su partido, la indiscutible y casi aliviadora autoridad de hablar en nombre de todos: poder y sacrificio a la vez...

Si alguna idea tuvo Moro parecida a una idea del Estado, estaba como encerrada dentro del partido, dentro de esa ciudad medieval que era el partido, ciudad que parecía abierta e indefensa, pero que en los momentos de peligro se revelaba perfectamente fortificada y protegida..."[168].

Lo que en realidad reveló el Estado, como un historiador tan riguroso y equilibrado como Agostino Giovagnoli habría de poner de manifiesto, fue su impotencia[169]. El secuestro y asesinato de Aldo Moro demostró, una vez más, diez años después de los asesinatos de Martín Luther King y de Robert Kennedy, ocho antes del asesinato de Olof Palme, la vulnerabilidad del Estado de Derecho y la fragilidad de sus servidores. Puso de

[168] SCIASCIA, L.: *El caso Moro...*, pp. 34-36.

[169] GIOVAGNOLI, A.: *Il caso Moro. Una tragedia repubblicana*. Bologna. 2005, pp. 76 y ss.

manifiesto que los procesos de consolidación democrática no pueden nunca darse por terminados.

Reiterado interés habría de merecer en el cine, igualmente, el caso de la banda terrorista Baader-Meinhof alemana, que habría de ser objeto de películas como *Las leyendas de Rita* (*Die Stille nach dem Schuss*, 2000), en alemán, literalmente, "el silencio después del disparo", de Völker Schlöndorff, protagonizada por Bibiana Beglau y Richard Kropf. Y, sobre todo, de *RAF. Fracción del Ejército Rojo* (*Der Baader Meinhof Komplex*, 2008), de Uli Edel, con la siempre excelente Martina Gedeck en el papel principal, y con ella Bruno Ganz, Alexandra Maria Lara y Moritz Bleibtreu. Heinrich Böll, que exigió un juicio justo para Ulrike Meinhof tras su detención, originando una áspera polémica en Alemania, mantenia que "la denominación 'Estado de Derecho' se hace problemática cuando la opinión pública, con sus instintos (que son, como mínimo, incontrolables), se incluye en el poder ejecutivo, cuando la 'cualidad' del derecho se sacrifica a la 'cantidad' del éxito y la popularidad"[170]. Es entonces cuando, como mantiene el Premio Nobel nacido en Colonia, la democracia se traiciona a sí misma. Pero probablemente nadie definió mejor que Hans Magnus Enzenzberger, antiguo colega y amigo de la propia Ulrike Meinhof, la verdadera naturaleza totalitaria del terrorismo de la banda:

> "...Ulrike Meinhof me hizo llegar, a través de terceras personas, un mensaje desde la clandestinidad. Unos enlaces me guiaron hasta un piso franco en Hamburgo, en el que se había atrincherado con sus camaradas huidos. Me citaba para comunicarme las órdenes del día impartidas por su grupúsculo, que en un ejemplo de modestia ahora

[170] BÖLL, H.: *Ulrike Meinhof. Un artículo y sus consecuencias*. Barcelona. 1974, pp. 65 y 70: "¿Desean que su orden democrático liberal sea más despiadado que cualquier feudalismo histórico...? ¿Debe presentarse su orden democrático liberal como algo tan infalible, que no puede ser puesto en duda por nadie? ¿Más infalible que todos los papas juntos? Yo sé que son muchas preguntas, pero hacer preguntas no está prohibido".

> se llamaba Fracción del Ejército Rojo. Estaba también Gudrun Ensslin, hija de un pastor protestante y convertida en fetichista de las armas y la indumentaria. El jefe indiscutible de aquel ejército de espectros era el abominable Andreas Baader, un chorizo fugitivo que... aparte de ser amante de sí mismo, sentía pasión por los coches rápidos. Las mujeres se le sometieron incondicionalmente. Las trataba como un chulo. Ulrike, en tono desesperado, hablaba de tumbar el 'sistema' por la fuerza. Le dije que yo no apreciaba mucho tales fantasmagorías. Baader dictó sentencia. Se me tachó, por voto unánime, de cobarde por negarme a participar en sus pruebas de valentía. No les dije que treinta años atrás un jefecillo de bandera de las Juventudes Hitlerianas me había dirigido órdenes similares..."[171].

Frente a los sucesores en el estilo, las actitudes y los objetivos totalitarios de los "jefecillos" de los años 30', los servidores de la democracia no pueden oponer más que la fuerza de sus convicciones. La última carta de Aldo Moro, la nonagésimo séptima, dirigida a su esposa, Eleonora, "Noretta", terminaba con un "beso de amor a todos"[172]. Y ese es el Moro que Volonté, militante comunista, porfiado adversario del líder cristiano-demócrata, incorpora magistralmente, y con plena convicción, en la película de Ferrara.

Y, junto a la supervivencia totalitaria que representa la continuidad del fenómeno terrorista durante los "años de plomo", la no menos totalitaria supervivencia de los criminales nazi-fascistas y colaboracionistas que consiguieron escapar a la acción de la justicia en el final de la segunda guerra mundial, y cuya localización en las décadas siguientes en diversos países, fundamentalmente americanos, vendrá a ensombrecer el comportamiento cómplice adoptado, en algunos supuestos, por los vencedores, merece también atención monográfica por

---

[171] ENZENSBERGER, H. M.: *Tumulto*. Barcelona. 2014, p. 200.

[172] MORO, A.: *Lettere dalla prigionia*. A cura di Miguel Gotor. Torino. 2008, p. 179.

parte de la cinematografía. En *La caja de música, (The music box*, 1988), de Constantin Costa-Gavras, protagonizada por Jessica Lange y Armin Mueller-Stahl, y basada en la novela de Deborah Chiel, se aborda el caso que se produce cuando un emigrante húngaro establecido en Chicago, Mike Laszlo recibe la acausación de haber militado en la *Cruz Flechada*, la organización nazi magiar, algunos de cuyos militantes, por cierto, pasarían después a servir a las autoridades stalinistas. La hija del acusado, Anna, abogada de profesión, se encarga de su defensa. Pero, sobre todo, como la película se encargará de demostrar, de averiguar la verdad. Y, mientras, Jack Burden, el fiscal que perseguía a Laszlo, se pregunta por qué los hombres llegan a protagonizar comportamientos semejantes[173].

La criminalidad de las tiranías del final del siglo XX, como el régimen camboyano de los "jemeres rojos" de Pol Pot, que habría de aniquilar a casi tres millones de personas, más de un 20% de la población del país, en apenas cuatro años, habrían de ser, igualmente, objeto de la atención del cine. *Los gritos del silencio* (*The Killing Fields*, 1984), de Roland Joffé, protagonizada por Dith Pran y Sam Waterston en los papeles principales, y basada en la novela de Christopher Hudson, describe el proceso de adoctrinamiento masivo y eliminación de la oposición que se produce en el "Año Dos de la Revolución":

---

173 CHIEL, D.: *La caja de música*. Barcelona. 1998, p. 38: "...Jack había rastreado la pista de de Laszlo desde Budapest a Chicago. Y había descubierto con perplejidad que el asesino nazi se había transformado en un ciudadano modelo: un padre ejemplar, un feligrés asiduo, bien considerado en el trabajo...

En la Facultad de Derecho había aprendido a hacerse la pregunta adecuada a fin de llegar a un conocimiento perspicaz de la ley. Solo en su diminuto despacho de Washington le había atormentado una pregunta abrumadora, que sin duda ni el propio Laszlo podía contestar: ¿Por qué? ¿Por que había decidido humillar y brutalizar sistemáticamente a otros seres humanos? Y había otra pregunta, no menos importante: ¿Cómo había vivido consigo mismo y con su conciencia todos aquellos años?".

> "-¡Debemos ejercer una mayor vigilancia revolucionaria, más severidad! Angka ha identificado una enfermedad que debe ser exterminada. Es una enfermedad de la memoria. ¡Examinémosnos a nosotros mismos! ¿Reflexionamos sobre la vida en la Kampuchea prerrevolucionaria? ¡Es señal de tendencias individualistas! ¡Arranquémoslas de raíz! Hay que ser como el buey fuerte y obediente. El buey come y arrastra el arado. No pierde el tiempo en pensamientos fútiles. Nos rodean enemigos, ¡y el enemigo está también dentro de nosotros! No se puede confiar en nadie. ¡Sean vigilantes u otros vigilarán por ustedes!"[174].

El cine, por sus propios perfiles históricos industriales, muy mayoritariamente radicado en Hollywood y, por lo tanto, muy vecino a los ideales de la cultura liberal estadounidense, individualista, comprometida con el mérito personal, y convencida de la oportunidad y necesidad de presencias históricas transformadoras, se ha mostrado históricamente muy sensible a la narracción y ponderación de figuras extraordinarias, por momentos providenciales. A proponer modelos de liderazgo, cuando no a rendirles culto. Y, de hecho, el propio Hollywood, como espacio de reflexión, de pensamiento, y de producción de ideas, propuestas y perspectivas que sus películas portan consigo por todo el mundo, se llega a convertir, como han sostenido algunos autores, no sólo en un actor, y muy eficaz, en la delimitación del análisis estratégico global, sino en uno de los tres vértices definidores de una figura que completan el

[174] HUDSON, C.: *Los gritos del silencio*. Barcelona. 1987, pp. 214 y 215-216: "Se han iniciado las ejecuciones masivas. Todos los días ve pasar a hombres y mujeres, con las manos atadas a la espalda, conducidos por guardias armados... Según los rumores, se mata a las víctimas con golpes de hacha, martillo y barras de hierro, a fin de ahorrar preciosas municiones. Había grandes cráteres en la selva, a causa de las bombas norteamericanas. Ahora han sido completamente rellenados con cadáveres. El Khmer Rojo ocupa ambos lados de zanjas recién excavadas y empuja hacia dentro los cadáveres de hombres, mujeres y niños, uno a uno: a veces, apenas se molestan en cubrirlos de tierra. Por eso, después que se han ido, aún se ven brazos y piernas sobresaliento de la tierra".

Pentágono y el propio mundo como escenario geopolítico universal[175]. Lo interesante del cine del tránsito del siglo XX al XXI es su capacidad para incardinar el discurso del liderazgo dentro de una práctica democrática que, también por definición, desde sus orígenes parlamentarios en el mundo anglosajón, se muestra siempre identificada con el discurso de la limitación del ejercicio del poder y su control.

En este sentido, hace ya casi medio siglo que Arthur Schlesinger advertía que democracia y liderazgo político debían aprender a convivir para potenciar la propia praxis del Estado de Derecho, y así contribuir a su definitiva consolidación:

> "El líder heroico se ha constituido siempre en un elemento anómalo dentro de la teoría democrática. Desde que la misma emergió históricamente como una protesta contra aquellas del 'derecho divino' de personalidades particulares, sus primeros proponentes... opusieron con gran énfasis la autosuficiencia del pueblo (o de la gran mayoría), contra todo alegato acerca de la necesidad de un liderazgo heroico...
>
> ...Si definimos a la democracia como a un sistema en el cual la mayoría, bajo procedimientos constitucionales, libremente elige entre los candidatos competentes, por un período limitado para controlar al Estado, entonces, la tendencia ineludible de la teoría democrática va contra toda posibilidad de otorgar demasiada significación a todo candidato en particular"[176].

---

[175] VALANTIN, J.-M.: *Hollywood, le Pentagone et le monde. Les trois acteurs de la stratégie mondiale.* París. 2010, pp. 210 y ss.

[176] SCHLESINGER, A. M. Jr.: *Nuevos estilos en política.* Buenos Aires. 1967, pp. 22-23: "...la teoría democrática ha resistido todo énfasis sobre el liderazgo bajo bases ideológicas, porque este énfasis sobre un individuo o líder en particular, parecería implicar el que algunos debieran dirigir y otros debieran acatar, proposición que choca con el tradicional enunciado democrático de igualdad y mayoritismo. También se lo ha resistido sobre bases morales, porque un liderazgo tal parecería pasar por alto la convicción democrática

El "liderazgo heroico", por su propia definición tendente a la atribución de cualidades excepcionales a su ejercitante, propende a desbordar los cauces democráticos, a no experimentar ninguna forma de compromiso con el cumplimiento de las normas, a vulnerar el principio de igualdad, y la regla de la necesaria continuidad de las instituciones democráticas por encima de la contribución de sus sucesivos servidores, en la convicción de que lo propio de la democracia es la permanencia. De que la soberanía nacional y el mandato popular no decaen. Cuando se ignoran estos principios, el liderazgo heroico tiende a su paulatina corrupción. Y lo peor sobreviene cuando esa corrupción parece convertirse en parte del sistema. Ya en los años 30' del pasado siglo, en *Todos los hombres del rey*, Robert Penn Warren advertía acerca de los peligros de "la teoría de la neutralidad moral de la historia" como clave de interpretación de esa perspectiva que se incrusta en las democracias:

> "Más dinero para sobornos y corrupción, argumentando siempre la oposición a voz en grito. 'Sin duda', decía el Jefe sin tomárselo demasiado a pecho, 'sin duda, hay sobornos y corrupción. Pero sólo en la medida necesaria para que los engranajes giren sin chirriar. Y recordad esto: ninguna máquina inventada por el hombre ha funcionado nunca sin desperdiciar energía... Pues bien, nosotros hacemos las cosas mucho mejor que la más perfecta de las dinamos o las locomotoras inventadas hasta ahora. Sin duda, me rodean muchos mangantes. Pero son demasiado cobardes para exponerse a mangar descaradamente. Porque no les quito el ojo de encima. Y le entrego algo al estado. Claro que lo hago'. La teoría de los costes históricos, por así decirlo. Todo cambio tiene un precio. Y hay que restar los costes de las ganancias. Era posible que en nuestro estado los cambios sólo pudieran hacerse de la manera como se hacían, y era

---

de que el poder corrompe. Y también ha resistido todo énfasis sobre bases emocionales, porque irrita los sentimientos democráticos populares...".

> innegable que el proceso aportaba algunos cambios... El procedimiento, en cuanto tal, no es, moralmente, ni bueno ni malo. Podemos juzgar los resultados, pero no los procedimientos. El agente moralmente malo puede realizar acciones buenas. El agente moralmente bueno puede realizar acciones malas. Es posible que un hombre tenga que vender su alma para conseguir el poder de hacer el bien"[177].

Cuando una sociedad se resigna a contemplar la corrupción como un "coste", e incluso como un coste "histórico" inevitable cuando se emprende un proceso de regeneración y cambio, que al final consiste en que el "comedero" en donde los cerdos satisfacen sus necesidades se amplía a nuevos comensales, como en términos tan escalofriantes describe Robert Penn Warren, el Estado de Derecho se enfrenta a un terrible problema, adherido a sus más vitales tejidos.

Y el problema se exacerba cuando las prácticas corruptas se valen del recurso a los propios poderes del Estado, es decir, a los medios que los ciudadanos ponen a disposición de sus representantes para contribuir a la construcción del bien común, para la satisfacción de objetivos particulares, pero además ilícitos e inmorales. Bernstein y Woodward recogían los razonamientos de su misterioso informador, el célebre "Garganta Profuinda", para describir la operación realizada por la Administración Nixon, desde su toma de posesión, para someter a todas las instancias del país a un ferreo control, con

[177] PENN WARREN, R.: *Todos los hombres del rey...*, pp. 660-661: "...nuestro estado no es pobre. El problema es que son siempre los mismos cerdos los que esán en primera fila delante del comedero cuando se echa en él la bazofia. Y mi propósito es dar un empujón a los que más lo necesitan para que puedan acercarse a él, aunque para eso tenga que apartar a patadas algunos hocicos'. Y entonces se inclinaba hacia la multitud... y levantaba el brazo derecho para preguntarles a los que le escuchaban y al ardiente cielo: '¿Estáis conmigo? ¿Estáis conmigo?' Y la multitud rugía".

un perfecto desprecio por las garantías constitucionales y por los principios democráticos más elementales[178].

Es verdad que Manuel Alcántara recordaba recientemente al senador Graco que incorpora Charles Laughton en el *Espartaco* de Kubrick, cuando decía que "la política es una profesión práctica"[179]. Y tanto. Pero el gran politólogo español entendía esa praxis política como la consecuencia de un mandato ético. El cine más reciente ha recreado la conducta de grandes figuras de la historia reciente, como Nelson Mandela en *Invictus* (*Invictus*, 2009), de Clint Eastwood, y Morgan Freeman y Matt Damon como protagonistas, para explorar las cualidades, las actitudes y las soluciones que denotan a la buena política, el ejercicio del "poder del pueblo para la libertad", es decir, del mandato democrático. Y no bajo la inspiración de ningún presupuesto ingenuo o voluntarista. Nelson Mandela, como sostenía John Carlin, no recreó una contemporánea Arcadia feliz, sino que instaló a Sudáfrica en la normalidad. Eso es la plenitud democrática. No se trata de regresar al cuadro de Poussin para contemplar a elegantes y gentiles pastores contemplando el *Et in Arcadia Ego*, sino de reconocer los problemas que aquejan a una sociedad, identificarles, y ponerles solución desde la aplicación de los principios de igualdad, mérito y capacidad, y generando condiciones de equidad en el acceso a las oportunidades:

---

[178] BERNSTEIN, C.; WOODWARD, B.: *Todos los Hombres del Presidente...*, p. 292: "-En 1969 el principal objetivo de esta agresiva campaña de controles telefónicos y grabaciones fueron los reporteros y los miembros de la administración sospechgosos de deslealtad –...–. Después, el énfasis se trasladó a la oposición política más radical durante la oleada de protestas antibélicas. Cuando se aproximó la época de las elecciones, resultó ya natural controlar a los Demócratas. Las detenciones de Watergate sacaron de sus casillas a todos, porque ello podía poner al descubierto la totalidad del programa".

[179] ALCÁNTARA SÁEZ, M.: "Complejidad, subjetividad y poder en el cine de Stanley Kubrick". ALCÁNTARA, M.; MARIANI, S. (Eds.): *La política va al cine*, pp. 15-27. Lima. 2014. p. 17.

> "Mandela impidió que que estallara una guerra pero eso no significó que dejara a Sudáfrica un estado de paz y armonía perfectas, como Washington tampoco lo logró en Estados Unidos. Después del apartheid, Sudáfrica se libró de su singularidad en el mundo, dejó de ser el parangón de la injusticia y el chivo expiatorio (totalmente merecido) de la incapacidad humana de superar los antagonismos raciales, tribales, nacionalistas, ideológicos y religiosos. Se convirtió en un país con los mismos retos que otros en parecidas circunstancias económicas: cómo proporcionar viviendas a los pobres, cómo combatir los crímenes violentos, cómo luchar contra el sida. Y hubo corrupción, hubo ejemplos desagradables de clientelismo político..."[180].

En la encrucijada entre el idealismo y el realismo políticos se ubican personalidades tan portentosas, pero también tan representativas de la acción política y de gobierno desde 1945, como Giulio Andreotti. El estadista romano, quien comenzó su carrera como servidor público junto a Alcide de Gasperi, dividía a los locos en dos tipos: los que se creían Napoleón, y los que se creían capaces de resolver el déficit de los ferrocarriles estatales. Probablemente por eso le dedicó Paolo Sorrentino *Il divo (Il divo*, 2008) con Toni Servillo como inolvidable protagonista. Sin embargo, las pretensiones de Sorrentino, inspirado en la biografía de Massimo Franco, sucumben en el mismo punto que el biógrafo: Andreotti es parte de la historia integral de la República, del Estado de Derecho, de las libertades, de la memoria sentimental de tres generaciones de italianos. Bueno o malo, siempre ha estado ahí. No ha robado. No ha dejado de mostrar su inteligencia y humor, a extraños, pero también a propios. Y la Italia derrotada y arruinada en 1945 que apenas

[180] CARLIN, J.: *El factor humano. Nelson Mandela, y el partido que salvó a una nación*. Barcelona. 2009, pp. 321-322: "Y la eterna cruz de la humanidad, el retrógrado problema del color de la piel, tampoco desapareció por arte de magua, aunque, al comenzar el siglo XXI, la transformación era tal que no había muchos países cuyos ciudadanos blancos y negros se relacionasen con tanta naturalidad como en Sudáfrica".

unos años después estaba fundando la Alianza Atlántica y las Comunidades Europeas, y años más tarde el G-7 y el G-20, es decir, una de las grandes potencias democráticas del mundo, es hija del hombre que, con absoluta lucidez, en su escalofriante monólogo, clarifica que la "estrategia de la tensión" era y es, más bien, la "estrategia de la supervivencia". Que la vida, la libertad y la democracia son frágiles. Que el voluntarismo o las declaraciones grandilocuentes no la salvarán. Que, a veces, los políticos son santos, como De Gasperi –a quien defendió en una comparecencia en el Senado con una firmeza que la película reproduce con enorme respeto– pero casi siempre son personas como nosotros. Personas llenas de anhelos que Andreotti conoce muy bien, como sus virtudes y sus defectos. Que, a veces, los santos pueden llegar a tolerar que se cometan actos injustos en nombre del bien, como su querido amigo Aldo Moro, una de los afirmaciones más justamente controvertidas entre las que vierte Andreotti en la película. Que la política "no es una cosa sucia", como decía Luigi Sturzo. Pero, nueva frase andreottiana, no menos polémica, que "incluso los árboles necesitan estiercol para mejorar", cuando se le pregunta por la mediocridad y la falta de probidad de algunos de sus colaboradores.

Paolo Sorrentino es el director del cambio de Era en el que estamos inmersos. No es poderoso, como John Ford. No conoce las pasiones humanas desde las formas de creación como Visconti. No acude a la inteligencia del espectador con la complicidad de Antonioni. No disecciona a la sociedad como Godard. Pero sabe describir la confusión en la que, decía Marcel Proust, vivimos. Y no tira de recetario o de fármaco taumatúrgico para medicar esa confusión. *La gran belleza* (*La grande bellezza*, 2013) es la mejor expresión de esa mirada sobre la decadencia de una concepción del proceso de civilización moribunda, basada en la celebración efímera, en la hipocresía compartida y ejerciente, en la falsedad activa, es decir, en todo cuanto conduce a la existencia al agotamiento y a la desesperanza. Jep Gambardella, de nuevo el inmenso Toni Servillo, es parte de una Roma acomodada que disfruta de todo el refinamiento, la monumentalidad y la amoralidad de una clase dirigente inmóvil, como los grandiosos testimonios del pasado que parecen adornar sus vidas. Pero esos testimonios sobreviven al paso del tiempo, mientras las existencias de egoísmo y de narcisismo a la que se entregan Gambardella y sus amigos están condenadas a la consunción estéril.

Y, dos años después, *La juventud* (*La giovinezza*, 2015), Michael Caine y Harvey Keitel como protagonistas, aunque no puede omitirse la participación de Jane Fonda y, claro, no se entendería ni el cartel anunciador de la película, de Madalina Ghenea, completan el argumento, aunque también abren una nueva ventana a la esperanza. Porque el compositor de música y el realizador de cine que se retiran a un hotel de los Alpes suizos para tratar de reencontrarse con su creatividad, y en realidad pretenden reencontrarse consigo mismos, lo consiguen. Porque quien compone o realiza disfruta del verdadero poder, el que atesora quien cuenta con la capacidad de conmover a sus semejantes. Y ese poder sigue siendo, para el director napolitano, el verdadero centro de atracción de la historia, de sus secretos, de su irresistible capacidad para remover las conciencias.

Es posible que, en este instante de la historia, en plena génesis de una nueva Era, el mensaje que sobre derecho y poder pueda deducirse de películas tan críticas con todas las ficciones humanas se convierta, precisamente, en un llamamiento al redescubrimiento de la autenticidad de la vocación por el otro, es decir, de la vocación por compartir y servir. Hace treinta años, Ingmar Bergman finalizaba sus casi memorias, *Linterna mágica*, precipitándose "al abismo de la vida". Ese debe seguir siendo el objetivo de toda existencia digna de semejante denominación. Y para eso, en efecto, es necesario que sigan ardiendo nuestras mejillas:

> "Dispongo de un enorme arsenal de explicaciones para cada sentimiento, para cada movimiento o para cada in-

conveniencia física, y por eso empleo precisamente estas palabras. Se asiente juiciosamente con la cabeza, ¡eso es, claro! Y, sin embargo, yo me precipito de cabeza al abismo de la vida. Pero el abismo es un hecho, además carece de fondo, uno ni siquiera se estrella contra un cañón pedregoso ni contra un espejo de agua. Madre, llamo a mi madre como siempre la he llamado: cuando era de noche y tenía fiebre, cuando volvía de la escuela, cuando corría por el parque del hospital al oscurecer, perseguido por algún fantasma, cuando estiré la mano para alcanzar a mi madre aquella tarde lluviosa en Farö. No sé, no sé nada. ¿Qué es esto que estamos viviendo juntos? Esto no lo aguantamos. Es cierto, tengo la tensión alta, la tengo desde una época de humillación y envilecimiento. Mis mejillas están ardiendo y oigo a alguien que aúlla, probablemente yo mismo"[181].

[181] BERGMAN, I.: *Linterna mágica*. Barcelona. 1995, p. 302.

99 PELÍCULAS CON EL DERECHO Y EL PODER

1. EISENSTEIN, S. M.: *Octubre* (1927) PCUS

Título original: *October.* Año: 1927. Producción: Sergei M. Eisenstein. Dirección: Sergei M. Eisenstein. Guión: Grigori Aleksandrov. Sergei M. Eisenstein. Fotografía: Vladimir Nilsen. Banda sonora: Edmund Meisel. Reparto: Nikolay Popov. Vasili Nikandrov. Layaschenko. Boris Livanov. Chibisov. Mikholyev. Eduard Tisse. Nikolai Padvoisky. Smelsky. Metraje: 102 minutos. Nacionalidad: Unión Soviética.

Sinopsis: Tras el triunfo de la revolución rusa de febrero de 1917, el zar Nicolás II es depuesto, y se forma un gobierno provisional presidido por Kerenski quien, en contra del deseo del pueblo y de las fuerzas revolucionarias, decide proseguir con el esfuerzo de guerra. La llegada a Rusia del líder comunista Lenin, sin embargo, posibilita que se ponga al frente de la fracción mayoritaria de su partido, los llamados "bolcheviques", y comience una campaña de agitación política y social que desemboca en una nueva revolución, la de octubre, que triunfa al conseguir el control de los centros del poder político en Petrogrado y en Moscú, estableciendo un régimen político sin precedentes en la historia.

Comentario: Tras el éxito de *El acorazado Potemkin*, el Partido Comunista encargó a Eisenstein la realización de la película conmemorativa del décimo aniversario de la revolución de 1917. El deber de fidelidad a la interpretación stalinista de la historia impide al director nacido en Riga el extraordinario ejercicio de creatividad realizado apenas tres años antes. Pero brinda dos elementos de inapreciable valor para el análisis de la presencia e incidencia de Estado y poder en el cine: en primer lugar, la fabricación de una memoria en imagénes de un conjunto de acontecimientos que carecían de substrato documental filmado, lo que determina que, cada vez que se cumple el aniversario de la revolución, las imágenes que contemplamos provengan de la película de Eisenstein, convertido el cine en la propia historia; y, en segundo término, y como consecuencia, la deliberada manipulación de los hechos, eliminando la presencia de una figura tan relevante como Trotski. El resultado no tiene la frescura de las películas predecesoras del realizador nacido en Riga, ni la madurez de las últimas. Pero es un testimonio extraordinario de la incardinación del cine en la historia o, más bien, de la historia en el cine.

2. GANCE, A.: *Napoleón* (1927) Societé Genérale des Films/ Les Films Historiques/ Westi

Título original: *Napoleon*. Año: 1927. Producción: Abel Gance. Dirección: Abel Gance. Guión: Abel Gance. Fotografía: Jules Kruger. Jean-Paul Mundwiller. L. H. Burel. Banda sonora: Carmine Coppola (1981). Reparto: Albert Dieudonné. Gina Manès. Antonin Artaud. Edmond Van Daele. Alexandre Koubitsky. Acho Chakatouny. Marguerite Gance. Metraje: 234 minutos. Nacionalidad: Francia.

Sinopsis: Desde su infancia, Napoleón Bonaparte, un niño pálido y de aspecto enfermizo despreciado por sus compañeros franceses por culpa de su origen corso, se distingue por su liderazgo y su capacidad de organización, que convierte un combate infantil con bolas de nieve en una autétnica exhibición de aptitudes para el mando. La Revolución Francesa le ofrece a Napoleón, ya oficial de artillería, la oportunidad para que sus cualidades brillen en una nueva Francia basada en los principios revolucionarios, que colocan la igualdad, el mérito y el talento por encima del nacimiento o del origen. Y, por eso mismo, sabe que, si algún día traiciona a la Revolución, deberá responder por su falta de lealtad. Sus cualidades profesionales como militar se ponen de manifiesto en la pugna por la plaza de Toulon, y después en la defensa de la Convención. También, para que su figura brille en un París que, superado el Terror, se abre a una etapa política cuyo líder militar es el joven general corso, designado por Barrás para ponerse al frente del ejército de Italia, enviándole lejos de París, y a un seguro fracaso. Antes de partir, Bonaparte acude por última vez a la Convención desierta. Allí aparecen los espectros de los líderes revolucionarios, de Danton, Marat y Robespierre, para advertirle de su responsabilidad ante la historia, y de las consecuencias si no la afronta.

Comentario: Una monumental obra de arte que se aproxima a su nonagésimo aniversario rodeada de una aureola mítica que el tiempo no ha cesado de incrementar. El objetivo de Abel Gance era someter la figura de Napoleón a una profunda revisión, transcurrido un siglo desde su fallecimiento. Apenas completó la primera de las tres películas que, a lo largo de más de 700 minutos, debían proceder a una minuciosa descripción de la experiencia histórica, la personalidad, los claroscuros y la grandeza última del personaje que acertó a dar forma estatal, jurídica e institucional al derecho y las soluciones políticas y de gobierno que consolidaron la Revolución y, al mismo tiempo, la traicionaron, de acuerdo con la óptica de Gance, patente ya en el formidable encuentro del joven general con los espectros de los grandes líderes revolucionarios. La interpretación de la historia es discutible, y no digamos la profunda y lúcida indulgencia del realizador con el traidor. Pero, la grandeza y genialidad de la película, imperecederas.

3. RIEFENSTAHL, L.: *El triunfo de la voluntad* (1935) NSDAP

Título original: *Triumph del Willens*. Año: 1935. Producción: Adolf Hitler. Leni Riefenstahl. Dirección: Leni Riefenstahl. Guión: Leni Riefenstahl. Walter Ruttmann. Fotografía: Franz Weihmayr. Sepp Allgeier. Karl Attenberger. Werner Bohne. Walter Frentz. Hans Karl Gottschalk. Franz Koch. Paul Karl Lieberenz. Walter Riml. Károly Vass. Banda sonora: Herbet Windt. Richard Wagner. Reparto: Adolf Hitler. Hermann Göring. Rudolf Hess. Metraje: 112 minutos. Nacionalidad: Alemania.

Sinopsis: En 1934, consolidado el poder totalitario de Adolf Hitler en Alemania, su partido, el NSDAP, celebra su Congreso en Núremberg, histórica ciudad de Franconia. Hacia allí se dirige el avión que porta consigo al *Führer*, cuyas alas, como si de la reencarnación del mismísimo águila imperial alemana se tratara, se proyecta sobre los tejados medievales de la ciudad de los maestros cantores de Wagner. Revestido de perfiles mesiánicos Hitler acude al encuentro de un pueblo alemán alegre, disciplinado, bien vestido y mejor alimentado, en donde los primeros planos recorren todas las edades, con muy especial incidencia en los niños, sonrosados y rubicundos. La multitud inunda las calles en orden, convertida en un ejército en formación de combate a las órdenes de su líder. Y en la noche iluminada por las antorchas que anuncian un nuevo tiempo, antes de que Hitler clausure el Congreso, su lugarteniente, Rudolf Hess, no vacila en resumir su contenido, y el de la película, en un mensaje muy nítido: "Alemania es Hitler, y Hitler es Alemania". Europa y el mundo no tardarán en padecer las consecuencias de tanta moral de esclavo y de tanto fanatismo.

Comentario: La joven Riefenstahl recibió del propio partido nazi, y muy especialmente de Adolf Hitler, el encargo de traducir en imágenes el desarrollo del Congreso a celebrar en Núremberg por el NSDAP en octubre de 1934, el primero tras la muerte del presidente Hindenburg y la definitiva creación del nuevo modelo político e institucional del nacionalsocialismo. Pero la directora no se limitó a filmar un documental, sino que trató de llevar al cine el espíritu del nazismo, y de identificar ese espíritu con Alemania, como en el final de su alocución a los militantes reunidos en la gigantesca explanada de congresos de la ciudad de los maestros cantores proclama Rudolf Hess, lugarteniente de Hitler. La sucesión de hallazgos visuales, desde que la sombra del avión que lleva consigo a Hitler se proyecta sobre los bellos tejados medievales de Núremberg, es portentosa, y Riefenstahl acude a recursos tan eficaces como los niños y los ancianos, alegres y confiados, en planos cortos, y a secuencias de conjunto de los desfiles de los militantes nazis, exaltando el orden y la seguridad. La directora berlinesa afirmó hasta el final de su más que centenaria vida que ella no era nazi, pero que había admirado la simetría y el orden que encontró en el nazismo. Un documental de impecable factura técnica. Y la crónica de una ideología criminal y abominable.

4. RENOIR, J.: *La marsellesa* (1938) Societé d'exploitation et de production

Título original: *La Marseillaise*. Año: 1938. Producción: Jean Renoir. Dirección: Jean Renoir. Guión: Jean Renoir. Carl Koch. Fotografía: Jean-Paul Alphen. Jean Bourgoin. Alain Douarinou. Banda sonora: Joseph Kosma. Reparto: Pierre Renoir. Lisa Delamare. Louis Jouvet. Aime Clariond. Maurice Escande. Léon Larive. Pierre Nay. Jacques Castelai. Metraje: 135 minutos. Nacionalidad: Francia.

Sinopsis: Entre la toma de La Bastilla, el 14 de julio de 1789, y el asalto a Las Tullerías, el 10 de agosto de 1792, se desarrollará en Francia un proceso transformador de la monarquía absolutista de Luis XVI en un régimen político al servicio del pueblo que se ve en riesgo cuando, el verano de 1792, los restantes soberanos europeos deciden invadir el país para poner fin a la experiencia revolucionaria. Los marselleses, tanto albañiles como Bomier como funcionarios como Arnaud, deciden entonces marchar sobre París para salvar la Revolución y la República. Han aprendido *La Canción del Ejército del Rin* de Roger Laconte de L'Isle, y cuando los parisinos comienzan a escuchar sus vibrantes estrofas al llegar a la capital de Francia entre el entusiasmo delirante del pueblo, no vacilan en denominar a su canto guerrero como *La Marsellesa*. El procurador Roederer pretende que los reyes se refugien en la Asamblea Nacional, pero la reina austriaca María Antonieta prefiere atrincherarse en Las Tullerías. Bomier muere cuando el pueblo lo arranca de las manos de la guardía suiza. Y, capturada la familia real, continúa su camino hacia la frontera. Por primera vez en la historia, va a defender a la Nación de ciudadanos.

Comentario: Mientras películas como *La pimpinela escarlata* (1934) o *Historia de dos ciudades* (1935) acudían a la baronesa de Orczy o Charles Dickens para evocar el peligro que un poder tiránico procedente del continente representaba para Gran Bretaña y para la civilización, Jean Renoir decidió rodar una película que no dejara dudas acerca de la significación y objetivos de la Revolución Francesa. Y, al mismo tiempo, brindar al espectador francés, después del triunfo electoral del Frente Popular en 1936, una interpretación de la historia de Francia que convertía a Leon Blum y sus seguidores en dignos sucesores de los republicanos marselleses de 1792. El resultado es una perspectiva del proceso revolucionario que le adjudica todo el protagonismo al pueblo, y reivindica su responsabilidad en el liderazgo del proceso político que conduce a la cosntrucción del Estado de Derecho como síntesis de derechos y libertades fundamentales. Una hermosa y militante película. Un gran Renoir.

5. EISENSTEIN, S. M.: *Alexander Nevski* (1938) Mosfilm

Título original: *Alexandr Nevski.* Año: 1938. Producción: Sergei M. Eisensteon. Dirección: Sergei M. Eisenstein. Guión: Sergei M. Eisenstein. Pyotr Pavlenko. Fotografía: Andréis Moskvin. Eduard Tissé. Banda sonora: Sergei Prokófiev. Reparto: Nikolái Cherkásov. Nikolai Okhlopkov. Andrei Abrikosov. Metraje: 110 minutos. Nacionalidad: Unión Soviética.

Sinopsis: En los años centrales del siglo XIII, los caballeros teutónicos invaden y asolan los territorios orientales de Europa, sometiendo a despiadada esclavitud a sus habitantes, incorporando nuevos espacios al Sacro Imperio Romano Germánico. Sólo el joven príncipe de Novgorod, Alexander Nevski, se enfrenta a los propios comerciantes de la ciudad, partidarios de la rendición ante el invasor, para en unión del patriótico pueblo, oponerse a la poderosa caballería agresora, derrotarla, y preservar la independencia y la identidad política y religiosa de una nación que emerge ante la historia, y que muy pronto será conocida como Rusia.

Comentario: En pleno enfrentamiento entre la Unión Soviética y Alemania, y entre Stalin y Hitler, Eisenstein decidió emprender la dirección de una película que acudía a la Edad Media a la búsqueda del primero de los héroes fundacionales de la Rusia que nació y se consolidó en permanente enfrentamiento con el Imperio Alemán, estableciendo un conjunto de analogías históricas cuya interpretación resultaba inequívoca para el espectador de los años 30'. Sin embargo, el pacto germano-soviético de agosto de 1939, que transformó a los enemigos totalitarios en amigos y aliados en el reparto de Polonia y de los países bálticos, convirtió en poco aconsejable el estreno de la película. Y, por la misma razón, tras la invasión nazi de 1941, la obra de Eisenstein fue inmediatamente estrenada, y con enorme éxito, en toda la URSS. Fue entonces cuando la pujanza de las imágenes, la maldad invasora, la música de

Prokofiev y el lirismo de la fotografía de Tissé se manifestaron, de la mano de la siempre eficaz interpretación de Cherkássov. El cine, el poder y la historia se conjugan, en pleno drama de la humanidad, para deparar un título imprescindible.

6. CAPRA, F.: *Caballero sin Espada* (1939) Columbia Pictures

Título original: *Mr. Smith goes to Washington.* Año: 1939. Producción: Frank Capra. Dirección: Frank Capra. Guión: Sidney Buchman. Lewis R. Foster. Fotografía: Joseph Walker. Banda sonora: Dimitri Tiomkin. Reparto: James Stewart. Jean Arthur. Claude Rains. Edward Arnold. Charles Lane. Guy Kibbee. Metraje: 130 minutos. Nacionalidad: Estados Unidos.

Sinopsis: Un joven activista juvenil estadounidense, Jefferson Smith, se convierte en senador por designación de su Estado en los años 30'. En Washington, el joven senador es reiteradamente ridiculizado por sus colegas, los mismos que tratan de instrumentar su candor en su exclusivo beneficio. Pero, cuando Jefferson presenta una propuesta para desplegar una red de albergues para los jóvenes, y se enfrenta a la oposición de un grupo de interés que está en posesión de los terrenos, y pretende especular con ellos para construir una presa, decide acudir a una práctica política que le convierte en el centro de la política nacional: el obstruccionismo parlamentario. Acogiéndose al reglamento de la Cámara, tras entrar en posesión del uso de la palabra, no la cede, procediendo a la lectura de la Constitución. Y sus conciudadanos, desde los periodistas parlamentarios hasta los jóvenes a quienes representa, no permanecerán inactivos ante su ejemplo.

Comentario: La más explícita interpretación cinematográfica del *New Deal*, realizada por un emigrante, incondicional de Roosevelt y de sus políticas, protagonizada por el hombre del pueblo por excelencia, Mr. Smith, a quien interpreta James

Stewart, el *all-american man* del cine del siglo XX, y centrada en la defensa del proyecto político, institucional y de convivencia que los fundadores de la Unión plasmaron en la Constitución federal de 1787, una Constitución que, no casualmente, fue redactada, entre otros, por el propio Thomas Jefferson, cuyo nombre porta consio el protagonista de la película. Un clásico de la acción política, allí donde la inocencia y la bondad confluyen con el sentido del bien común, la honestidad y la coherencia. Maravilloso guión, maravillosa dirección, maravilloso reparto, y maravillosa vigencia.

7. FORD, J.: *Las uvas de la ira* (1940) TCF

Título original: *The Grapes of Wrath*. Año: 1940. Producción: Daryl F. Zanuck. Dirección: John Ford. Guión: Nunnally Johnson (John Steinbeck). Fotografía: Gregg Toland. Banda sonora: Alfred Newman. Reparto: Henry Fonda. John Carradine. Jane Darwell. Charley Grapewin. Dorris Bowdon. Russell Simpson. John Qualen. Metraje: 130 minutos. Nacionalidad: Estados Unidos.

Sinopsis: En la América prfunda, en plena Gran Drepresión, el joven Tom Moad abandona una cárcel a la que llegó por robar comida. Su familia decide, entonces, encaminarse hacia California. Por el camino fallece el abuelo de la familia, que es enterrado al borde del camino. Y, en el soñado destino, la familia Moad se encuentra con el hacinamiento, la explotación, y el mismo horizonte de desesperanza. Finalmente, Tom Moad decide emprender su propio camino, lejos de la miseria y de la tristeza. También lejos de su familia. Pero su madre le anima a seguir ese camino. Ella estará a su lado. Ella mantiene que "estaré en todas partes". Porque ella y él son el pueblo, "y el pueblo está en todas partes".

Comentario: La novela de John Steinbeck fue llevada al cine por John Ford con el guión adaptado de su fiel Nunnally

Johnson, la música de Alfred Newman, Henry Fonda como protagonista, y un extraordinario reparto en el que sobresalen figuras como John Carradine o Jane Darwell. No hay que ser un mitómano para llegar a la conclusión de que no resultará nada fácil poder describir una película de esta forma. Y, sin embargo, no es decir mucho. *Las uvas de la ira* es la injusticia, el sufrimiento, la desesperanza, el penoso viaje hacia el Oeste, la muerte, física, pero también civil. Ford, que se había ya aproximado a los contingentes más orillados por la crisis en *La ruta del tabaco (Tobacco road,* 1939), con una jovencísima Gene Tierney, completaría esta suerte de trilogía social al año siguiente en *¡Qué verde era mi valle! (How green was my valley!,* 1941) El resultado es una magnífica expresión del compromiso perenne de Ford con los deheredados, los excluidos, los olvidados, y los marginados, pero también con la esperanza abierta por la presidencia Roosevelt. Un nuevo lenguaje para un nuevo tiempo.

8. REED, C.: *El joven Pitt* (1942) TCF

Título original: *The Young Mr. Pitt* Año: 1942. Producción: Edward Black. Dirección: Carol Reed. Guión: Sidney Gilliat. Frank Launder. Fotografía: Charles Williams. Banda sonora: Freddie Young. Reparto: Robert Donat. Phyllis Calvert. Robert Morley. John Mills. Jean Cadell. Geoffrey Atkins. Felix Aylmer. Metraje: 116 minutos. Nacionalidad: Gran Bretaña.

Sinopsis: En 1770, el líder conservador británico William Pitt se dirige a la Cámara de los Lores advirtiendo cuán nefasta resultaría una separación de las colonias de Norteamérica del Reino Unido. Su hijo, también llamado William, le escucha atentamente. Después, tras cenar, el padre le recuerda a su hijo que se avecinan días terribles en los que Gran Bretaña únicamente podrá prevalecer si cuenta con un hombre preparado. Los vaticinios del antiguo primer ministro se cumplen cuando, en 1776, las trece colonias británicas en Norteamérica adoptan conjuntamente una Declaración de Independencia. Le corresponde a William Pitt, ya entonces conocido como "el Joven", parlamentario *tory* desde los 19 años, y primer ministro con 25, liderar a Gran Bretaña tras perder la guerra y firmar la Paz de París en 1783. Pero un nuevo peligro, más grave, porque amenaza a la propia supervivencia del Reino Unido y de su imperio, se suscita cuando, como consecuencia del estallido de una Revolución en Francia, un ambicioso general, Bonaparte, se conviere en un autócrata que aspira a la hegemonía universal, lo que exige la derrota de Gran Bretaña. Pitt es firme en su negativa a cualquier forma de negociación o entendimiento con Bonaparte, y en su determinación de utilizar todas sus energías para derrotarle. Pero Pitt no sólo debe enfrentarse con Bonaparte. En el Reino Unido político su adversario, Fox, *whig*, que ambiciona sustituirle como primer ministro, aboga por la paz con Francia. La historia dictará su veredicto para determinar quién tenía razón.

Comentario: Una producción de guerra cuya clave de interpretación no puede resultar más nítida, con un brioso primer ministro *tory* que, en el final del siglo XVIII, decide enfrentarse con la tiranía procedente del continente, denunciando que cualquier pretensión de entendimiento o apaciguamiento únicamente conducirá hacia la derrota. Los paralelismos entre la Gran Bretaña en combate con el bonapartismo y la Gran Bretaña en combate con el nazismo, en plena fase álgida de la guerra, cuando su resultado era todavía muy incierto, no condenan a la película a una suerte de propaganda extemporánea, sino que constituyen el marco de una muy interesante producción, que cuenta con la excelente dirección de un joven Carol Reed, y la contribución de un Ronald Colman que seguramente está en el comienzo de su ocaso, pero que brinda una interpretación soberbia. Inolvidable conversación entre Talleyrand (Albert Lieven) y William Pitt, y entre Talleyrand y Napoleón (Herbert Lom). La película constituye todo un tratado de racionalidad política en tiempos de guerra. Una herramienta propagandística. Y un extraordinario testimonio de sabiduría, de racionalidad, de equilibrio, y de convicción democrática y parlamentaria.

9. ROSSELLINI, R.: *Roma, ciudad abierta* (1945) Excelsa Films

Título original: *Roma, città aperta*. Año: 1945. Producción. Giuseppe Amato. Ferruccio De Martino. Roberto Rossellini. Dirección: Roberto Rossellini. Guión: Federico Fellini. Sergio Amidei. Roberto Rossellini. Fotografía: Ubaldo Arata. Banda sonora: Renzo Rossellini. Reparto: Aldo Frabrizi. Anna Magnani. Marcello Pagliero. Maria Michi. Harry Feist. Giovanna Galletti. Vito Annichiarico. Metraje: 100 minutos. Nacionalidad: Italia.

Sinopsis: En 1944, en la Roma ocupada por los alemanes tras la deposición de Mussolini, y la salida de Italia del Eje, la resistencia al nazismo se articula en torno a los partisanos y sacerdotes como Don Pietro. Giorgio Manfredi, un ingeniero comunista que lidera el Comité de Liberación Nacional en Roma, es acogido por el sacerdote Don Pietro. Manfredi es detenido por la Gestapo, torturado y asesinado, al igual que su antigua novia, Pina, que ccolabora con los partisanos y con el propio Don Pietro. Las nazis acaban perpetrando una masacre en las Fosas Ardeatinas en represalia por una acción der los partisanos. Y Don Pietro compartirá la misma suerte que sus compatriotas y feligreses, delante de los niños de su parroquia, entre otros el hijo huérfano de Pina.

Comentario: Cuando don Pietro dice que "morir bien es fácil, lo que no es fácil es vivir bien", aporta una insuperable definición de la civilización democrática como aspiración al "bien vivir", es decir, como un ideal de vida presidido por el afán de bien hacer, bien pensar, y bien obrar. Roberto Rossellini no se limitó a la reconstrucción de los hechos que tuvieron lugar en la Roma previa a su liberación en 1944. El gran realizador italiano examinó, en una película rodada en pleno final de la contienda, los principios y actitudes que permiten a una sociedad preservar su dignidad frente a la barbarie, y convertir la impotencia y la rabia en acción política constructiva y constitucional. Un maraviloso guión y un inolvidable reparto, y en concreto figuras como Anna Magnani, Aldo Fabrizi, María Michi y Marcello Pagliero, lo hicieron posible.

10. CAPRA, F.: *¡Qué bello es vivir!* (1946) Liberty Films

Título original: *It's a Wonderful Life*. Año: 1946. Producción: Frank Capra. Dirección: Frank Capra. Guión: Frances Goodrich. Albert Hackett. Jo Swerling. Frank Capra. Fotografía: Joseph Walker. Banda sonora: Dimitri Tiomkin. Reparto: James Stewart. Donna Reed. Lyonel Barrymore. Gloria Grahame. Thomas Mitchell. Ward Bond. Henry Travers. Beulah Bondi. Metraje: 130 minutos. Nacionalidad: Estados Unidos.

Sinopsis: George Bailey es un joven soñador que vive en una pequeña población estadounidene llamada Bedford Falls. Su ilusión infantil era viajar por el mundo, pero se quedó en su pueblo a cargo de una pequeña caja de ahoros cooperativa, con su amor de juventud, pensando en el viaje de novios que no pudo realizar porque utilizó el dinero para hacer frente al pánico de los impositores, sus hijos, una casa que necesita una buena reforma, y el acoso de un gran banco que, cuando uno de los empleados de la caja, su tío, extravía una importante suma, provoca que George se suma en la desesperación, y decida quitarse la vida. Pero aparece entonces Clarence, un ángel que todavía no se ha ganado sus alas, para obtenerlas mostrándole cómo hubiera sido el mundo sin él. George descubre que su existencia cambió el mundo, que cada vida humana es irrepetible. Y que, como dice su hermano al final, "es el hombre más rico del pueblo".

Comentario: Finalizada la segunda guerra mundial, Frank Capra propone un nuevo horizonte a la sociedad estadounidense, llevando a sus últimas consecuencias los principios del *New Deal*, pero aplicando una nítida cosmovisión socialcristiana, muy explícita en su pensamiento, tal y como se refleja en sus memorias y en su cine. *¡Qué bello es vivir!* se convierte en el más fiel exponente de este Capra fraterno y solidario, que cree en la comunidad, en la economía social de mercado y, sobre todo, en la bondad y en la inocencia. Cuando el reparto lo encabeza James Stewart, extraordinariamente secundado por Lyonel Barrymore o Thomas Mitchell, y las inolvidables Donna Reed y Gloria Grahame, una película se convierte, siete décadas después, en un clásico. "Búfalo no puede dormir, no puede dormir, no puede dormir...". Y George Bailey en uno de esos hombres que no pueden morir.

11. SICA, V. de: *El limpiabotas* (1946) Alfa Cinematografica

Título original: *Sciuscià*. Año: 1947. Producción: Giuseppe Amato. Paolo William Tamburella. Dirección: Vittorio de Sica. Guión: Sergio Amidei. Adolfo Franci. Cesare Giulio Viola. Cesare Zavattini. Fotografía: Anchise Brizzi. Banda sonora: Alessandro Cicognini. Reparto: Franco Interlenghi. Rinaldo Smordoni. Annielo Mele. Emilio Cigoli. Bruno Ortenzi. Metraje: 90 minutos. Nacionalidad: Italia.

Sinopsis: Finalizada la contienda mundial, un adolescente y un niño llamados Giuseppe y Pasquale, cuya mayor pasión es acudir a hipódromos y picaderos, y su ideal de vida y de bienestar contar con su propio caballo, sobreviven mediante pequeños negocios ilegales y del oficio de limpiabotas en Roma. Attilio, el hermano mayor de Giuseppe, les ofrece trabajar para un mafioso llamado Panza. Ambos obtienen dinero suficiente para comprar el caballo, pero son injustamente acusados por la policía de haberse quedado con una gran suma, siendo enviados a un terrible reformatorio, más bien una cárcel. Y la reclusión se convierte en un infierno en donde toda su inocencia y su bondad inofensivas van mutando hasta convertirlos en personas sin esperanza, sin amistad, y sin horizonte de vida.

Comentario: Mientras Italia debatía un texto constitucional que desde su primer epígrafe, el redactado por Giorgio La Pira, que define a Italia como "una República democrática fundamentada en el trabajo", asocia para siempre el Estado de Derecho al trabajo como primera obligación de los poderes públicos, herramienta esencial para la integración de cada ser humano concreto en la vida social, e instrumento insuperable e imprescindible para la plenitud de la existencia humana en libertad y en dignidad, Vittorio de Sica se encontraba rodando la que, por muchos conceptos, es su obra más demoledora, más implacable, y más escalofriante. No es tan completa como *Ladrón de bicicletas* (*Ladri di biciclette,* 1948), ni tan genial y original como *Milagro en Milán* (*Miracolo à Milano,* 1951), ni tan conmovedora como *Umberto D* (*Umberto D,* 1954). Pero ninguna película del maravilloso realizador nacido en la fértil y siempre luminosa Campania como *El limpiabotas* golpea tan profundamente las conciencias, ninguna recuerda al espectador con tanta rotundidad la prioridad eminente de la infancia para cualquier sociedad que se repute como civilizada. Y ninguna película explicita de manera más contundente la profundidad y radicalidad del compromiso cívico y de las convicciones cristianas de un director que se aproximó a la entraña profunda del ideal humanista de civilización.

12. ORDUÑA, J. de: *Locura de amor* (1948) CIFESA

Título original: *Locura de Amor.* Año: 1948. Producción: Carlos Blanco. José María Pemán. Dirección: Juan de Orduña. Guión: Carlos Blanco. Alfredo Echegaray. José María Pemán (Manuel Tamayo y Baus). Fotografía: José F. Aguayo. Banda sonora: Juan Quintero. Reparto: Aurora Bautista. Fernando

Rey. Sara Montiel. Jorge Mistral. Manuel Luna. Juan Espantaleón. Jesús Tordesillas. Metraje: 110 minutos. Nacionalidad: España.

Sinopsis: Juana, infanta de Castilla, es prometida por sus padres, Isabel y Fernando, los Reyes Católicos, a Felipe, hijo del emperador de Alemania y heredero de las Casas de Austria y de Borgoña. El matrimonio, paralelo al de su hermano Juan, heredero de las Coronas de Aragón y Castilla, con la archiduquesa Margarita, también hija del emperador, establece una poderosísima alianza entre ambas potencias, cuya conjugación habrá de regir los destinos de Europa. La infanta castellana se enamora profundamente de su esposo. Pero el sucesivo fallecimiento, en apenas tres años, de su hermano Juan, del hijo que esperaba su viuda, de la nueva heredera de Castilla, Isabel, reina de Portugal, y del hijo en cuyo parto murió, Miguel, heredero de Portugal, Castilla y Aragón, convierten a Juana en heredera de los Reyes Católicos. Cuando en 1502 ella y su esposo acuden a Castilla para ser jurados como herederos de la Corona, se ponen ya de manifiesto dos hechos: que el archiduque es un mujeriego, y que no aspira a ser el rey consorte, sino al ejercicio de la plenitud del poder real, y de acuerdo con sus propias prioridades políticas, no precisamente coincidentes con las de Fernando de Aragón, su suegro. Cuando la reina Isabel fallece a finales de 1504, Juana se convierte en reina.

Comentario: La cinematografía de la España de la primera década de la dictadura del general Franco acudió a episodios diversos de la historia de España, desde el primer tercio del siglo XX en *Raza* (1942), direccción de José Luis Sáenz de Heredia y eficaz guión del propio dictador bajo el pseudónimo de Jaime de Andrade, hasta el Descubrimiento de América en *Alba de América* (1949), de Juan de Orduña, y lo hizo con el propósito de presentar a una nación en plena postguerra sufriente los episodios más esplendorosos de España. Pero *Locura de amor* es, en este muy específico contexto histórico, una película singular. La peripecia de los últimos Trastámara, que tras dar forma al primer Estado moderno se extinguieron dinásticamente, se relata en clave romántica, pero también política e institucional, como describe muy bien la sucesiva proclamación de los títulos de poder del rey Felipe y de la reina Juana. Cuando el heraldo dice "plaza a la reina", mientras enumera el diplomatorio histórico de la Monarquía de España, está también exhibiendo una histórica identidad. Y, además, Aurora Bautista, Fernando Rey, y una jovencísima Sara Montiel. Una gran película.

13. SIDNEY, G.: *Los tres mosqueteros* (1948) MGM

Título original: *The three musketeers*. Año: 1948. Producción: Pandro S. Berman. Dirección: George Sidney. Guión: Robert Aldrey (Alejandro Dumas). Fotografía: Robert H. Planck. Banda sonora: Herbert Stothart. Reparto: Gene Kelly. Vincent Price. Lana Turner. June Allyson. Van Heflin. Angela Lansbury. Metraje: 125 minutos. Nacionalidad: Estados Unidos.

Sinopsis: El joven gascón D'Artagnan es enviado por su padre a París para que se presente ante su antiguo camarada de armas, el señor de Treville, capitán de los mosqueteros del rey, con la esperanza de poder servir en el futuro bajo su mando. En el trayecto es afrentado y queda malherido después de una disputa con un espadachín que parece seguir las instrucciones de una misteriosa mujer. Ya en París divisa a su agresor, y deseoso de venganza, encadena tres incidentes con los mosqueteros Athos, Porthos y Aramis, quienes le citan en los jardines del Luxemburgo para tres duelos que, cuando están comenzando, se ven sorprendidos por la guardia del cardenal Richelieu, primer ministro de Luis XIII. Sin embargo, las fuerzas conjuntas de los cuatro prevalecen, y se convierten en los mejores agentes de la reina cuando deben proceder a la recuperación de unos herretes de diamantes que Ana de Austria le regaló al duque de Buckingham, y cuya ausencia el cardenal pretende utilizar para arruinar la relación entre los reyes de Francia. Richelieu quiere convertirse en el único interprete del interés del Estado. Pero los mosqueteros son también profesionales del servicio público. Y harán justicia en su calidad.

Comentario: La obra cumbre de Alejandro Dumas (padre) ofrece espacio a un maestro del género del cine de aventuras, George Sidney, para realizar una película que supera ampliamente el género, internándose en un melodrama que alcanza momentos conmovedores. Novela y película, además, comparten una magnífica reflexión sobre la génesis del proyecto de Monarquía absoluta en Francia, y la consiguiente implacable aplicación de la razón de Estado. Sin embargo, la interpretación de Dumas, que Sidney asume y explica fielmente, es que el principal responsable del proceso, el cardenal Richelieu, trabaja exclusivamente al servicio de sus propios intereses, reservando a los mosqueteros la conciencia plena de servidores públicos, y de exclusivo sometimiento al bien común. Un reparto extraordinario, en el que sobresalen como estrellas absolutas Gene Kelly y Lana Turner como D'Artagnan y milady de Winter, pero en el que irrumpen magistralmente Vincent Price como Richelieu y Van Hefflin como Athos, completa una obra clásica del mejor cine. Un cine que ha llenado las aulas universitarias de vocaciones por las ciencias sociales, y en especial por la historia.

14. REED, C.: *El tercer hombre* (1949) London Films

Título original: *The Third Man*. Año: 1949. Producción: Alexander Korda. David O. Selznick. Dirección: Carol Reed. Guión: Graham Greene (Graham Greene). Fotografía: Robert Krasker. Banda sonora: Anton Karas. Reparto: Orson Welles. Alida Valli. Joseph Cotten. Trevor Howard. Paul Hörbiger. Bernard Lee. Ernst Deutsch. Metraje: 105 minutos. Nacionalidad: Gran Bretaña.

Sinopsis: La contienda mundial ha terminado, y Viena se encuentra ocupada y dividida entre las potencias vencedoras, lo que genera un contrabando de artículos de primera necesidad muy rentable para algunas personas sin escrúpulos. Un escritor estadounidense de narraciones baratas se desplaza a la capital de Austria en busca de su amigo Herry Lime, recibiendo la noticia de que ha fallecido. Sin embargo, confundido con un novelista de éxito por una asociación de lectores, y fascinado por una misteriosa mujer que sabe mucho más de lo que relata, y por la atmósfera singular de una impresionante ciudad que intentar sobrevivir a la derrota, a la carestía y a la depauperación moral con dignidad, opta por permanecer. Paulatinamente, la ciudad va revelando sus secretos. Harry Lime es parte del más siniestro de ellos.

Comentario: La célebre novela de Henry Graham Greene fue llevada al cine por Carol Reed, siempre eficaz y sólido en la dirección, y siempre muy próximo a la reflexión sobre la condición humana y el poder. Y un impresionante reparto en donde Alida Valli ponía el rostro doliente de una Europa todavía aturdida por el dolor, Trevor Howard al ocupante, Joseph Cotten al eterno observador, y Orson Welles al inmortal Harry Lime, uno de esos seres humanos que interpretan siempre las calamidades en su exclusivo beneficio con perfecto cinismo, aportaron el resto. Mejor dicho, restan dos personajes esenciales: la cítara de Leo Carax y su melodía inolvidable y, claro, siempre, una Viena derrotada y majestuosa, espectral e incomparable. Un gato. El *Alt Wien*. Los pasadizos del último asedio otomano. Y la humanidad vista desde una cabina de la noria del Prater.

15. SIDNEY. G.: *Scaramouche* (1952) MGM

Título original: *Scaramouche*. Año: 1952. Producción: Carey Wilson. Dirección: George Sidney. Guión: Georg Froeschen. Ronald Millar (Rafael Sabatini). Fotografía: Charles Rosher.

Banda sonora: Victor Young. Reparto: Stewart Granger. Eleanor Parker. Mel Ferrer. Janet Leigh. Lewis Stone. Nina Foch. Henry Wilcoxon. Metraje: 120 minutos. Nacionalidad: Estados Unidos.

Sinopsis: André-Louis Moreau, joven bretón, se convierte en el vengador de su joven amigo Philippe de Vilmorin, un ilustrado idealista cuyos panfletos inflamados por el ardor revolucionario se resuelven en un duelo desigual con el Señor de la Tour d'Azyr. Moreau, quien recoge la bandera de Philippe, debe aprender esgrima y, al tiempo, escapar a la persecución de los agentes reales, ocultándose bajo la identidad de un cómico, Scaramouche, en una compañía de gran éxito en toda Francia. Y, cuando se siente preparado para cobrar venganza, es elegido como representante de los Estados Generales que, a comienzos de junio de 1789, se reúnen en Versalles. Allí va provocando a los aristócratas con el objetivo de batirse en duelo con el despiadado espadachín. Mientras, el proceso revolucionario avanza, y Moreau se convierte en uno de sus héroes, de manera que su venganza se solapa con la transformación del cómico en un líder para una nueva Era de la historia.

Comentario: La génesis del proceso revolucionario francés, y el desarrollo de los Estados Generales, constituye el centro de la novela de Rafael Sabatini y de la película de George Sidney, probablemente el paradigma del cine de capa y espada en la gran década del cine de aventuras, contando además con un reparto extraordinario, y un guión lleno de acción, de reflexión política e histórica, de humor, y de representaciones que conducen hacia un final vodevilesco, puro cine. Stewart Granger se aproxima a la cumbre de su sabiduría como actor, deliciosamente secundado por dos enormes actrices como Eleanor Parker y una jovencísima Janeth Leigh. Mel Ferrer hace lo que puede. Y la acción se desarrolla vertiginosa, ágil, divertida y fresca. Un título clásico.

16. THORPE, R.: *El prisionero de Zenda* (1952) MGM

Título original: *The Prisoner of Zenda.* Año: 1952. Producción: Pandro S. Berman. Dirección: Richard Thorpe. Guión: John L. Balderston. Noel Langley (Anthony Hope). Fotografía: Joseph Ruttenberg. Banda sonora: Alfred Newman. Reparto: Stewart Granger. Deborah Kerr. James Mason. Louis Calhern. Lewis Stone. Robert Douglas. Metraje: 95 minutos. Nacionalidad: Estados Unidos.

Sinopsis: A finales del siglo XIX, el joven aristócrata inglés Rodolfo Rassendyll detecta, desde su llegada a Ruritania, el estupor de sus habitantes. Cuando conoce al rey Rodolfo, en vísperas de su coronación, cerca del pabellón de caza de Zenda, descubre la razón: son prácticamente idénticos, como consecuencia de un lejano parentesco. Por eso, cuando el rey sucumbe a la desmesurada ingestión de alcohol tras la consiguiente cena de celebración, atendiendo a los ruegos de los fieles Sapt y von Tarlenheim, Rassendyll acepta ser coronado para evitar que el rey sea destronado por su hermano, el duque Miguel. Tras conocer a la princesa Flavia y regresar a Zenda, descubren que el rey ha sido secuestrado por los agentes de Miguel. Sin embargo, ambas partes no pueden desvelar lo sucedido, pues revelarían tanto el ardid como el delito. La única solución es liberar al rey Rodolfo de su cautiverio en el castillo de Zenda. Y los agentes de Miguel, con el astuto y diestro Ruperto de Hentzau a la cabeza, no lo van a facilitar.

Comentario: La atmósfera de las Cortes centroeuropeas fue evocada por Anthony Hope en dos novelas, *El prisionero de Zenda* y su mucho menos exitosa continuación, *Ruperto de Hentzau.* La primera fue llevada ya al cine en 1927, con Lewis Milestone como protagonista (el cardenal de Strelsau en la versión de Thorpe, por cierto), y en 1937 John Cromwel dirigió una segunda y célebre versión, con Ronald Colman como Rassendyll-Rodolfo, Madeleine Carroll como la princesa Flavia, y Douglas Fairbanks Jr. como Hentzau. Esta versión es, probablemente, la más completa, gracias a la presencia de James Mason interpretando al cínico espadachín ruritano. Novela y película albergan constantes reflexiones acerca de las obligaciones de los servidores públicos, el sentido del deber, y la lealtad con el Estado y la continuidad de sus instituciones, ya las realice el magnánimo y leal coronel Sapt, ya los taimados y ambiciosos duque Miguel y Ruperto de Hentzau, ya los autores del sacrificio final, Rassendyll y la princesa Flavia. El interés de una acción por momentos trepidante, y la inteligencia de los textos, tanto el original como el guión, evitan pesadez y grandilocuencia, y deparan una obra imprescindible del cine de aventuras. Y, sin duda, al malo más simpático de la historia: el cínico Hentzau, o "estoy sólo o desarmado", "vuestra alteza me muestra el sentido del deber", y "el gran actor en la intimidad". Imprescindible.

17. GARCÍA BERLANGA, L.: *Bienvenido Mr. Marshall* (1953) UNINCI

Título original: *Bienvenido, Mr. Marshall.* Año: 1953. Producción: Vicente Sempere. Dirección: Luis García Berlanga. Guión: Juan Antonio Bardem. Luis García Berlanga. Miguel Mihura. Fotografía: Manuel Berenguer. Banda sonora: Jesús García Leoz. Reparto: Pepe Isbert. Manolo Morán. Lolita Sevilla. Elvira Quintillá. Alberto Romea. Rafael Alonso. Manuel Alexandre. Metraje: 77 minutos. Nacionalidad: España.

Sinopsis: Villar del Río, pueblo de la Meseta española, recibe la noticia de que los delegados del Plan Marshall, con el que los Estados Unidos ayudan a la reconstrucción de los países europeos, se encuentran a punto de visitarlo. Siguiendo los consejos de Manolo, representante de la gran artista de la canción española Carmen Vargas, quienes se encuentran en el pueblo, don Pablo, su alcalde, lidera la transformación del apacible lugar castellano en un genuino exponente del tipismo andaluz, al que los propios vecinos del pueblo se suman, transformando su indumentaria y adoptando la cordobesa. Tras un magnífico ensayo general con todo, los vecinos descansan aguardando la llegada de la comitiva al día siguiente como si de la Noche de Reyes se tratara. Y los Reyes, en efecto, pasan por el pueblo.

Comentario: El paupérrimo mapa político e institucional de los municipios de la España dictatorial y autárquica, con el sempiterno reloj parado del Ayuntamiento, la ausencia de recursos propios, y la nula voluntad de representación política, si bien don Pablo es consciente de que "como alcalde vuestro que soy, os debo una explicación, y esa explicación que os debo, os la voy a dar", y la muy hispánica tendencia a imaginar que los problemas se resolverán gracias a la mágica aparición de potencias ignotas, delimitan la película, por excelencia, en la historia del cine español. Un guión soberbio de tres enormes talentos, como Bardem, García Berlanga y Mihura, le brinda a un extraordinario elenco de actores que encabezan los inmensos Pepe Isbert y Manolo Morán la oportunidad de protagonizar una obra difícilmente superable en su capacidad para expresar las mejores virtudes y los peores defectos de España. Más el pasodoble "Americanos". Toda cinematografia, por no decir todo país, tiene su película. Y *Bienvenido Mr. Marshall* es la película del cine español, y de España.

18. MANKIEWICZ, J. L.: *Julio César* (1953) MGM

Título original: *Julius Caesar.* Año: 1953. Producción: John Houseman. Dirección: Joseph Leo Mankiewicz. Guión: Joseph Leo Mankiewicz (William Shakespeare). Fotografía: Joseph Ruttenberg. Banda sonora. Miklós Rózsa. Reparto: Marlon Brando. Louis Calhern. Deborah Kerr. James Mason. John Gielgud. Greer Garson. Edmond O'Brien. Metraje: 120 minutos. Nacionalidad: Estados Unidos.

Sinopsis: Tras la derrota y muerte de Pompeyo, Julio César se encuentra en la cúspide de su poder. La posibilidad de que se proclame rey, siguiendo el modelo de las monarquías helenísticas, y su matrimonio egipcio con la reina Cleopatra, suscita la inquietud de algunos senadores y prohombres romanos, incluido Bruto, su propio hijo adoptivo. La inquietud se convierte en un complot para asesinarle, mientras César desoye los temores de su esposa Calpurnia, y la preocupación de su fiel general Marco Antonio. A pesar de los más negros presagios, César acude al Senado en los idus de marzo. Y, cuando se encuentra sólo, los conjurados le asesinan. Bruto, además, se dirige a la plebe para explicar la necesidad del magnicidio. Pero Marco Antonio utiliza el mismo recurso para denunciar la ingratitud de los protagonistas de la conjura, proclamar la grandeza de César y de su obra, y aniquilar a los asesinos en nombre del mismo proyecto político de concentración de poder de su maestro.

Comentario: La plenitud creativa de Mankiewicz brindó también una extraordinaria adaptación del drama de Shakespeare, convertida en un título imprescindible del cine de contenido político. La amplitud de la reflexión sobre el derecho, el Estado y el poder del dramaturgo de Stratford aquiere todas las resonancias contemporáneas: tensión política, estrategias de liderazgo, voluntad de transformación del sistema, sentido institucional o su ausencia, conciencia histórica de cambio... Un impresionante reparto, en el que la mera enumeración de nombres como Brando, Calhern, Mason, Keer, Gielgud y Garson ofrece adecuado testimonio de la grandeza de una empresa artística en donde el discurso de Marco Antonio-Brando, y su "ciudadanos, romanos, compatriotas" queda para siempre impreso en la historia del discurso político, y tanto de la persuasión como de la manipulación. Más la importancia de hablar el último.

19. HAWKS, H.: *Tierra de faraones* (1955) Warner Bros

Título original: *Land of the Pharaohs*. Año: 1955. Producción: Howard Hawks. Dirección: Howard Hawks. Guión: William Faulkner. Harry Kumitz. Harold Jack Bloom. Fotografía: Lee Games. Russell Harlan. Banda sonora. Dimitri Tiomkin. Reparto: Jack Hawkins. Joan Collins. Alex Minotis. Dewey Martin. James Robinson. Luisella Boni. Sidney Chaplin. Metraje: 140 minutos. Nacionalidad: Estados Unidos.

Sinopsis: El ya maduro faraón Keops desea ver terminada cuanto antes la construcción de la pirámide en donde habrá de reposar durante toda la Etermidad, y cuyo tamaño superará el de cualquiera de las conocidas hasta entonces. Pero Keops se encuentra muy preocupado por la posibilidad de que, al igual que las sepulturas de sus predecesores, la suya sea pasto de los saqueadores de tumbas. Un arquitecto judío da con una ingeniosa solución para garantizar el sellado de la cámara funeraria. A cambio de sus servicios, pide la libertad de su pueblo, esclavizado por el egipcio. El proyecto de Keops de sepultarse con sus riquezas, sin embargo, no es precisamente del agrado de su última y joven esposa, la ambiciosa Nellifer, que conspira para apoderarse prontamente de sus riquezas. Keops, un líder poderoso e inteligente, la conoce muy bien. Y sella sus destinos conjuntos para siempre.

Comentario: Un auténtico clásico del cine histórico y de aventuras, con el trasfondo todavía lleno de incógnitas de la construcción de las grandes pirámides de Egipto, y concretamente la de Keops. La dirección de Hawks se apoya en un maravilloso guión del gran William Faulkner, la música de Dimitri Tiomkin, y un reparto extraordinario, en donde sobresale la irrupción poderosa de Joan Collins componiendo una mujer cuya despiadada ambición sucumbe a su propia perversidad, pero también la profesionalidad de Jack Hawkins, eficaz, medido, sutil, lleno de energía y de sentido político y de gobierno.

Una película lleno de sensibilidad, de acción, y de amor por la historia. Y, por eso si ello fuera poco, la propuesta de resolución del misterio de la pirámide Keops es tan inteligente como el análisis de las relaciones de poder en un Egipto consustancial al proceso de civilización. Extraordinaria.

20. GLENVILLE, P.: *El prisionero* (1955) Facet Productions

Título original: *The prisoner.* Año: 1955. Producción: Vivian Cox. Dirección. Peter Glenville. Guión: Bridget Boland. Fotografía: Reginald H. Wyer. Banda sonora: Benjamin Frankel. Reparto: Alec Guinness. Jack Hawkins. Wilfrid Lawson. Kenneth Griffith. Jeanette Sterke. Ronald Lewis. Metraje: 90 minutos. Nacionalidad: Gran Bretaña.

Sinopsis: Finalizada la segunda guerra mundial, en un país centroeuropeo que ha caído en poder del stalinismo, un cardenal que encabeza a la población católica, muy mayoritaria, es detenido por las autoridades, y sometido a un duro encarcelamiento y un exhaustivo interrogatorio. El objetivo es doblegar su voluntad y conseguir su descrédito ante una ciudadanaía que le ha convertido en el líder moral de su resistencia frente al totalitarismo. Encerrado, mal alimentado, sometido a toda clase de torturas, desde la imposibilidad del descanso a las preguntas agotadoras, el régimen stalinista arranca testimonios de arrepentimiento y de respaldo que permiten su excarcelación. Cuando el prelado recupera la libertad, su pueblo le rodea y le observa, y en silencio le manifiesta su respeto. Sabe que nada de cuanto haya podido declarar bajo cautiverio tiene la menor validez. Su liderazgo seguirá siendo el mismo.

Comentario: Una película lejanamente inspirada en la historia de los prelados que, como el cardenal magiar Mindszenthy, el polaco Wyszynski y el checo Tomasek, se enfrentaron a la implantación del stalinismo en Europa central y oriental, permite aproximarse al drama de la tiranía totalitaria sobre países de profunda tradición católica entregados por las potencias occidentales a Stalin. Los soberbios trabajos de Jack Hawkins y Alec Guinness llenan de contenido un duelo entre visiones de las ideas y de las creencias contrapuestas, que cobra además especial dimensión si se considera que Guinness se encontraba en medio de un proceso de reflexión personal que, apenas dos años después, le llevaría a su conversión al catolicismo. El resultado es una obra extraordinaria, y una muy vigente reflexión sobre todas las formas de la libertad humana y, en este supuesto, la libertad religiosa.

21. ROSSELLINI, R.: *El general della Rovere* (1959) Zebra Films/ Gaumont

Título original: *Il generale Della Rovere.* Año: 1959. Producción: Roberto Rossellini. Dirección: Roberto Rossellini. Guión: Sergio Amidei. Diego Fabri. Indro Montanelli. (Indro Montanelli) Fotografía: Carlo Carlini. Banda sonora: Renzo Rossellini. Reparto: Vittorio de Sica. Sandra Milo. Hannes Messemer. Giovanna Ralli. Anne Vernon. Metraje: 130 minutos. Nacionalidad: Italia/ Francia.

Sinopsis: Emanuele Grimladi es un pícaro que, durante la ocupación alemana de Italia, en plenos años finales de la segunda guerra mundial, estafa a sus compatriotas que viven con la esperanza de poder obtener beneficios penitenciarios para sus familiares pendientes de juicio, o ya en prisión. Descubierto por las autoridades de ocupación, un coronel alemán de las SS, Müller, deduce que puede obtener grandes resultados de la amoralidad y el desparpajo del bribón. Y decide hacerle pasar por un general del ejército italiano que, tras haber combatido contra los nazis, es apresado por las fuerzas alemanas y enviado a la cárcel, con la finalidad de obtener información de los verdaderos héroes de la Resistencia que se encuentran presos. Pero, para sorpresa de todos, Grimaldi asume completamente la identidad, la causa, la dignidad y la vocación martirial del general Rovere. Y con todas las consecuencias.

Comentario: La historia real del llamado "general della Rovere", convertida en relato por Indro Montanelli, y en bellísima película por Roberto Rossellini, representa un extraordinario testimonio de la capacidad de cada ser humano para despertar a sus responsabilidades cívicas en el instante decisivo de su existencia. Vittorio de Sica completa el más acabado de sus trabajos como actor para dotar de verosimilitud a un personaje que comienza siendo un cínico que comercia con el dolor y la esperanza de sus compatriotas sufrientes, un ser sin escrúpulos instalado en la falsedad, para acabar cobrando la identidad de un héroe y un líder que sabe llevar su conciencia y su afán de integridad hasta el umbral del supremo sacrificio. Magistral Vittorio de Sica, esta vez como actor, y con él Hannes Messemer y Sandra Milo, y extraordinaria realización de Rossellini en la que es la última de sus grandes películas.

22. BRUCKBERGER, R.: AGOSTINI, P.: *Diálogos de carmelitas* (1960) Champs-Élysées Productions/ Titanus

Titulo original. *Le dialogue des Carmélites*. Año: 1960. Producción: Philippe Agostin. Raymond Bruckberger. Dirección. Philippe Agostini. Raymond Bruckberger. Guión: Philippe Agostini. Raymond Leopold Bruckberger. (Gertrud Von Le Fort. Georges Bernanos). Fotografía: André Bac. Banda sonora: Jean Françaix. Reparto: Alida Valli. Jeanne Moreau. Madeleine Renaud. Pascale Audret. Pierre Brasseur. Jean-Louis Barrault. Anne Doat. Metraje: 110 minutos. Nacionalidad: Francia/ Italia.

Sinopsis: El estallido de la Revolución Francesa no parece afectar a las carmelitas que conviven en el convento de Compiègne, si bien son notorias las tensiones entre la Madre María de la Encarnación y la Madre Teresa de San Agustín, convertida en priora en pleno vendaval revolucionario, cuando la Madre María de la Encarnación decide exclaustrarse. Sin embargo, cuando se prohibe la actividad pública de los sacerdotes católicos, y uno de ellos se refugia en la clausura conventual, las religiosas son detenidas y sometidas a juicio por alta traición, acusadas de deslealtad a la República, de alojar a sus enemigos, y de conspirar para su destrucción. Dieciseis religiosas son condenadas a muerte, y serán guillotinadas en la Plaza de la Concordia de París. Camino del cadalso, la Madre María de la Encarnación intenta unirse a ellas, pero la priora le ordena que no lo haga. Se convertirá en la refundadora del Carmelo en toda Francia. Al llegar al pie del patíbulo, las monjas entonan el *Veni, creator spiritus*. A medida que la cuchilla de la guillotina se desploma sobre ellas, el canto se hace más débil y, finalmente, se apaga. Al menos, a este lado del paraíso.

Comentario: Sobre la obra teatral originaria de Georges Bernanos compuso Francis Poulenc su maravillosa ópera, y Philippe Agostini y Raymond Leopold Bruckberger esta película sensible, inteligente y, por momentos, conmovedora, en donde se muestra el enfrentamiento de un Estado implacable con la conciencia individual, sin duda llena de dudas y de controversias, pero inviolable. El fiscal acusador de las carmelitas de Compiégne las acusa de "traidoras a la patria", y ellas alegan que son también ciudadanas de otra patria. La nueva respuesta del tribunal, "os sobra una", viene a poner de manifiesto que la nueva nación revolucionaria exige total lealtad, es decir, en la dinámica estatal, total sumisión. La madre abadesa, en cambio, no obliga a sus hermanas al cumplimiento del voto de martirio y, de hecho, la Madre María de la Encarnación no desea asumirlo. Todas las demás, incluida la sensible e inocente Blanche de la Force, lo asumen. Maravilloso duelo de dos de las grandes damas del cine del siglo XX: Jeanne Moureau y Alida Valli.

23. KUBRICK, S.: *Espartaco* (1960) Bryna Productions

Título original: *Spartacus*. Año: 1963. Producción. Kirk Douglas. Dirección. Stanley Kubrick. Guión. Dalton Trumbo (Howard Fast). Fotografía: Russell Metty. Banda sonora: Alex North. Reparto: Kirk Douglas. Jean Simmons. Charles Laughton. Laurence Olvier. Tony Curtis. Peter Ustinov. Woody Strode. Nina Foch. Herbert Lohm. John Ireland. John Gavin. Metraje: 195 minutos. Nacionalidad: Estados Unidos.

Sinopsis. Espartaco, un esclavo tracio que trabaja en Italia, comprado por un empresario de gladiadores para ser formado como combatiente, lidera una rebelión de esclavos que muy pronto se convierte en un levantamiento masivo en el territorio metropolitano romano. Los sucesos coinciden con la crisis de la República, que se debate entre la renovación del modelo popular que propugna Graco, secundado por el más joven de sus discípulos, Julio César, y su superación para el establecimiento de un régimen autocrático, como pretende un rico patricio, Craso, que aspira al poder absoluto. La rebelión de los esclavos es utilizada por Graco para tratar de debilitar a Craso y sus propósitos dictatoriales, y potenciar la figura de César. Pero, cuando la rebelión de los esclavos se convierte en una auténtica amenaza para la supervivencia de la República romana, Craso recibe plenos poderes y elimina toda forma de oposición antes de aniquilar a los esclavos en la batalla del Vesubio, traicionados por los piratas ilirios. Craso crucifica a todos los supervivientes ante la imposibilidad de identificar a Espartaco, quien, moribundo, conoce a su hijo. Gracias a su sacrificio, ha nacido como hombre libre.

Comentario: Una de las grandes películas de Kubrick, una maravillosa novela de Howard Fast que Dalton Trumbo convierte en el guión que posibilita su salida de las listas negras, el impulso de Kirk Douglas, y una profunda reflexión sobre el poder en donde comparecen todas las conductas que alberga la acción política: el ideal de emancipación en los esclavos, la lealtad a la tradición republicana en Graco, y la ubicación de la grandeza y el designio imperial de Roma en Craso. Y, con el sentido último del accionar político, la estrategia, el cálculo, la generosidad y la ausencia de escrúpulos, la grandeza y la mezquindad, con el telón de fondo de una sociedad esclavista, en donde las personas son mercancías en sentido estricto y metafórico. Kubrick dispone de un guión extraordinario en el que Trumbo pone toda su experiencia y todo su corazón. La banda sonora de Alex North es una obra maestra del género. Y el reparto abruma en magisterio y competencia, comenzando por su ya centenario protagonista, y prosiguiendo por Olivier, Laughton, Ustinov, Simmons, Curtis, y Stroode. Cuando Antonino-Tony Curtis se levante para gritar "Yo soy Espartaco", la libertad de conciencia queda enraizada, para siempre, en la lógica creadora del cine como forma de arte, es decir, de libertad humana.

24. VERNEUIL, H.: *El presidente* (1961) Cité Films/ Fidès/ GESI Cinematográfica

Título original: *Le président*. Año: 1961. Producción: Henri. Verneuil. Dirección: Henri Verneuil. Guión: Michel Audiard. Henri Verneuil (Georges Simenon). Fotografía: Louis Page. Banda sonora: Maurice Jarre. Reparto: Jean Gabin. Renée Faure. Bernard Bier. Henri Cremieux Alfred Adam. Metraje: 105 minutos. Nacionalidad: Francia/ Italia.

Sinopsis: Tras el fallecimiento de Émile Beaufort, antiguo presidente del Consejo de Ministros, se pone en marcha la formidable maquinaria de las honras fúnebres de la República francesa. La película recuerda al presidente Beaufort como lo que fue: un hombre honesto, del pueblo y popular, profundamente europeísta, que en plena crisis financiera del país descubrió que su propio jefe de gabinete, Philippe Chalamont, se encontraba envuelto en turbios manejos bancarios, obligándole a redactar una confesión que custodió para siempre. Chalamont se une a las filas de los diputados que, dentro de sus propias filas, quieren destituir a Beaufort, al servicio de oscuros intereses y grupos de presión. El presidente comprueba que ya no cuenta con la confianza de su propio grupo parlamentario. Pero aprovecha su última comparecencia ante la Asamblea Nacional para ofrecer una memorable intervención de despedida. Como el propio Beaufort prevé, Chalamont llegará a sucederle.

Comentario: Gran película de Henri Verneuil tomando como soporte la excelente novela de Simenon. El discurso de despedida del presidente Beaufort ante la Asamblea Nacional, cuando sabiendo que se trata de su última intervención pública, defiende el proyecto de una Europa de ciudadanos frente a los muy concretos intereses que defienden los parlamentarios de la práctica totalidad de los grupos, y califica a los partidos políticos como "sindicatos de intereses", hace más de medio siglo, viene a evocar, en el tiempo, el hundimiento de la IV República francesa, y muy especialmente el todavía muy próximo en el tiempo fracaso de la Comunidad Europea de Defensa el verano de 1954 y, al mismo tiempo, la conversión de la acción política democrática, tan dignificada por sus heroicos representantes durante la segunda guerra mundial, y su comportamiento ejemplar durante la posguerra. Jean Gabin compone un personaje extraordinario, a la altura de sus mejores trabajos clásicos, maduro, poderoso, dueño del mensaje, del estilo, de la convicción, de la historia y de la autoridad. Una pequeña joya.

25. KRAMER, S.: *Vencedores o vencidos* (1961) United Films/ MGM

Título original: *Judgment at Nuremberg*. Año: 1961. Producción: Stanley Kramer. Dirección: Stanley Kramer. Guión: Abby Mann. Fotografía: Ernest Laszlo. Banda sonora: Ernest Gold. Reparto: Spencer Tracy. Burt Lancaster. Maximilien Schell. Judy Garland. Montgomery Clift. Marlene Dietrich. Richard

Widmark. William Shatner. Metraje: 180 minutos. Nacionalidad: Estados Unidos.

Sinopsis: El juez Dan Haywood, jubilado ya de sus tareas profesionales en el Estado de Maine, es nombrado presidente del tribunal que en Núremberg, finalizados los juicios a los grandes líderes nazis, deberá esta vez ocuparse de los más relevantes juristas del régimen hitleriano, y entre ellos de quien fuera presidente del Tribunal Supremo y uno de los más prestigiosos y admirados hombres de leyes de su tiempo, Ersnt Janning. Desde su llegada a la capital de Franconia, Haywood detecta el escaso interés de las autoridades estadounidenses de ocupación en el proceso, y mucho más en la hipótesis de una sentencia que pueda ser interpretada por el pueblo alemán como excesivamente severa en pleno comienzo de la guerra fría. El abogado defensor de los acusados, Hans Rolfe, acude precisamente a ese argumento, lo injusto de culpabilizar a todos los alemanes por los crímenes cometidos por algunos de ellos, además de la eximente de la obediencia debida, para realizar un brillante alegato. Pero el fiscal militar acusador, el coronel Ted Lawson, responde con la misma fuerza de convicción y con unos medios de prueba inéditos: las imágenes tomadas en algunos de los campos de concentración nazis tras su liberación por los aliados. Sin embargo, toda la estrategia de Rolfe se derrumba cuando Janning no sólo reconoce todos sus crimenes, sino que ofrece detalles sobre sus motivaciones y sus objetivos. Tras la sentencia de culpabilidad, y cuando Haywood está a punto de llegar a Maine, Janning pide verle por última vez. Haywood le explica, entonces, en qué consiste el Estado de Derecho.

Comentario: Un título imprescindible para el llamado "melodrama judicial". Pero también para el entendimiento de la historia de la segunda mitad del siglo XX y, sobre todo, la asimilación imposible de todo el horror y de toda la barbarie del nazismo. El mismo amor por el Derecho en el juez Haywood, inolvidable Spencer Tracy, el antiguo presidente del

Supremo, un poderoso Burt Lancaster, el abogado defensor, extraordinario Maximiliam Schell, y el fiscal, un severo y contenido Richard Widmark. La misma pasión por la justicia. La constatación de toda la brutalidad padecida por las víctimas que desfilan ante el tribunal como testigos de las aberraciones que las decisiones adoptadas por Janning y su tribunal convirtieron en legales: la esterilización de seres humanos como parte de experimentos, las condenas a las uniones entre judíos y "arios", con Montgomery Clift y Judy Garland componiendo memorables personajes, conmovedores, extraordinarios. Y Stanley Kramer, siempre eficaz y siempre profesional, añade a su proverbial oficio como director una sensibilidad, unos matices y una autenticidad que, seguramente, nunca más volvería a obtener con tanta plenitud y convicción. Tres horas para el cine, el derecho y la justicia.

26. FELICE, L. de: *Constantino el Grande* (1962) Beaver-Champions Attractions/ Jadran Films/ Jonia Film

Título original: *Constantino il grande* Año: 1962. Producción. Lionello de Felice. Dirección: Leonello de Felice. Guión: Ennio De Concini. Diego Fabbri. Lionello de Felice. Ernesto Guida. Fulvio Palmieri. Franco Rossetti. Guglielmo Santangelo. Fotografía: Massimo Dallamano. Banda sonora: Mario Nascimbene. Reparto: Cornel Wilde. Belinda Lee. Christine Kaufmann. Massimo Serato. Fausto Tozzi. Tino Carraro. Metraje: 130 minutos. Nacionalidad: Italia.

Sinopsis: El Imperio Romano, tras las reformas de Diocleciano, ha quedado dividido entre Occidente y Oriente. Constancio Cloro reina en Occidente, y su hijo Constantino ha de sucederle. Pero Majencio, heredero del Imperio de Oriente, aspira a la reunificación del Imperio bajo su mando, y para eso desea la aniquilación de Constantino, a pesar de ser el prometido de su hermana Fausta. Aprovechando una estancia de Constantino en Roma, Majencio intenta que se perpetre su asesinato, pero el general consigue escapar, entre otros motivos, gracias a la ayuda de los cristianos, reunirse con sus tropas en Britania y, tras la muerte de su padre, ser proclamado emperador en York. Constantino entonces invade el territorio continental, se apodera de las Galias, y se dirige a Italia, en donde Majencio aguarda para hacerle frente. Pero Constantino va a contar con una contribución inestimable, un Signo con el que vencerá.

Comentario: Un extraordinario fresco de la organización política e institucional del Bajo Imperio Romano, muy riguroso en el tratamiento de los procesos históricos, que además realiza un extraordinario esfuerzo por aproximar el funcionamiento de la Tetrarquía al espectador, y delimitar la naturaleza y objetivos de figuras tan importantes de la historia como Diocleciano, Constancio Cloro, Elena, Majencio, y Constantino. Lionello de Felice dispuso de un actor tan veterano como experto, Cornel Wilde, un gran reparto procedente del *peplum*, un guión muy eficaz, una gran historia, y la convicción de que la historia supera siempre a la mejor aventura y la más apasionante de las elaboraciones de ficción. Y la Antigüedad tardía contó para siempre con una contribución monográfica sobre el fundador de la segunda Roma, una Roma que habría de sobrevivirle más de mil años como capital del mundo: Constantinopla.

27. PREMINGER, O.: *Tempestad sobre Washington* (1962) Otto Preminger Films

Título original: *Advise and Consent*. Año: 1962. Producción. Otto Preminger. Dirección. Otto Preminger. Guión: Wendell Mayes (Allen Drury). Fotografía: Sam Leavitt. Banda sonora: Jerry Fielding. Reparto: Charles Laughton. Walter Pidgeon. Don Murray. Gene Tierney. Henry Fonda. Peter Lawford. Franchot Tone. Burgess Meredith. Inga Swenson. Lew Ayres. Metraje: 140 minutos. Nacionalidad: Estados Unidos.

Sinopsis: El presidente demócrata de los Estados Unidos, decide proponer como secretario de Estado a Robert A. Leffingwell, conocido por sus ideas pacifistas. La preceptiva confirmación por parte del Senado determina que tanto los miembros de la minoría republicana como una porción significativa de los senadores de la mayoría demócrata que lidera Bob Mumson, y en especial el decano de la Cámara, Seabright Cooley, senador por Carolina del Sur, se opongan al nombramiento. Para tratar de ganar tiempo y apoyos, y permitir a Leffingwell que despeje todas las incógnitas sobre sus ideas y sobre su pasado, se crea un Comité de Senado que presidirá un joven, prometedor y muy independiente senador por Utah, Brig Anderson. A partir de ese instante, cada facción desempeña su papel: el jefe de la mayoría, ganando votos para el presidente; el senador Ackerman, líder de una organización de apoyo presidencial, presionando a favor del nombramiento. Cooley descubre que Leffingwell fue, en efecto, militante del clandestino comunismo estadounidense, un hecho que el candidato ha negado ante el Comité. Pero Cooley no lo revela, aguardando el momento oportuno para originar el mayor desgaste posible para la presidencia. Anderson, por su parte, comienza a ser extorsionado como consecuencia de las relaciones afectivas que mantuvo durante su servicio en el Pacífico durante la segunda guerra mundial, y decide quitarse la vida. Cuando está a punto de iniciarse la votación en el Senado, Cooley le propone a Mumson no revelar el pasado del candidato a cambio de que la votación sea abierta. Mumson, indignado, se niega. Pero, finalmente, Cooley no desvela la verdad y Mumson solicita que la confirmación por la Cámara se realice, en efecto, en conciencia. El resultado de la votación se hace, entonces, imprevisible. Como el propio final de la película.

Comentario: Tras *Éxodo* (*Exodus*, 1961), basada en la novela de Leon Uris, y antes de *El cardenal* (*The cardinal*, 1963), tomando como fundamento el libro de Henry Morton Robinson, Preminger procedió a dirigir una gran producción de tesis, dotada de un sólido basamento literario, tomando como base el sistema político estadounidense, para ofrecer un fresco verdaderamente gigantesco, en donde confluye la complejidad de un orden constitucional en donde el presidente nombra al secretario de Estado, pero precisa la ratificación del Senado, y en donde el vicepresidente se encuentra a un latido de corazón de la presidencia y, a veces, ese latido se detiene, con la pluralidad de un sistema político y partidario no dividido entre demócratas y republicanos, sino en donde cada senador es elegido por un Estado, y los senadores demócratas sureños –los *dixiecrats*– son de tradición política no necesariamente comparable a la de sus correligionarios en Nueva Inglaterra, y vivecersa, y con la problemática que se suscita cuando la antigua vida privada, de contenido político o personal, es utilizada para arruinar la carrera de los servidores públicos. Por en medio, la enfermedad, la edad, las formas de vida, el estilo, la cortesía, la brutalidad, el sentido del humor la familia, el pasado, la inteligencia, la convicción, la energía, la ambición, la crueldad, la generosidad, la falsedad, la vocación, la amistad... Todo cuanto denota a la acción política y a las instituciones del Estado de Derecho.

28. VISCONTI, L.: *El gatopardo* (1963) Titanus

Título original: *Il gattopardo*. Año: 1963. Producción: Goffredo Lombardo. Pietro Notarianni. Dirección: Luchino Visconti. Guión: Suso Cecchi d'Amico. Pasquale Festa Campanile. Massimo Franciosa. Enrico Medioli. Luchino Visconti. (Giuseppe Tomasi di Lampedusa). Fotografía: Giuseppe Rotunno. Banda sonora: Nino Rota. Reparto: Burt Lancaster. Claudia Cardinale. Alain Delon. Rina Morelli. Paolo Stoppa. Romolo Valli. Terence Hill. Pierre Clémenti. Giuliano Gemma. Metraje: 205 minutos. Nacionalidad: Italia.

Sinopsis: El verano de 1860, la aparición del cadáver de un soldado del ejército borbónico napolitano en las tierras del palacio de los Salina, a las afueras de Palermo, indica que el espíritu del *Risorgimento*, que ha triunfado ya en otros Estados italianos, y cuyo espíritu lleva Giuseppe Garibaldi a las Dos Sicilias, se ha extendido a la isla. Tancredi, sobrino del príncipe de Salina, le informa de que ha decidido unirse a los rebeldes. Su tío es fiel al rey Francisco II, pero decide ayudar a Tancredi cuando le escucha afirmar que "si queremos que todo siga igual, todo tiene que cambiar", captando que no se avecina una revolución que pretenda la liquidación de la aristocracia por los insurgentes, sino la creación de un nuevo orden político en que la burguesía únicamente pretende compartir el poder con la nobleza. Los acontecimientos siguientes, con la toma de Palermo por las fuerzas de Garibaldi, y la conquista de todo el reino, anteceden al verano de 1861 en que, como es tradición, la familia Salina se desplaza a su palacio en Donnafugata. Allí tiene lugar el plebiscito que deberá ratificar la incorporación del reino de las Dos Sicilias al de Italia, en el que el príncipe de Salina vota afirmativamente, mientras Tancredi se compromete con Angélica Sedara, hija de Don Calógero, el gran propietario del pueblo. Allí, el príncipe recibe la visita del caballero Chevalley, con su propuesta de incorporación al naciente Senado italiano. Cuando, de regreso en Palermo, tras la batalla de Aspromonte, que en 1862 pone fin a los sueños republicanos de loa garibaldinos, una fiesta en el Palacio Ponteleone sanciona la confluencia de la decadente y secular aristocracia y la triunfante y tosca burguesía en torno a la nueva monarquía de los Saboya, el príncipe presiente, con su propia muerte, la extinción de un modelo de civilización.

Comentario: En la producción de Luchino Visconti resulta casi inevitable el debate entre *Obsesión* (*Ossessione*, 1942) y *Ludwig* (*Ludwig*, 1972), entre el neorrealista vigoroso, y el preciosista recreador de los últimos estertores del Antiguo Régimen, entre la energía de la Magnani en *Bellísima* (*Bellissima*, 1955) y la consciente moribundia de Dirk Bogarde en *Muerte en Venecia* (*La morte a Venezia*, 1971) En realidad, Visconti es uno y el mismo en *Senso* (*Senso*, 1954) y en *La caída de los dioses* (*La caduta degli dei*, 1969), en *Sandra* (*Vaghe Stelle dell'Orsa*, 1965) y en *Confidencias* (*Ritrato di famiglia in un interno*, 1974). La misma pasión humanista y civilizadora, la misma apuesta por la autenticidad, la belleza y la creatividad. *El gatopardo* se ubica en la confluencia de la lucidez y de la inteligencia ante la implacable acción de la historia. Es una obra de arte desde que irrumpe la inolvidable banda sonora de Nino Rota, desde el rezo del Rosario al paso del Viático, desde el asalto de Palermo al interminable baile panormitando, desde la visita de Tancredi a la aparición de Angélica, desde la calculada indignación del padre Pirrone, y la mucho más genuina de Don Ciccio ante la impavidez del príncipe, a la tristeza de Concetta y el llanto de la princesa. La belleza, en todas sus expresiones, áspera y vital en Claudia Cardinale, medida en Alain Delon, grave y sabia en Burt Lancaster, permite captar todos los matices de un proceso que promete ser revolucionario y, finalmente, procede a la consolidación del viejo orden, esta vez como consecuencia del acuerdo entre la gran burguesía del Norte, civilizada y bienintencionada en el caballero Chevalley, y la aristocracia de un Sur exuberante en su consciente abandono. Y *La muerte del justo* de Greuze. Antológica.

29. PREMINGER, O.: *El cardenal* (1963) Columbia Pictures

Título original: *The cardinal*. Año: 1963. Producción: Martin C. Shute. Dirección: Otto Preminger. Guión: Robert Dozier (Henry Morton Robinson). Fotografía: Leon Shamroy. Banda sonora: Jerome Moross. Reparto: Tom Tryon. Romy Schneider. Ralf Vallone. John Huston. Maggie McNamara. Burgess Meredith. Patrick O'Neill. Carol Lynley. Dorothy Gish. Pat Henning. Ossie Davis. Metraje: 175 minutos. Nacionalidad: Estados Unidos.

Sinopsis: El día en que el prelado bostoniano Stephen Fermoyle recibe en Roma su nombramiento como cardenal, en 1939, recuerda toda su vida, desde que terminó sus estudios eclesiásticos, sus primeros destinos como sacerdote en Boston y después en las montañas de Massachussets, como secretario del poderoso cardenal Glennon de Boston, el conflicto que se le suscitó cuando su hermana se comprometió con un joven de religión judía, la ruptura del compromiso, el descenso de su hermana al infierno de los bajos fondos, y la concepción de una niña cuyo nacimiento determinó la muerte de la madre. Fermoyle pide entonces una licencia especial y se instala como profesor de inglés en Viena, en donde conoce a una joven y bella aristócrata que, sin embargo, contribuye decisivamente a que recupere su vocación e, incorporado a la secretaría de Estado de la Santa Sede, visite en los Estados Unidos a los sacerdotes de color que sufren la violencia racista y, finalmente regrese a Viena en misión especial del Papa Pío XI. La primavera de 1938 está a punto de celebrarse un plebiscito de ratificación de la ocupación nazi de Austria, y el cardenal Innitzer, en contra de las instrucciones de la Santa Sede, ha solicitado el voto favorable, alegando que ha recibido de Hitler garantías de respeto a la obra de la Iglesia católica en el ámbito de la educación. En Viena, además, se reencuentra con la aristócrata, quien tras contraer matrimonio con un banquero judío, es encarcelada tras el suicidio de su marido. Tras obtener un refrendo vecino al 100% de los votos emitidos, Hitler no reconoce sus compromisos, el palacio arzobispal de Viena es asaltado, y los jóvenes católicos pasan a la clandestinidad, mientras Fermoyle regresa a Roma para explicarle al mundo los acontecimientos que acaba de presenciar.

Comentario: El discurso final del cardenal Fermoyle, en donde en pleno comienzo de la segunda guerra mundial, proclama la doble fidelidad de la Iglesia Católica "a Cristo y a la democracia", coincidiendo con el comienzo del Concilio Vaticano II, resume muy bien la pretensión de un cineasta que, como Ottro Preminger, no sólo era un judío vienés, jurista formado en la venerable Facultad para la que Klimt compuso su célebre *Jurisprudenz*, e hijo de un Fiscal General del Imperio de los Habsburgo, sino un analista de los grandes acontecimientos e instituciones que daban forma a su tiempo. En el caso de *El cardenal*, los debates que afectaban a la Iglesia católica, como la propia vocación, el deber de humildad, el ecumenismo y la relación con otras religiones, la protección de la vida, y la lucha contra el racismo y el totalitarismo, discurren mientras el espectador disfruta del trabajo eficaz de Tom Tryon y las lecciones magistrales de Burgess Meredith, John Huston, o Romy Schneider. Dozier y Preminger mejoraron a Henry Morton Robinson. Una impresionante película.

30. MANN, A.: *La caída del Imperio Romano* (1964) Samuel Bronston Productions

Título original: *The Fall of the Roman Empire*. Año: 1964. Producción: Samuel Bronston. Dirección: Anthony Mann. Guión: Ben Barzman. Basilio Franchina. Philip Yordan. Fotografía: Robert Krasker. Banda sonora: Dimitri Tiomkin. Reparto: Stephen Boyd. Sophia Loren. Christopher Plummer. Alec Guinness. James Mason. Anthony Quayle. John Ireland. Omar Sharif. Mel Ferrer. Finlay Currie. Metraje: 185 minutos. Nacionalidad: Estados Unidos.

Sinopsis: El invierno de 180 las tropas romanas de un envejecido y enfermo emperador Marco Aurelio derrotan completamente a los bárbaros cerca de Vindobona. Tras la victoria, el césar llama a su presencia al general Livio, y le anuncia que desea que le suceda al frente del imperio, porque su hijo Cómodo no se encuentra preparado para la sucesión, y quiere la restauración de una República en donde puedan establecerse los bárbaros, de manera que los habitantes de uno y otro lado del *limes* no se desangren en más guerras. Livio duda. Pero Cómodo no, y no vacila en apoderarse del Imperio tras la muerte de su padre, eliminando toda forma de oposición, aniquilando los primeros establecimientos de los bárbaros dentro del territorio romano, y abriendo una Era de arbitrariedad, injusticia y abuso que representa la vulneración de las virtudes fundacionales del proyecto de civilización romano.

Comentario: Una película colosal, con una primera media hora que encierra una maravillosa reflexión sobre el poder público, la acción política, y el sentido de la vida. Como si las *Meditaciones* de Marco Aurelio cobraran vida en Alec Guinness, toda la sabiduría de la Antigüedad, su identidad humanista, esta vez animada por la necesidad de integrar a los bárbaros, aconsejado por un inolvidable James Mason, y su sentido de la legalidad, y del significado civilizador del Derecho y de las instituciones, colisionan con la ambición despiadada personificada en Christopher Plummer, y la inacción que Stephen Boyd y Sophia Loren portan consigo. Algunas escenas son tan extraordinarias como la carrera de cuádrigas entre Christopher Plummer y un Stephen Boyd que, se diría, se homenajea a sí mismo en *Ben-Hur,* en plena y nevada sierra segoviana, y el desbordante y barroco final romano, escenificación de la inminente decadencia de un Imperio que, en la óptica de Mann, traiciona sus propios ideales clásicos y humanistas fundacionales. Bronston quería espectáculo y monumentalidad, y Mann reflexión y sensibilidad. Ganaron ambos.

31. LEAN, D.: *El doctor Zhivago* (1965) MGM

Título original: *Doctor Zhivago.* Año. 1965. Producción. Carlo Ponti. David Lean. Arvid Griffen. Dirección: David Lean. Guión: Robert Bolt (Boris Pasternak). Fotografía: Freddie Young. Banda sonora: Maurice Jarre. Reparto: Omar Sharif. Julie Christie. Alec Guinness. Geraldine Chaplin. Rod Steiger. Tom Courtenay. Raph Richardson. Rod Steiger. Siobhan McKenna. Klaus Kinski. Rita Tushingham. Metraje: 195 minutos. Nacionalidad: Estados Unidos.

Sinopsis: Yuri Zhivago es un niño que pierde prematuramente a sus padres, de quienes sólo hereda una balalaika. Acogido por una familia amiga, al tiempo que escribe poesía y desarrolla un alma sensible y creativa, decide estudiar medicina para ayudar a las personas combatiendo el dolor y el sufrimiento. En la Rusia de comienzos del siglo XX hay mucho de lo uno y de lo otro, como comprueba cuando conoce a la joven Lara, novia del líder revolucionario Strelnikov, y forzosa amante del desaprensivo Víctor Komarovsky. Yuri se casa con Tonia, su compañera de juegos de la infancia, y cuando estalla la Gran Guerra es movilizado al frente, en donde se reencuentra con Lara. Mientras, la suerte de la guerra es adversa a los ejércitos del zar, depuesto por la revolución de 1917. Cuando el nuevo gobierno decide proseguir en la guerra, las tropas se insubordinan, y una nueva revolución derriba al gobierno de Kerenski e instaura un gobierno liderado por Lenin, que hace la paz con los Imperios Centrales, mientras la guerra civil estalla en Rusia. Yuri es desmovilizado y regresa a Moscú. Su antigua casa está ahora habitada por numerosas familias, las condiciones de vida son extremas, y los Zhivago deciden instalarse en su casa de campo de Yuriatin, en donde podrán cultivar el campo y ver crecer a su hijo sano y fuerte. Pero, en plena guerra, Yuri es apresado. Cuando regresa, su familia ya no está. Pero si Lara. El resto es historia.

Comentario: El poder y la vida. Jünger decía que el destino de los pueblos lo escriben los teólogos y los poetas. Y los poemas de Yuri Zhivago terminan siendo más determinantes que las autoridades conjuntas de todos los ínfimos burócratas al servicio de los sucesivos despotismos zarista y stalinista. Pero el poder, que no puede destruir su creatividad ni su talento, si que destruye su vida afectiva y su vida familiar. La colisión entre Estado y creación es más abrupta que nunca en la maravillosa novela de Pasternak, en el bellísimo guión de Bolt, y en la obra de arte, nada retóricamente total, que construye David Lean, maestro de la genuina grandeza de cine. Una inspiradísima banda sonora de Maurice Jarre sirve como telón de fondo a una historia de amor imposible: la de Yuri Zhivago con todas sus grandes ilusiones, la poesía, la medicina, la familia, una nueva Rusia justa y libre, Tonia y Lara, la música y la concepción de la vida en plenitud, libre y llena de amor y de creatividad. Omar Sharif y Julie Christie siguen conmoviendo más de cincuenta años después. Y figuras como Tom Courtenay, Rod Steiger, Geraldine Chaplin y Ralph Richardson completan un reparto extraordinario. Bellísima.

32. VISCONTI, L.: *Sandra* (1965) Vides

Título original: *Vaghe Stelle dell'Orsa*. Año: 1965. Producción: Franco Cristaldi. Dirección: Luchino Visconti. Guión: Suso Cecchi d'Amico. Enrico Medioli. Luchino Visconti. Fotografía: Armando Nannuzzi. Banda sonora: César Franck. Reparto: Claudia Cardinale. Jean Sorel. Michael Craig. Marie Bell. Renzo Ricci. Metraje: 100 minutos. Nacionalidad: Italia.

Sinopsis: La película comienza en una fiesta en un París brillante y desprovisto de preocupaciones, y se interna a la mañana siguiente en un viaje hacia la Italia natal de Sandra, y en concreto hacia Volterra, la ciudad etrusca, con sus necrópolis y sus bellos sarcófagos en donde sonrientes figuras en postura recumbente parecen burlarse de sus visitantes. La protagonista, una bella y delicada joven judía, debe asistir a un acto en memoria de su padre, héroe de la Resistencia al totalitarismo, asesinado en Auschwitz. Pero también descubre que las circunstancias que rodearon la muerte de su padre son todavía muy oscuras, y distan de una explicación que se escapa entre tumbas, calles, un hermano atormentado, y el peso de secretos cuya revelación es todavía más terrible que su ignorancia.

Comentario: La experiencia totalitaria prolonga el horror de sus resonancias en la feliz y jovial Europa de los 60'. Del fugaz esplendor de un París mundano el espectador transita, sin más solución de continuidad que los títulos de crédito y la música de César Franck, a una Volterra que encierra más interrogantes que respuestas. Visconti no puede proporcionar al espectador mejor metáfora de la Europa de la posguerra, empeñada en no volver la vista atrás, y decidida a deslizarse por la placentera pendiente del bienestar material y la prosperidad irreflexivas. Sin embargo, en la antigua tierra de los etruscos, los muertos se burlan de ese combate estéril contra el tiempo. La historia es tozuda. Dinámica, pero no se mueve de su sitio, como parecen decir las tumbas etruscas más de dos milenios después. Y Claudia Cardinale, amparada en las luces y las penumbras del blanco y negro, emerge a su más acabada interpretación bajo la dirección experta del mejor Visconti. En *El gatopardo*, Claudia Cardinale era la Italia unida. En *Sandra* se convierte en la Italia doliente, por no decir la vida y la historia.

33. ZINNEMANN, F.: *Un hombre para la Eternidad* (1966) Columbia Pictures

Título original: *A man for all seasons*. Año: 1966. Producción: Fred Zinnemann. Dirección: Fred Zinnemann. Guión: Robert Bolt (Robert Bolt). Fotografía: Ted Moore. Banda sonora: Georges Delerue. Reparto: Paul Scofield. Wendy Hiller. Richard Shaw. Susannah York. John Hurt Leo McKern. Corin Redgrave. Orson Welles. Nigel Davenport. Colin Blakely. Vanessa Redgrave. Metraje: 120 minutos. Nacionalidad: Gran Bretaña.

Sinopsis: El cardenal Wolsey, canciller de Inglaterra, fallece, y el rey Enrique VIII determina que le suceda su antiguo maestro, el jurista y filósofo Tomás Moro. La decisión encierra un enorme simbolismo, porque el rey quiere anular su matrimonio con la reina Catalina y casarse con Ana Bolena, y Moro es un notorio hombre de leyes partidario de que el rey permanezca dentro de la obediencia romana. Cuando Moro entinde que no puede seguir sirviendo lealmente a un rey cuyos propósitos no comparte, renuncia al cargo, y se ve sometido a un total aislamiento personal, profesional y social. Piensa que su silencio, de acuerdo con el principio del Derecho Común que establece "quien calla, consiente", le permitirá escapar a la ira del rey y a la persecución de sus órganos jurisdiccionales. Pero, cuando tras la boda del rey Enrique con Ana Bolena no reconoce a la nueva reina, el silencio de Moro resuena por todo el reino y por toda Europa hasta socavar la autoridad regia. Moro es encerrado en la Torre de Londres, llevado a juicio y, gracias al perjurio en el que incurre uno de sus antiguos discípulos, Richard Rich, que a cambio es nombrado fiscal general de Gales, y que llegará a canciller de inglaterra, condenado a muerte y ejecutado.

Comentario: Fred Zinnemann tuvo la fortuna de no disponer de un gran presupuesto, después de sus fracasos previos. Ello le obligó a trabajar con actores, y no con estrellas. Y las estrellas que colaboraron, como Shaw, Welles, o Redgrave, redujeron retribución o no cobraron. Igualmente, el director vienés hubo de confiar en un texto extraordinario, y Robert Bolt, después de sus experiencias previas con David Lean, acudió a su propia obra teatral para someter sus emolumentos a un porcentaje de los hipotéticos beneficios de la película. El resultado fue el triunfo del talento, de la inteligencia, y de la creatividad. Nunca la colisión entre razón de Estado y conciencia individual revistió tanta credibilidad: Tomás Moro empeñó su vida en la defensa de sus convicciones, y Enrique VIII no vaciló en enviar al patíbulo a su preceptor, maestro, amigo, y antiguo canciller, para reafirmar su autoridad y su determinación de imponer su voluntad hasta las últimas consecuencias. Pero el silencio de Tomás Moro, del autor de *Utopía*, sigue resonando, y con estrépito, casi medio milenio después.

34. ROSSELLINI, R.: *La toma del poder por parte de Luis XIV* (1966) Office de Radiodifusion Télévision Française

Título original: *La prise de pouvoir par Louis XIV.* Año: 1966. Producción: Roberto Rossellini. Dirección: Roberto Rossellini. Guión: Philippe Erlanger. Jean Gruault. Fotografía: Georges Leclerc. Jean-Louis Picavet. Reparto: Jean-Marie Patte. Raymond Jourdan. Jean Baptiste Colbert. Katharina Renn. Dominique Vincent. Pierre Barrat. Françoise Ponty. Metraje. 100 minutos. Nacionalidad: Francia.

Sinopsis: A comienzos del año 1661 el cardenal Mazarino, privado de la reina madre de Francia, Ana de Austria, y su primer ministro, agoniza, mientras el superintendente de rentas, Nicolás Fouquet, denotado por su encanto personal y su capacidad para sumar voluntades, comenzando por la propia reina, se prepara para el control de los asuntos públicos y continuar con su proceso de enriquecimiento. El joven rey Luis XIV es llamado por Mazarino a su lecho de muerte. El prelado italiano quiere donarle sus bienes. El rey Luis, sin embargo, le manifiesta que no puede aceptar que un súbdito le done lo que, como soberano absoluto, le pertenece ya. Su objetivo, que comparte con su fiel servidor Colbert, es concentrar todas las competencias, políticas y fiscales, deshaciéndose de los leales a su madre, eliminando toda forma de ejercicio del poder no sometida al rey, y cualquier mecanismo institucional de titularidad no regia. Cuando Fouquet intenta ganar la voluntad de una de las favoritas del rey, el proceso de construcción de la monarquía absoluta se precipita. El rey Luis ordena el encarcelamiento de Fouquet, incautándose de todos sus bienes, comenzando por su bellísimo palacio de Vaux-le Vicomte, y encomendando sus funciones a Colbert, con la orden de despachar diariamente con el rey, y no tomar ninguna decisión financiera sin contar con su previa supervisión. Con el poder político y económico en sus manos, Luis XIV está en condiciones de llevar a término su proyecto absolutista de Estado.

Comentario: El tramo final de la carrera de Rossellini estuvo denotado por su interés por algunas de las grandes figuras de la historia política y del pensamiento. Pero, entre todas las obras que rodó entre *Viva Italia (Viva l'Italia,* 1961) con motivo del centenario de la unificación italiana, y *Año uno (Anno uno,* 1974) rodada en el vigésimo aniversario del fallecimiento de Alcide de Gasperi, la película que dedicó a la creación de la monarquía absoluta encierra una muy especial significación. En plena década de los 60' y, por lo tanto, también en pleno cuestionamiento de las formas de autoridad tradicionales, Rossellini se aproxima a las ideas y soluciones adoptadas por el absolutismo en su expresión histórica más acabada, pero centrándose en el proceso que conduce a un hombre, reflexivo y consciente, a su consecución metódica, y la no menos metódica eliminación de toda forma de oposición. Un excelente trabajo de Jean-Marie Patte, que compone un Luis XIV cortés y decidido, imprime credibilidad a una película discursiva, llena de contenido. No es el mejor Rossellini. Pero todavía es grande.

35. LOGAN, J.: *Camelot* (1967) Warner Bros

Título original: *Camelot* Año: 1967. Producción: Jack L. Warner. Dirección: Joshua Logan. Guión: Alan Jay Lerner (Alan Jay Lerner. Terence H. White). Fotografía: Richard H. Kline. Banda sonora: Fritz Loewe. Alfred Newman. Reparto: Richard Harris. Vanessa Redgrave. Franco Nero. David Hemmings. Laurence Naismith. Lionel Jeffries. Metraje: 140 minutos. Nacionalidad: Estados Unidos.

Sinopsis: Arturo, joven rey de Inglaterra, quiere convertir su reino en un espacio de paz, de belleza y de concordia, superando una era de contiendas, fracturas y divisiones. Pero necesita una reina. Ginebra lo será. Y el rey decide instalar su capital en Camelot, y en ella una Tabla Redonda a la que convoca a los mejores caballeros del mundo, los más valientes y justos, que se reunirán sentados en un plano de igualdad. Allí acude un joven caballero francés, seguro y lleno de ilusión, Lanzarote del Lago, quien jura lealtad al rey y a la reina, iniciándose entre Ginebra y él una relación que ofrece a Mordred, aspirante al trono, la posibilidad de arruinar el proyecto de Arturo, basado en la lealtad y en la generosidad traicionadas. La reina Ginebra es juzgada y condenada, pero Lanzarote consigue salvarla, mientras los pocos leales a Arturo se enfrentan a Mordred. Camelot no sobrevive, aniquilado por sus enemigos y por las contradicciones de sus creadores. Pero lo que ni unos ni otros pueden evitar es ignorar que existió, aunque fuera durante "un breve y brillante momento". Camlot fue real. Y eso significa que sigue siendo posible.

Comentario: Una de esas obras de arte en donde confluyen una milenaria tradición literaria, pero también legendaria, la música, la poesía, la identidad, la política, y el *Zeitgeist* para deparar una experiencia de vida que acompaña a la maduración de la vocación, de los sueños, y de la propia visión del mundo. Los talentos de White, Lerner y Loewe, la adoración de los Kennedy por la obra, con el presidente a la cabeza, de Logan, y de un maravillos reparto encabezado por Richard Harris, Vanessa Redgrave y Franco Nero. Quienes vimos la película por primera vez en plena infancia, no podremos nunca despojarnos de la estampa de Vanessa Reggrave cantando *"Take me to the fair"*, o de Lanzarote entonando *"C'est moi"* delante del Alcázar de Segovia, convertida en fortaleza bretona por el rodaje en España, que identificó para siempre a Camelot con el Castillo de Coca. Y qué decir de *"If ever I would leave you"*. El rey Arturo de *Camelot* propone un poder humilde, colegiado, equilibrado y jovial. El rey canta. La historia sonríe. Y la ley dice que "el invierno está prohibido hasta diciembre". En Camelot.

36. HUGHES, K.: *Cromwell* (1970) Columbia Pictures

Título original: *Cromwell.* Año: 1970. Producción: Irving Allen. Dirección: Ken Hughes. Guión: Ken Hughes. Fotografía: Geoffrey Unsworth. Banda sonora: Frank Cordell. Reparto: Richard Harris. Alec Guinness. Robert Morley. Timothy Dalton. Franck Finlay. Dorothy Tutin. Patrick Magee. Nigel Stock. Charles Gray. Geoffrey Keen. Metraje: 140 minutos. Nacionalidad. Gran Bretaña.

Sinopsis: Oliver Cromwell es un joven puritano, integrante de la pequeña nobleza, que se encuentra a punto de emigrar hacia América cuando conoce que el rey Carlos ha decidido no escuchar la *Petición de Derechos* presentada por los miembros del parlamento, y las libertades del reino se encuentran en serio riesgo. Elegido él mismo como parlamentario, se convierte en el líder de la facción de los representantes del reino que exige al rey el mantenimiento del parlamento y el reconocimiento de su capacidad para legislar y autorizar las contribuciones tributarias como condición para someterse a la autoridad real. Cuando el rey no accede estalla la revolución de 1640, que tras las victorias de las fuerzas parlamentarias en Marston Moor y Naseby conduce al apresamiento del rey y la conversión de Cromwell en dueño de los destinos de Inglaterra. Juzgado el rey por alta traición, tras no reconocer al parlamento como depositario de una autoridad política que proviene de Dios, y reside en el Derecho que el propio parlamento elabora, Carlos I es ejecutado y Cromwell se convierte en *Lord Protector* de la *Commonwealth*, la primera y última república en la historia de Inglaterra.

Comentario: Absolutismo y parlamentarismo se enfrentan en una película que ofrece espacio a los argumentos de ambas partes en conflicto. Y Carlos I y Oliver Cromwell, portavoces de las dos fuerzas históricas en conflicto, están interpretados nada menos que por Alec Guinness y Richard Harris. El resultado es una película magnífica, llena de resonancias didácticas, históricamente rigurosa, no maniquea, siempre analítica, crítica, y seria. Junto a los protagonistas, resulta imposible no evocar a Robert Morley como el conde de Manchester, o a Timothy Dalton como el legendario príncipe Ruperto. El resultado es una obra poderosa e inteligente, paradigma del cine histórico, pero también de un género tan singular como el duelo de actores, característico del cine de la década que termina. Imprescindible para entender las razones de la Corona y del parlamento en conflicto en la génesis de las revoluciones burguesas, y la interpretación que de las fuentes de la legitimidad del poder realiza una sociedad iuscéntrica, en donde Dios se manifiesta a través del derecho, y tanto el rey como los representantes del pueblo se sienten llamados a convertirse en los intérpretes de la ley, pero también de las virtudes fundadoras del sistema político. A veces algo solemne. Pero excelente. Inolvidable para el niño de los 70' que quería ser historiador.

37. BERTOLUCCI, B.: *El conformista* (1970) Mars Films Produzione/ Marianne Productions

Título original: *Il conformista*. Año: 1970. Producción: Bernardo Bertolucci. Dirección: Bernardo Bertolucci. Guión: Bernardo Bertolucci (Alberto Moravia). Fotografía: Vittorio Storaro. Banda sonora: Georges Delerue. Reparto: Jean-Louis Trintignant. Stefania Sandrelli. Dominique Sanda. Gastone Moschin. Enzo Tarascio. Fosco Giachetti. Metraje. 110 minutos. Nacionalidad: Italia/ Francia.

Sinopsis: En la Italia de los años 30', y tras una traumática experiencia adolescente, Marcello Clerici es un joven y prometedor profesor de Filosofía que está a punto de casarse con su novia y que se adhiere al fascismo con entero convencimiento. Pero el régimen solicita su colaboración para localizar y asesinar a quien fuera su maestro en la Universidad, el profesor Quadri. Con motivo de su boda y de su viaje de novios a París, recibe el encargo de localizarle, y facilitar su eliminación por la policía secreta fascista. En el proceso, tendrá la oportunidad de conocer mejor a su maestro, de conocer a su esposa, y de conocer también a Giulia, su flamante mujer.

Comentario: Una vez más, como antes en *La romana* o en *El desprecio,* Alberto Moravia se convierte en un novelista de cine. Y un cuarto de siglo después del final del fascismo su compatriota Bernardo Bertolucci procede a realizar su primera aproximación a un período esencial a la configuración de la Italia contemporánea, examinando la peripecia de quienes deciden acomodarse a la realidad imperante para, además, unirse a sus verdugos. Jean-Louis Tringinant, en la cumbre de su carrera, está colosal en su composición del personaje protagonista. Y la confluencia del talento de unas jovencísimas Stefania Sandrelli y Dominique Sanda contribuye a completar una obra en donde Bertolucci comparte con Moravia una interesante interpretación de la adhesión de los seres humanos al fascismo que resulta válida para explicar la adhesión a cualquier forma de totalitarismo (¿también al populismo?) como huída de uno mismo, para apostar por la disolución en la masa, allí donde los demonios y los fantasmas de la existencia puedan llegar a desaparecer. A este respecto, el balence de novela y película resulta muy esclarecedor. E inquietante.

38. JARROTT, C.: *María, reina de Escocia* (1971) Universal Pictures

Título original: *Mary, Queen of Scots*. Año: 1971. Producción: Hal B. Wallis. Dirección: Charles Jarrott. Guión: John Hale. Fotografía: Christopher Challis. Banda sonora. John Barry. Reparto: Vanessa Redgrave. Glenda Jackson. Patrick MacGoohan. Timothy Dalton. Trevor Howard. Nigel Davenport. Ian Holm. Metraje: 125 minutos. Nacionalidad: Gran Bretaña.

Sinopsis: En los años centrales del siglo XVI Maria, reina de Escocia, e Isabel, reina de Inglaterra, son primas. María

Estuardo es bella, apasionada, y no está dispuesta a renunciar a sus convicciones. Isabel de Inglaterra es un talento político racional, y una especialista en sobrevivir en la Corte de los Tudor. María tiene un hijo y heredero, Jacobo. Isabel no. Y eso convierte a María, en primera instancia, y después a su hijo, en sucesores de Isabel en el trono inglés. Además, María es católica, lo que la convierte en la candidata ideal para destronar a la reina Isabel. Cuando María es depuesta por sus súbditos, y abdica en su hijo Jacobo, la reina escocesa busca el asilo político de su prima en Inglaterra. Pero la reina Isabel la confina en el castillo de Fotheringay. El cautiverio de una reina católica representa una constante preocupación, sobre todo cuando la posibilidad de que España invada Inglaterra en respuesta a su respaldo a los rebeldes neerlandeses se hace cada vez más probable. Y cuando la invasión se convierte en algo más que una posibilidad, contando con cartas procedentes del príncipe español don Juan de Austria, hijo natural de Carlos V y hermano del rey Felipe, que vendrían a probar la existencia de una conspiración, la reina Isabel cuenta con el pretexto que necesitaba para poner fin a la vida de su prima.

Comentario: Dos enormes damas de la cinematografía británica reeditan un duelo entre dos grandes princesas del Renacimiento. Ambas aspiran al ejercicio de la autoridad. La reina de Escocia, antigua reina consorte de Francia, ha nacido para reinar, y la autoridad y el boato cortesano le resultan inherentes. Probablemente por ese motivo, el amor se convierte en el centro de su ideal de vida, y no tanto el afán de poder. Isabel de Inglaterra, cuya madre fue decapitada por alta traición cuando ella no había cumplido los dos años, es una superviviente que, una vez llegada al trono, ha dedicado todas sus energías a consolidar su autoridad, y proseguir con el proyecto político de su padre: la hegemonía política de su dinastía, y la conversión de Inglaterra en una gran potencia. Su vida personal será en todo momento secundaria. En el fondo, ambas reinas consiguen sus objetivos y ambas fracasan. Ambas detectan en su rival todo lo que no son, pero en algún momento de su existencia desearon ser. Seguramente, como todos los seres humanos. Y Glenda Jackson y Vanessa Redgrave se encargan de incorporar a Isabel y María con todos los matices que ambos papeles exigen, con maestría, inteligencia, y sentido de la historia. Una magnífica película.

39. SICA, V. de: *El jardín de los Finzi-Contini* (1971) Documento Film/ Central Cinema Company Film

Título original: *Il giardino dei Finzi-Contini.* Año: 1971. Producción: Arthur Brauner. Arthur Cohn. Gianni Hecht Lucari. Dirección: Vittorio de Sica. Guión: Ugo Pirro. Vittorio Bonicelli. Elio Katz. Vittorio de Sica. (Giorgio Bassani). Fotografía: Ennio Guarnieri. Banda sonora: Bill Conti. Manuel de Sica. Reaprto: Dominique Sanda. Helmut Berger. Romolo Valli. Lino Capolicchio. Fabio Testi. Camillo Cesarei. Metraje: 100 minutos. Nacionalidad. Italia/ Alemania Federal.

Sinopsis: A comienzos de la década de los 30' del pasado siglo, la legislación fascista no ha dedicado todavía una atención obsesiva a la persecución de la comunidad judía italiana. En la apacible Ferrara, la familia Finzi-Contini sigue disfrutando de una vida acomodada dentro de la gigantesca propiedad de la dinastía, cuyo jardín está separado de la histórica ciudad por un muro que representa, para los jóvenes del último año en el Liceo, el límite entre un universo soñado, de elegancia, refinamiento y languidez, y la aspereza de la vida cotidiana bajo el fascismo. Los hermanos Finzi-Contini, Alberto y Micòl, habitan en ese universo fascinante para los jóvenes judíos de Ferrara. Pero el muro que protege esa cápsula de refinamiento, de languidez y de estilo no es lo bastante sólido como para contener la expansión de la irracionalidad: las primeras leyes raciales de Mussolini en 1938, y el comienzo de la persecución a los judíos italianos.

Comentario: Giorgio Bassani compuso la más bella interpretación de las consecuencias profundas del fascismo y de su legislación racial sobre la comunidad judía italiana. Y Vittorio de Sica supo recrear perfectamente la atmósfera y el estilo de la novela del gran escritor y editor, inventando un universo, tras la pared delimitadora de la casa de los Finzi-Contini, que es mucho más que estilo y decadentismo. El jardín de Micól y Alberto es un espacio en el que no ha penetrado el totalitarismo, con su tosquedad y su vulgaridad, un mundo en donde todavía es posible ser joven y libre. Vittorio de Sica encontró el modo de traducir la bellísima novela de Bassani en una película delicada, por momentos casi una obra de orfebrería, con Dominique Sanda dominando la escena, la historia, el drama, y la memoria. La historia ha venido a poner de manifiesto que la civilización no se preserva detrás de un muro, sea el *limes* romano, la muralla china, o la tapia del hogar de los hospitalarios, educados y generosos Finzi-Contini. Y De Sica compone una maravillosa metáfora del propio proceso de civilización.

40. ATTENBOROUGH, R.: *El joven Winston* (1972) Columbia Pictures/ Open Road

Título original: *Young Winston.* Año: 1972. Producción. Richard Attenborough. Carl Foreman. Dirección: Richard Attenborugh. Guión: Carl Foreman. Fotografía: Gerry Turpin. Banda sonora: Alfred Ralston. Reparto: Simon Ward. Anne Bancroft. Richard Shaw. John Mills. Anthony Hopkins. Ian Holm. Patrick Magee. Jane Seymour. Jack Hawkins. Metraje: 140 minutos. Nacionalidad: Gran Bretaña.

Sinopsis: Winston Churchill, un joven teniente montado en un caballo blanco que arriesga su vida en la frontera septentrional de la India, explica los motivos de su arrojo: quiere dedicarse a la política, y no dispone de influencia, ni de valedores políticos y, lo que es todavía peor, no dispone de dinero. Así que únicamente ganando reputación podrá dar cumplimiento a su vocación. El joven recuerda entonces su educación en terribles internados, y cómo la brillante carrera política de su padre, Randolph Churchill, se vio quebrada por su enfrentamiento con la dirección de los *tories* antes de que la enfermedad truncara prematuramente su existencia. Su presencia en los grandes escenarios bélicos de la Gran Bretaña imperial representa su solitaria oportunidad de obtener el impulso y la notoriedad que necesitan sus ambiciones. Cuando, durante la guerra de los *boers*, es capturado, se fuga de la prisión, y todo el país contiene el aliento hasta que escapa definitivamente de los *afrikaners*, sienta las bases de su primera elección parlamentaria por Oldham, y de una deslumbrante primera intervención ante la Cámara de los Comunes en donde recupera los planteamientos políticos de su padre, partidario de convertir a los conservadores en un gran partido popular, de clases medias y trabajadoras, para unirse a los liberales de Lloyd George.

Comentario: La primera de las grandes películas de Richard Attenborough representó una exitosa incursión en un género que conocía muy bien: la gran producción británica de contenido histórico, asistido por un reparto extraordinario, por un guión que le debe mucho a las propias memorias de Churchill, y por los avatares de la juventud del flamante teniente de húsares salido de Sandhurst en los teatros bélicos del Noroeste de la India, en Sudán, y en Sudáfrica. Simon Ward interpretó el papel de su vida, de hecho, uno de esos primeros papeles que parecen imposibilitar una carrera actoral posterior, y cada uno de sus compañeros de reparto –Shaw como Lord Randolph Churchill, Bancroft como su esposa, Lady Randolph Churchill, Mills como Lord Kitchener, Hopkins como Lloyd George...– completaron un extraordinario recorrido por el final de la Era victoriana, y la emergencia del sistema imperial británico a un siglo XX en el que, como los más grandes imperios de la historia, brillaría de manera extraordinaria justamente a lo largo de sus episodios finales. Churchill es la mejor metáfora, política y personal, de ese tránsito de la Gran Bretaña imperial a una Gran Bretaña que debe mirar con realismo hacia sí misma, hacia una ciudadanía inquieta y creativa. Churchill es el hombre que resume ese gran siglo de la historia británica.

41. LOSEY, J.: *El asesinato de Trotski* (1972) Dino de Laurentis Cinematografica

Título original: *The Assassination of Trotsky*. Año: 1972. Producción: Joseph Losey. Dirección: Joseph Losey. Guión: Nicholas Mosley. Masolino D'Amico. Fotografía: Pasqualino De Santis. Banda sonora: Egisto Macchi. Reparto: Richard Burton. Alain Delon. Romy Schneider. Valentina Cortese. Giorgio Albertazzi. Metraje: 100 minutos. Nacionalidad: Gran Bretaña/ Francia/ Italia.

Sinopsis: La acción comienza el 1 de mayo de 1940 en México D. F. La celebración de la fiesta del trabajo coincide con la presencia en la capital federal de Frank Jackson/Jacques Mornard, un joven comunista admirador de León Trotski. Pero la identidad de Jackson, como la de Jacques Mornard, es falsa, y esconde en realidad la del catalán Ramón Mercader, un convencido agente stalinista, enviado a México para que, después de varias tentativas frustradas, proceda al asesinato de la cabeza más visible de la oposición a Stalin, eliminando así a la última de las grandes figuras todavía supervivientes de la revolución de 1917. El líder ruso tiene absoluta confianza en el joven Jackson. Mercader vacila ante la personalidad extraordinaria de su víctima. Pero es un militante disciplinado. Y lleva a término la misión.

Comentario: Un reparto estelar acompañó a Losey en su interpretación del brutal asesinato de León Trotski por Ramón Mercader en la mítica casa de Coyoacán, el 21 de agosto de 1940, siguiendo órdenes del mismísimo Stalin. Losey quiso proceder a una reconstrucción rigurosa de un acontecimiento histórico, pero se tomó ciertas licencias, como el presunto encarcelamiento de Caridad Mercader, o la incursión en los problemas de conciencia del magnicida, hecho que en absoluto se produjo, pero que añade dramatismo a la película, y especialmente a su tenso, dramático, casi hipnótico final. El resultado es una película que atesora un gran valor documental, más de cuatro décadas después de su rodaje, pero probablemente se resiente en su ritmo a pesar de la magistral contribución realizada por los actores, y en especial por Richard Burton en el papel principal, exhibiendo la maravillosa versatilidad de los registros de un actor hijo del pueblo, Alain Delon como Jackson/Mornard/Mercader, Romy Schneider, o Valentina Cortese. Una película con aroma a cine-club de los 70', a amor por la historia, a largas y apasionadas conversaciones en el dorado *Et in Arcadia ego* universitario. Ha envejecido. Quienes fuimos sus espectadores, también.

42/43/44. COPPOLA, F. F.: *El padrino I, II, y III* (1972/1974/1990) Paramount Pictures

Título original: *The godfather I, II & III*. Año: 1972/ 1974/ 1990. Producción: Albert S. Ruddy. Dirección: Francis Ford Coppola. Guión: Mario Puzo. Francis Ford Coppola (Mario Puzo). Fotografía. Gordon Wills. Banda sonora. Nino Rota/ Nino Rota. Carmine Coppola/ Carmine Coppola. Reparto. Marlon Brando. Robert de Niro. Al Pacino. James Caan. John Cazale. Diane Keaton. Robert Duvall. Talia Shire. Lee Strassberg. Andy García. Sophia Coppola. George Hamilton. Ralf Vallone. Joe Mantegna. Donald Donnelly. Metraje: 175/200/160 minutos. Nacionalidad: Estados Unidos.

Sinopsis: En la primera entrega de la trología, Vito Corleone es "el padrino", la cabeza de una de las más poderosas organizaciones mafiosas de los Estados Unidos. Y eso significa que es también el objetivo a abatir por las familias que desean ocupar su posición de privilegio. Don Vito es un hombre que nació en Sicilia, quedó trágicamente huérfano en su infancia, llegó sólo a los Estados Unidos, y su estilo de vida es el propio del que conoce, y en todas sus facetas, cuán terrible puede llegar a resultar. Su liderazgo se basa en un profundo sentido del respeto, de la contención, de la parquedad en la expresión y la claridad en las relaciones. El hablar, poco, y el obrar pronto. Cuando empeña su palabra, la cumple, y con todas sus consecuencias. A su alrededor habita su familia, la directa, con su esposa, su hija Connie, y sus hijos Santino, Fredo y Michael-Michele, el primero con estudios universitarios, que acaba de distinguirse combatiendo en la segunda guerra mundial, el *consigliere* Tom Hagen, y la familia extensa, en la mejor tradición siciliana.

Sin embargo, otras organizaciones mafiosas, que cuentan con poderosas conexiones en la policía, pero también con la traición de algunos de los hombres de confianza de los Corleone, intentan aniquilar a la familia. Consiguen matar a Santino, casi lo consiguen con Don Vito, y Michael, tras dar muerte a los responsables del atentado contra su padre, debe exiliarse en Sicilia, en donde la venganza de sus enemigos alcanza a su joven primera esposa. Cuando Michael regresa, sin embargo, se hace cargo del liderazgo familiar, y aprovechando la primera comunión de su hijo Toni, una perfecta coartada, da muerte en una audaz y brutal acción conjunta a sus principales enemigos.

Al comienzo de la segunda parte, una fiesta en la nueva residencia de los Corleone junto al lago Tahoe se resuelve con un frutrado intento de asesinato de toda la familia que, a pesar de fracasar, deja muy pensativo a Michael, quien no cree que sus hombres, bien pagados, hayan querido participar en la eliminación de su jefe. Mientras algunos *flash-backs* muestran la huida de Sicilia de Don Vito, la llegada a Nueva York, y su brutal conversión en un gran capo de la mafia, los negocios de los Corleone se expanden hacia Las Vegas, bajo la responsabilidad directa de Fredo, y hacia Cuba, a donde viaje Michael, pero para constatar que los revolucionarios están en condiciones de derrocar a Batista y, lo que es más terrible, que el responsable del atentado del lago Tahoe no es otro que su hermano Fredo, resentido por ser una figura secundaria en la familia. Michael, siempre impacable, ordena su asesinato.

En la tercera entrega, un envejecido y deteriorado Michael realiza una generosa donación a una obra de la Iglesia católica, que le condecora, esperando ganar respetabilidad e introducirse en nuevos ámbitos de negocio. Michael, quien gracias a la nueva figura de la familia, Vincent Mancini, su sobrino, salva la vida tras una nueva matanza masiva de grandes jefes mafiosos, disfruta de la oportunidad de conocer a un hombre distinguido por su santidad, el cardenal Lamberto, a quien le confiesa todos sus crímenes. El cardenal Lamberto será elegido Papa, para fallecer poco después, y pierde la vida también monseñor Gilday, el interlocutor de Michael dentro de la Iglesia. Pero la vida de Michael parece estar cobrando una nueva dimensión con la reunión de la familia para escuchar el début de Toni Corleone como tenor protagonista en una rapresentación de *Cavalleria Rusticana* en el *Teatro Massimo* de Palermo. La tragedia, sin embargo, rodea a la familia Corleone, cuya suerte ha sido sentenciada por sus enemigos. Finalmente, la receptora de la bala destinada hace más de tres décadas a Michael es su hija Mary, que muere en sus brazos. Y Vincent se convierte en el nuevo padrino.

Comentario: Analizar *El padrino* significa aproximarse a una de las grandes obras de arte del último tercio del siglo XX. La obra que Coppola compuso a partir de la novela de Mario Puzo encierra una extraordinaria reflexión sobre la naturaleza del poder. Pero no se ocupa de sus manifestaciones más obvias, como la acumulación de riquezas o de influencia. La clave del drama de los Corleone gira en torno a la autoridad interna, la distinta consideración que dentro de la familia reciben sus integrantes en función de sus aptitudes para el liderazgo, que transita de Sonny a Michele/Michael (por cierto, graduado en Derecho), prescindiendo de Fredo, y la consiguiente reacción de quien, sintiéndose preterido, traiciona a la familia hasta las últmas consecuencias para, una vez descubierto, recibir el castigo que, también hasta las últimas consecuencias, queda reservado a los traidores.

La historia no puede ser más clásica, y sus resonancias, más propias del universo de Shakespeare que de las películas de *gangsters* del Hollywood clásico, si es que uno y otro mundo no son la misma cosa. En último término, la lucha por el poder no es más que la lucha por el amor, por la atención, por el afecto, por la certeza de la consideración y del respeto de los seres queridos. Igual que en *Othello* el personaje central es Yago, o en la tragedia escocesa Lady Macbeth, o en toda la serie de *Enrique V* Sir John Falstaff, *El Padrino* no es Don Vito, ni siquiera Michele Corleone: *El Padrino* es Fredo.

Pero la trilogía *El Padrino* es también una obra de arte gracias a la extraordinaria realización de Coppola, que en el final de la tercera entrega comparte su propio dolor de padre (y hace muy difícil una cuarta entrega o, al menos, una nueva entrega con él como director) la música de Nino Rota y el trabajo de un reparto en el que sobresalen los protagonistas, Marlon Brando, Robert de Niro y Al Pacino, pero en donde los presuntos secundarios, comenzando por el inolvidable John Cazale, prosiguiendo por James Caan y Robert Duvall, la presencia de Talia Shire o de Sterling Hayden y, al final, de Donald Donnelly, Joe Mantegna o Andy García, termina por deparar una resolución digna de las más grandes tragedias en la historia de las formas de creación, de Esquilo a Arthur Miller pasando por Shakespeare o Víctor Hugo. Imprescindible.

45. ROSSELLINI, R.: *Año uno* (1974) Istituto Luce

Título original: *Anno uno*. Año: 1974. Producción: Roberto Rossellini. Dirección: Roberto Rossellini. Guión: Roberto Rossellini. Marcello Mariani. Fotografía: Mario Montuori. Banda sonora: Mario Nascimbene. Reparto: Luigi Vannucchi.

Dominique Darel. Rita Calderoni. Valeria Sabel. Metraje: 115 minutos. Nacionalidad: Italia.

Sinopsis: El padre de la Italia y la Europa contemporáneas es descrito desde los últimos estertores de la segunda guerra mundial, también civil en Italia, y su participación en los primeros gobiernos constituidos por las fuerzas democráticas de oposición al fascismo antes de reanudar la vida democrática. De Gasperi debe enfrentarse a una realidad pavorosa: un país materialmente destruido, ocupado, y derrotado, en donde los comunistas quieren la revolución, mientras los militares recelan del poder civil, en donde debe darse una solución al debate Monarquía-República, y todo ello mientras se reconstruye el Estado de Derecho, se da forma a los partidos políticos, y en su caso a la Democracia Cristiana naciente, y se trata de devolver el país a la paz y la normalidad en medio de las ruinas y de la carestía. De Gasperi se convierte en el hombre capaz de hacer frente a todos los obstáculos, conseguir que el Estado de Derecho prevalezca e impulsar un país material y moralmente hundido para convertirlo en la brillante potencia democrática que es hoy.

Comentario: El último de los largometrajes no documentales rodado por Roberto Rossellini estuvo dedicado al gran Alcide de Gasperi veinte años después de su fallecimiento. Rossellini, que desde sus primeros trabajos como director había mostrado su adhesión a los principios socialcristianos, ofrece en esta ocasión un muy personal retrato de todas las facetas de la personalidad extraordinaria de De Gasperi: del luchador antifascista, del hombre de Estado conciliador que tiende la mano a sus adversarios comunistas desde la primera campaña electoral, o visitando a Togliatti en el hospital tras el atentado que padeció, pero también del firme defensor de la legalidad constitucional frente a todas las presiones y amenazas. Un hombre que acude al deprimido Sur, muy sensible a su problemática, siempre austero y sencillo, honesto y coherente, de profundas convicciones... Luigi Vannucchi incorpora con perfecta convicción al hombre y al estadista. Y Rossellini pone todo lo demás.

46. COSTA-GAVRAS, C.: *Sección especial* (1975) K.G. Productions/ Les Productions Artistes Associés/ Reggane Films

Título original: *Section speciale.* Año: 1975. Producción: Constantin Costa-Gavras. Dirección: Constantin Costa-Gavras. Guión: Constantin Costa-Gavras. Jorge Semprún. Fotografía: Andréas Winding. Banda sonora: Éric Demarsan. Reparto: Louis Seigner. Roland Bertin. Michael Lonsdale. Ivo Garrani. Jacques Spesser. François Maistre. Jacques Perrin. Metraje: 115 minutos. Nacionalidad: Francia/ Italia/ Alemania Federal.

Sinopsis: En plena ocupación alemana de Francia, el verano de 1941, el gobierno títere de Vichy se encuentra completamente sometido a los nazis. Y, cuando la Resistencia lleva a cabo una de sus acciones, se decide ofrecer en compensación a los enfurecidos nazis las condenas a muerte de seis delincuentes que deberan permitir la realización de un ejemplar escarmiento. Dos de ellos son judíos. Pero la contribución del poder judicial resulta esencial para que la acción punitiva revista forma legal, y pueda dar testimonio del proceder con arreglo a derecho del Estado que lidera el general Pétain. Algunos de los jueces se prestan a la farsa, con más o menos entusiasmo y convencimiento, pero otro no. Y comienza una pugna que se prolongará durante las vistas orales. Seis vidas humanas dependen de ese combate entre la dignidad y la cobardía.

Comntario: Menos conocida que sus *Z* (*Z*, 1969) y *Estado de sitio* (*État de siège*, 1973) precedentes, y que su *Desaparecido* (*Missing*, 1982) posterior, *Sección especial* es, sin embargo, la más rigurosa, razonada y argumentada disección del comportamiento de las instancias institucionales de los Estados totalitarios, en este supuesto la Francia de Vichy. El guión, obra conjunta de la colaboración de dos escritores tan extraordinarios como el propio Constantin Costa-Gavras y Jorge Semprún, dota de enorme solidez a la propuesta. El reparto que encabeza un extraordinario Louis Seigner viene a completar una película denotada por su equilibrio en el relato de lo que, por su propia naturaleza, es sobre todas las cosas desmesurado. Para todos los profesionales del derecho, y singularmente para aquellos que lo enseñamos, un título imprescindible para entender cómo una creación tan maravillosa de la inteligencia humana puede llegar a convertirse en un instrumento de la ambición y de la falta de escrúpulos de quienes no contemplan a las personas como fines en sí mismas, sino como un mero instrumento al servicio de sus ambiciones. Una película conmovedora.

47. PAKULA, A. J.: *Todos los hombres del presidente* (1976) Columbia Pictures/ Wildwood Enterprises

Título original: *All the President's Men*. Año: 1976. Producción: Walter Coblenz. Dirección: Alan J. Pakula. Guión: William Goldamn (Carl Bernstein, Bob Woodward). Fotografía: Gordon Willis. Banda sonora: David Shire. Reparto: Dustin Hoffman. Robert Redford. Jason Robards. Hal Holbrook. Martin Balsam. Jane Alexander. Jack Warden. Ned Beatty. Metraje: 135 minutos. Nacionalidad: Estados Unidos.

Sinopsis: Carl Bernstein y Bob Woodward, periodistas del "Washington Post", comienzan a recibir información que relaciona las extrañas irrupciones nocturnas en el edificio "Watergate", cuartel general del Partido Demócrata para las elecciones presidenciales de 1972, con el Partido Republicano, y en concreto con instrucciones emitidas directamente por los asesores del presidente Nixon, y bajo conocimiento del político californiano. Una fuente que se identifica como "garganta profunda" facilita información precisa cuya revelación, a pesar del abrumador respaldo obtenido por Nixon en su reelección en 1972, y sus éxitos en política exterior, coloca al presidente en una situación política desesperada. Para los periodistas y su medio, igualmente, conducir a la primera magistratura del país al umbral del procesamiento o la dimisión genera terribles tensiones. Pero, en un Estado de Derecho, un jefe de Estado no quebranta los derechos y libertades fundamentales, y la prensa es libre, entre otras razones, para denunciar las desviaciones y abusos del poder constituido.

Comentario: El libro de Bernstein y Woodward, un auténtico "best-seller" en los 70', disfrutó de una excelente adaptación gracias al oficio de Pakula y a la interpretación extraordinaria de Hoffman y Redford, eficaces y creíbles en una historia que no se convierte en una interpretación hagiográfica de la profesión periodística y una consiguiente condena de la perversidad de la acción estatal, sino en un examen muy medido de las competencias y responsabilidades que incumben a todos los agentes sociales y políticos en concurso en una sociedad plural. Hoffman y Redford se convirtieron en una extraordinaria y convincente pareja de cine. Y los "secundarios", nada menos que figuras como Robards, Holbrook y Balsam, completaron un reparto extraordinario en una película llena de inteligencia y, cómo no, de intencionalidad demócrata en un *"year of election"* que llevó al demócrata Carter a la Casa Blanca, interrumpiendo durante cuatro años el largo ciclo republicano del último tercio del siglo XX (1968-1992). El compromiso de dos periodistas con su profesión lo hizo posible.

48. ZINNEMANN, F.: *Julia* (1977) TCF

Título original: *Julia*. Año: 1977. Producción: Richard A. Roth. Dirección: Fred Zinnemann. Guión: Alvin Sargent (Lilian Hellman). Fotografía: Douglas Slocombe. Banda sonora: Georges Delerue. Reparto: Jane Fonda. Vanessa Redgrave. Jason Robards. Maximilian Schell. Hal Holbrook. Meryl Streep. Dora Doll. Lisa Pelikan. Susan Jones. Metraje: 116 minutos. Nacionalidad: Estados Unidos.

Sinopsis: Julia y Lilian, dos niñas estadounidenses de distinta procedencia, popular y del interior Lilian, aristócrata y de Nueva Inglaterra Julia, establecen una profunda amistad que sobrevive a su alejamiento durante años, tras instalarse Julia en Europa para comenzar medicina en la Universidad de Oxford. De allí se dirige a Viena, para estudiar psiquiatría con Freud, enfrentándose al impacto de la agresión totalitaria y el asalto de los nazis a la Universidad, en donde la propia Julia es gravemente herida. Lilian acude a Viena para estar junto a su amiga. Allí constata que sus vidas han tomado derroteros definitivamente diferentes. Pero que la amistad que las unió es permanente e indestructible. Y, además, Julia ya no está sóla en el mundo.

Comentario: Mucho más que una de las más bellas películas sobre la amistad de la historia. Con el telón de fondo de la gigantesca crisis de humanidad de Entreguerras, la relación entre dos mujeres, Lilian y Julia, cuya relación se remonta al final de la infancia, pero no ha sido ni frecuente ni estrecha con posterioridad, se convierte en el fundamento de una indestructible lealtad compartida. Zinnemann regrea a Viena, más de cuatro décadas después de su forzoso exilio, para aproximarse a los acontecimientos que marcaron la historia de Austria y de Europa, y su propia historia. El extraordinario trabajo de un impresionante reparto liderado por Jane Fonda, Vanessa Redgrave y Jason Robards, la música de Georges Delerue, y la atmósfera incomparable de una historia basada en la amistad entre dos niñas que, a pesar de la distancia que el devenir de sus existencias establece entre ellas, se conserva intacta, de manera que ambas se unirán por última vez, en esta ocasión para luchar contra el totalitarismo, sobrevive al tiempo, y emociona. Especialmente a quienes vimos por primera vez esta película en el final de la infancia y anduvimos diariamente la escalinata de una Universidad que, apenas años después, se convirtió en la nuestra. Un gran Zinnemann, más auténtico que nunca.

49. BOORMAN, J.: *Excalibur* (1981) Orion Pictures/ Warner Bros

Título original: *Excalibur.* Año: 1981. Producción: John Boorman. Dirección: John Boorman. Guión: Rospo Pallenberg. John Boorman (Thomas Malory). Fotografía: Alex Thomson. Banda sonora: Trevor Jones. Reparto: Nigel Terry. Nicol Williamson. Cherie Lunghi. Nicholas Clay. Helen Mirren. Liam Neeson. Patrick Stewart. Gabriel Byrne. Ciarán Hinds. Metraje: minutos. Nacionalidad: Gran Bretaña/ Estados Unidos.

Sinopsis: Tras años de combate entre los pueblos britanos, gracias a la intercesión de Merlín se alcanza una paz que reconoce la supremacía del rey Uther Pendragón. Sin embargo, cuando éste se enamora de Igraine de Cornualles, comienza una nueva guerra. Merlín accede a que Uther pueda yacer con la duquesa de Cornualles, pero debe entregarle al hijo que nazca para encargarse de su educación. Ese niño, llamado Arturo, se convierte en rey de todos los britanos, pone fin a los conflictos, unifica todo el reino, y lo somete a la misma autoridad. Crea una hermandad de caballería para velar por la paz y la justicia, la Tabla Redonda, instalada en su nueva corte en Camelot, en donde se congregan todos los grandes caballeros de Britania, y contrae matrimonio con Ginebra. Pero su hermana Morgana, hija de los reyes de Cornualles, se siente más legitimada que su hermano para liderar a los britanos. Y la aparición de un caballero que proviene de la Britania continental, Lancelot du Lac, quien inmediatamente se enamora de la reina Ginebra, conduce a Camelot a la descomposición. Morgana se vale de un bededizo para concebir un hijo con Arturo, Mordred, y encierra a Merlín, mientras los caballeros de la Tabla Redonda buscan en vano el Santo Graal que pueda redimir la suerte del reino. El sueño de Arturo parece haberse perdido. Pero, cuando Mordred decide apoderarse del poder, ese sueño vuelve a reunir a los viejos amigos para una última batalla. La Tabla Redonda prevalece, Arturo es conducido por la Dama del Lago a Avalon, y Excalibur regresa a su morada.

Comentario: John Boorman quiso llevar al cine la fascinante *Morte d'Arthur* de Thomas Malory. Y recreó su singular percepción de las relaciones políticas para, en primer lugar, evocar la ardua cristalización del orden y de la paz, y su profunda fragilidad. El reparto seleccionado por Boorman integraba jóvenes talentos de las Islas Británicas en donde destacaban figuras como Liam Neeson, Helen Mirren, Cherie Lunghi, Nigel Terry, Nicolas Clay, Patrick Stewart, y Nicol Williamson, más un inolvidable Corin Redgrave como Merlín. La música de Wagner, y los *Carmina Burana* en versión Carl Öff, aportaron la imprescindible temperatura épica a una película que no quería ser ni un clásico del cine de aventuras ni un inocente musical lleno de esperanza, sino una aproximación a la delicadeza, la melancolía, la lucidez y el profundo conocimiento de la naturaleza humana y, por lo tanto, de las relaciones de poder, que latía en la obra de Malory. Y la Materia de Bretaña adqurió un nuevo impulso en el cine. En donde, por cierto, permanece.

50. WAJDA, A.: *Danton* (1982) Gaumont/ TF1 Films Production/ SFPC/T M/ Ministère de la Culture/ Film Polski/ Les Films du Losange/ Zespól Filmowy 'X'

Título original: *Danton*. Año: 1982. Producción: Margaret Ménégoz. Dirección: Andrzej Wajda. Guión: Jean-Claude Carrière. Andrzej Wajda. Agnieszka Holland. Stanislawa Przybyszewska. Boleslaw Michalek. Fotografía: Igor Luther. Banda sonora: Jean Prodomidès. Reparto: Gérard Depardieu. Wojciech Pszoniak. Roland Blanche. Patrice Chéreau. Anne Alvaro. Emmanuelle Debever. Krzysztof Globisz. Metraje: 135 minutos. Nacionalidad: Francia/ Polonia.

Sinopsis: Tras la ejecución de Luis XVI y la proclamación de la República, y aniquilados los girondinos, la conducción del proceso revolucionario por los jacobinos se debate entre dos formulaciones políticas y del modelo de Estado que, adicionalmente, denotan también dos formas de entender el servicio público y la propia existencia. Robespierre es el revolucionario fanáticamente consagrado a la primacía de la razón, frío, cerebral, implacable, que desea conducir el proceso revolucionario y controla al poder ejecutivo, radicado en un Comité de Salud Pública cuyo cerebro creador es el genio juvenil de Saint-Just. Danton reina en la Convención y en las calles, es simpático, elocuente, sentimental, cree en una República burguesa sometida a su absoluto liderazgo, y su influencia en el poder legislativo es inmensa. Su convivencia es imposible, y su batalla por el poder a vida o muerte. Danton moviliza contra Robespierre a la Convención, y Robespierre, fiel servidor de la legalidad, acude a la Convención, la somete a su poder y, sin más obstáculos en el camino, ordena la prisión y juicio sumario de Danton, condenado a muerte por alta traición, y ejecutado. Y, con él, los restantes líderes revolucionarios.

Comentario: Un título imprescindible en cualquier reflexión sobre los meandros de la política. La película es formidable cuando contrapone los estilos de Danton, el volcánico, expansivo, populista líder, y Robespierre, gélido, medido, metódico ejecutor de un proyecto político que desconoce sentimientos o escrúpulos. El instante en el que la Convención reclama la presencia de Robespierre para estudiar si le encausa, y el responsable del Comité de Salud Pública gana la voluntad de sus integrantes, incluidos los más fieles partidarios de Danton, asociando acción didáctica y directa intimidación, constituye una lección de liderazgo imperecedera. El duelo entre Danton y Robespiere, entre Depardieu y Pszoniak, entre la exuberancia del liderazgo expansivo, y el rigor calculado del líder frío, entre el estilo de vida suntuoso y la extrema austeridad, entre el ídolo que halaga a las masas y el hombre de Estado que aspira a someterlas, representa una de las más grandes y aleccionadoras experiencias de pugna por el poder de la historia. Un hombre puede razonar y persuadir, igual que aterrorizar. Robespierre lo hizo al mismo tiempo. Y la historia dictó sentencia.

51. SCOLA, E.: *La noche de Varennes* (1982) Opera Film/ Gaumont-FR3

Título original: *Il mondo nuovo/La nuit de Varennes*. Año: 1982. Producción: Renzo Rossellini. Dirección: Ettore Scola. Guión: Sergio Amidei. Ettore Scola (Catherine Rihoit). Fotografía: Armando Nannuzzi. Banda sonora: Armando Trovajoli. Reparto: Jean-Louis Barrault Hanna Schygulla. Marcello Mastroianni. Harvey Keitel. Jean-Claude Brialy. Andréa Ferréol. Metraje: 130 minutos. Nacionalidad: Italia/ Francia.

Sinopsis: Una diligencia sale de un París convulso, tras la declaración de guerra de las potencias europeas y la invasión de Francia, con dirección hacia la frontera germana. En la diligencia coinciden Tom Paine, un pensador estadounidense que ha venido a Europa para conocer el proceso revolucionario, el novelista francés Restif de la Bretonne, Giacomo Casanova, célebre aventurero veneciano y escritor, ya en el ocaso de su existencia, y una misteriosa aristócrata, Sophie de la Borde, que dice ser una de laas damas de compañía de la reina María Antonieta. Cuando los viajeros hacen noche en Varennes, son detenidos por los soldados de la Francia revolucionaria, que identifican a la misteriosa dama como la reina María Antonieta. La reina asutriaca es devuelta a París. Ella, y todos los viajeros, conocen su suerte. Igual que comparten la certeza de que la historia acaba de cambiar para siempre. Y con ellos como espectadores de excepción.

Comentario: Una bellísima película, por momentos una obra de arte, pero también una de las mejores interpretaciones de la significación transformadora de un proceso revolucionario que no se limitó únicamente a cambiar las formas políticas e institucionales, sino también las formas de expresión, la sensibilidad, el estilo, la propia comprensión del acontecer humano. Scola, un militante comunista fascinado siempre por el Antiguo Régimen y su pervivencia, acierta en el reparto y, sobre todo, da con una asociación de caracteres sumamente especial: Hanna Schygulla es la reina María Antonieta de Francia; Philippe Noiret Luis XVI; Harvey Keitel Tom Paine; y Marcello Mastroianni, magistral entre sus magistrales colegas, un entrañable Giacomo Casanova. Una película que escenifica lo inasible para el historiador del derecho y de las instituciones: el cambio de ciclo histórico, la transformación de las actitudes, las mentalidades y las convicciones de los seres humanos, y la consiguiente aurora de un tiempo, como diría Tennyson, "más nuevo". El ciclo histórico que se inició con la Revolución Francesa y se encuentra tocando a su fin en estos años iniciales del siglo XXI.

52. SZABO, I.: *Coronel Redl* (1984) Jadran Film/ MAFILM/ Obkektiv Filmstúdió

Título original: *Redl Ezredes*. Año: 1984. Producción: Manfred Durniok. Dirección: István Szabó. Guión: István Szabó. Peter Dobai (John Osborne). Fotografía: Lajos Zoltai. Banda sonora. Zdenko Tamassy. Reparto: Klaus Maria Brandauer. Armin Müller-Stahl. Jan Niklas. Gudrun Landgrebe. Hans-Christian Blech. Dorottya Udvaros. Metraje: 145 minutos. Nacionalidad: Hungría/ Austria/ Alemania.

Sinopsis: Alfred Redl es un oficial que, a pesar de su humilde origen ruteno, uno de los pueblos integrados dentro del Imperio Austro-Húngaro que, sin embargo, incluso carecen de reconocimiento entre las nacionalidades de la Monarquía danubiana, consigue gracias a su talento acceso a los muy exclusivos y cerrados servicios de inteligencia del Estado, destacando por su celo en el ámbito del contraespionaje. Redl, sin embargo, es un hombre no valorado por una sociedad extremadamente clasista debido a su humilde extracción social. Y, adicionalmente, es un hombre que carece de atractivo. Para allegar recursos que le permitan disfrutar de un suntuoso estilo de vida que haga posible tanto su reconocimiento social como disfrutar del afecto y de la admiración que nunca obtuvo, comienza a vender secretos estratégicos a los enemigos del Imperio, y muy específicamente a los rusos. No es el único que lo hace. Pero cuando el contraespionaje imperial descubre estas prácticas, y la Monarquía necesita realizar un escarmiento ejemplarizante, Redl, humilde y ruteno, se convierte en el candidato perfecto.

Comentario: István Szabo convirtió la historia original de Alfred Redl, mucho más vinculada a su propia identidad personal y sexual que a su procedencia nacional o social, en un magnífico retrato de los implacables recursos del poder estatal en los años finales de la Monarquía de los Habsburgo. Redl fue captado inicialmente por los servicios secretos rusos, quienes amenazaron con revelar sus aventuras homosexuales. Y se convirtio en el principal agente doble de la Europa previa al estallido de la Gran Guerra. Las interpretaciones más aventuradas le convierten en agente a sueldo de italianos, franceses y británicos, e incluso relacionan los atentados de Sarajevo del 28 de junio de 1914, un año y tres días posteriores al suicidio de Redl el 25 de junio de 1913, con los daños sufridos por el contraespionaje austro-húngaro tras su dramática desaparición. Lo interesante es que, tras una primera adaptación al cine en 1925, la frustrada adaptación por Cukor en 1962, y la pieza teatral de John Osborne *A Patriot for Me*, el realizador magiar István Szabo llena de inteligencia y de contenido una historia imprescindible para conocer la Paz Armada, y el clima que condujo a una Gran Guerra que habría de revelarse como el gran fracaso fundacional del terrible siglo XX. Muy interesante.

53. JOFFÉ, R.: *La Mision* (1986) Warner Bros

Título original: *The Mission*. Año: 1986. Producción: David Puttnam. Dirección: Roland Joffé. Guión: Robert Bolt. Fotografía: Chris Menges. Banda sonora: Ennio Morricone. Reparto: Robert de Niro. Jeremy Irons. Cherie Lunghi. Aidan Quinn. Liam Neeson. Ray McAnally. Ronald Pickup. Rolf Gray. Metraje: 120 minutos. Nacionalidad: Gran Bretaña.

Sinopsis: En el ocaso de su existencia, el cardenal Altamirano relata la brutal erradicación de las reducciones jesuitas en el Paraguay tras la expulsión de la Orden de todos los territorios de su Monarquía por Carlos III de España. La acción se traslada a Asunción, en donde Rodrigo de Mendoza, un traficante de esclavos sin escrúpulos, asesina en un duelo a su hermano, rival en el amor, quien decide expiar su crimen cargando con todos los atributos definidores de su pasado de violencia, mientras escala la catarata que separa su mundo del perteneciente a los indígenas guaranís que evangeliza el padre Gabriel con su música. Rodrigo de Mendoza conoce la fuerza liberadora del perdón, se hace jesuita, y contribuye a la consolidación del proyecto de evangelización de las reducciones. Cuando la Corona determina su expulsión, a pesar de que la propia misión real encabezada por el cardenal Altamirano disfruta de la ocasión de constatar la magnitud de la obra realizada, las posiciones de ambos jesuitas se hacen diferentes: Rodrigo de Mendoza opta por la resistencia activa y el padre Gabriel por la no violencia. El resultado final es el inevitable. El testimonio histórico y espiritual, imborrable.

Comentario: El último de los grandes guiones elaborados por el talento inmenso de Robert Bolt disfruto de una medida dirección de Roland Joffé, una extraordinaria banda sonora de Ennio Morricone, y un reparto soberbio, en el que el duelo actoral entre Irons y De Niro, enfrentados ambos con la injusticia, pero convencidos de la necesidad de acudir a estrategias tan opuestas como la oración y la resistencia armada, resulta conmovedora. En un mundo cuyo tamaño se reduce a pasos agigantados, una historia protagonizada por seres humanos excluidos de la corriente dominante de los beneficios de la historia, explotados y esclavizados, así como por quienes deciden comprometer y entregar su vida en defensa de sus derechos inalienables, conserva todo su interés y su vigencia. La asociación de talentos que se concitan bajo la dirección del mejor Joffé, eficaz, a veces casi documental, no adornado, ofrecen una reflexión inolvidable sobre una materia vigente como el enfrentamiento entre la razón de Estado, es decir, las razones e intereses de unos pocos, y la razón de conciencia, es decir, la capacidad de los seres humanos de enfrentarse a los abusos de poder a despecho de las consecuencias. La historia demuestra que, sin embargo, el verdadero poder, el que transforma el mundo y lo hace más justo, libre y humano, pertenece a quienes, frente a los fusiles y los cañones, oponen su silencio o su oración no violentos.

54. FERRARA, G.: *El caso Moro* (1986) Yarno Cinematografica

Título original: *Il caso Moro*. Año: 1986. Producción: Mauro Berardi. Dirección: Giuseppe Ferrara. Guión: Giuseppe Ferrara. Armenia Balducci. Robert Katz (Robert Katz) Fotografía: Camillo Bazzoni. Banda sonora: Pino Donaggio. Reparto: Gian María Volonté. Margarita Lozano. Daniela de Dilva. Sergio Rubini. Emanuela Taschini. Metraje: 110 minutos. Nacionalidad: Italia.

Sinopsis: El 16 de marzo de 1978, cuando un gobierno monocolor democristiano, presidido por Giulio Andreotti, se somete a la confianza de la Cámara de Diputados esperando contar con el respaldo de la primera fuerza de la oposicion, el Pci, el presidente de la Dc y artífice del acuerdo, Aldo Moro, es secuestrado tras un sangriento tiroteo en el que son asesinados los cinco integrantes de su cortejo. Las Brigadas Rojas, una organización terrorista de ideario marxista-leninista, reivindican el atentado, anuncian que Aldo Moro será sometido a "juicio" por sus crímenes contra el pueblo italiano, y plantean al gobierno un conjunto de exigencias de cuyo cumplimiento depende que Moro recupere la libertad. La policía comienza una búsqueda que hasta en dos ocasiones la conduce hasta la casa en donde se encuentra el hombre de Estado, mientras la "estrategia de la firmeza" se impone en el gobierno y en la clase política italiana, y el Papa Pablo VI, maestro del propio Moro, pide su liberación sin condiciones y ofrece su vida a cambio de la de su discípulo, quien escribe un conjunto de cartas en donde razona el deber de las instituciones públicas de preservar la vida de los ciudadanos. Finalmente, el 9 de mayo de 1978, después de 55 días de cautiverio, aparece su cadáver en el maletero de un R-4 en la vía Caetani, en pleno centro de Roma, entre las sedes de la Dc en la Piazza dell Gesù y la del Pci en la Vía Botteghe Oscure.

Comentario: La democracia italiana cuenta con un rey Arturo, cuyas ideas, visión de la política y estilo de liderazgo siguen iluminando una vida pública que evoca de manera constante el volumen de su ausencia. Casi cuatro décadas después, todo el mundo recuerda en Italia dónde estaba cuando Moro fue secuestrado y, sobre todo, dónde estaba cuando la noticia del hallazgo de su cadáver conmocionó para siempre a una sociedad que a lo largo de casi dos meses, entre el final del invierno y buena parte de la primavera de 1978, se enfrentó a la impotencia de las autoridades y de las fuerzas de seguridad para hallar el paradero del secuestrado, mientras sus cartas desnudaban todas las contradicciones del Estado, de su propio partido, y de la concepción del poder que la clase dirigente, instalada en la estrategia de la tensión, por no decir de la supervivencia, esgrimía a su alrededor. Volonté, actor poderoso, severo, convincente, y admirador de Moro desde su militancia comunista, compone el mejor de sus trabajos. Todo cuanto sucedió cobra sentido, un sentido dramático y estremecedor, en la mirada del Moro de Volonté. Del Moro honesto y austero, bueno y serio, que incomodó demasiado y a demasiados. Del Moro que, en el mismo instante de su secuestro, no era rehén de las Brigadas Rojas, sino de la eternidad.

55. STONE, O.: *JFK. Caso abierto* (1991) Warner Bros/ Canal+/ Le Studio Canal+/ Regency Enterprises/ Alcor Films

Título original: *JFK*. Año: 1991. Producción: Oliver Stone. A. Kitman Ho. Arnon Milchan. Dirección: Oliver Stone. Guión: Oliver Stone. Zachary Sklar (Jim Garrison) Fotografía: Robert Richardson. Banda sonora: John Williams. Reparto: Kevin Costner. Sissy Spacek. Gardy Oldman. Jack Lemmon. Ed Asner. Joe Pesci. Donald Sutherland. John Candy. Kevin Bacon. Laurie Metcalf. Walter Mathau. Lolita Davidovich. Vincent D'Onofrio. Sally Kirkland. Metraje: 190 minutos. Nacionalidad: Estados Unidos.

Sinopsis: La mañana del 22 de noviembre de 1963, Jim Garrison, fiscal de Nueva Orleans, recibe de sus ayudantes la noticia de que el presidente Kennedy ha sufrido un atentado. Tras su fallecimiento, la detención de Lee Harvey Oswald como único sospechoso del magnicidio, y el asesinato de Oswald por Jack Ruby, dueño de un local de alterne en Dallas, Garrison descubre que Oswald residió en la propia Nueva Orleans, en donde estuvo vinculado a la acción de grupos castristas. Decide entonces abrir una investigación sobre las actividades de Oswald que le conduce a figuras vinculadas al anticastrismo, así como a un destacado empresario local, Clay Shaw. Mientras, la comisión nombrada por el presidente Johnson para esclarecer la autoría del asesinato, una comisión que preside el juez federal Earl Warren, determina que Oswald fue el único autor. Garrison, que recibe numerosas presiones para que no siga adelante con la investigación, decide sin embargo abrir una causa contra Clay Shaw por conspiración para el asesinato del presidente Kennedy. La vista, que no se celebrará hasta el final de la década, y se resuelve con la libre absolución del acusado, será la única que con este motivo se celebre en los Estados Unidos.

Comentario: Más allá de sucesivas series de televisión, todavía no se ha realizado ningún *biopic* sobre Kennedy, quien comparte la "maldición" cinematográfica de la mayor parte de los presidentes estadounidenses, comenzando por George Washington. Lo sorprendente es que el magnicidio de Dallas debe buena parte de su impacto en la historia a las imágenes, concretamente a las rodadas por el comerciante de tejidos Abraham Zapruder desde el montículo de la Plaza Daley de Dallas aquella soleada mañana, con sus colores brillantes típicos de los 60'. Oliver Stone amplió el tono de la película de Zapruder, y su atmósfera documental, en maravillosos ejercicios de montaje que, sin embargo, intercalan las imágenes reales y las ficticias, para crear una de sus más representativas películas y, sin duda, uno de los títulos imprescindibles para entender la relación entre Estado y poder en el cine. Los títulos de crédito iniciales, mientras suena la extraordinaria banda sonora de John Williams, son la mejor síntesis de la presidencia Kennedy nunca formulada, la interpretación de Costner es muy sólida, y la aportación de un formidable reparto portentosa, con menciones especiales para Tommy Lee Jones, Joe Pesci, Jack Lemmon, o Ed Ashner. La película, larga, audaz, llena de enunciados polémicos, seguramente esquemática, en la mejor tradición liberal estadounidense, es vibrante. Y cuando Costner y Sutherland, que interpreta a un antiguo agente de la CIA, caminan por el Mall de Washington, es posible que el espectador no llegue a ninguna conclusión definitiva sobre el asesinato de John Kennedy. Pero si sobre la política y el poder.

56. SHERIDAN, J.: *En el nombre del padre* (1993) Hell's Kitchen Films/ Universal Pictures

Título original: *In the name of the father.* Año: 1993. Producción: Jim Sheridan. Gabriel Byrne. Terry George. Arthur Lappin. Dirección: Jim Sheridan. Guión: Terry George. Jim Sheridan (Gerry Conlon). Fotografía: Peter Biziou. Banda sonora. Trevor Jones. Reparto: Daniel Day-Lewis. Pete Postlethwaithe. Emma Thompson. Gerard McSorley. Saffron Burrows. John Lynch. Tom Wilkinson. Metraje: 135 minutos. Nacionalidad: Irlanda/ Gran Bretaña.

Sinopsis: En la muy problemática Belfast de comienzos de los años 70' del pasado siglo, Gerry Conlon y sus amigos, procedentes de los barrios católicos y republicanos, se dedican a cometer robos de poca importancia. Pero eso, para el IRA, que controla el orden público en las zonas sometidas a su poder armado, es motivo suficiente para un escarmiento contundente. Sus familias deciden entonces enviarles a Londres, una estancia que coincide con el brutal atentado en un pub de Guilford, muy cerca de la capital. Y una serie de evidencias circunstanciales, así como el ocultamiento de pruebas a su defensa, permite a una policía deseosa de encontrar responsables, a poder ser irlandeses, acusar a Gerry, a sus amigos, y a toda su familia, de la ejecución del atentado. Condenados por un crimen que no cometieron, en la cárcel fallece el padre de Gerry, Giuseppe Conlon, en la cárcel conoce al verdadero autor material del atentado, y en la cárcel rechaza la violencia como "método" para la acción reivindicativa. Gerry conseguirá que se revise su caso, se reabra el juicio, y se demuestre su inocencia y la de su padre.

Comentario: Uno de los títulos más representativos de una década en donde los avances en el proceso de paz en Irlanda discurrieron en paralelo con el examen de algunos de sus más representativos episodios históricos. Y los más de quince años que pasaron en la cárcel tanto los "cuatro de Guilfod" como los "seis de Birmingham", condenados tras procesos que no contaron con soporte probatorio alguno, y en donde autoridades judiciales y policiales británicas se conjugaron para deparar sentencias condenatorias a ciudadanos cuyo único delito era ser católicos irlandeses, son algunos de ellos. Partiendo del libro escrito por Gerry Conlon para reivindicar la memoria de su padre Giuseppe, *Probado inocente*, Jim Sheridan y Terry George elaboran un muy cuidado guión en donde algunos detalles (la abogada que interpreta Emma Thompson era, en realidad, una procuradora) se "matizan" para obtener un más eficaz resultado. Daniel Day-Lewis, Pete Postlewaithe, la banda sonora de Trevor Jones, y la propia potencia de una historia terrible deparan mucho más que un melodrama judicial o carcelario.

57. CHÉREAU, P.: *La reina Margot* (1994) Renn Productions

Título original: *La reine Margot*. Año: 1994. Producción: Claude Berri. Dirección: Patrick Chéreau. Guión: Danièle Thompson (Alejandro Dumas) Fotografía: Philippe Rousselot. Banda sonora. Goran Bregovic. Reparto: Isabelle Adjani. Daniel Auteuil. Jean-Hugues Anglade. Virna Lisi. Vincent Perez. Dominique Blanc. Bruno Todeschini. Miguel Bosé. Metraje: 136 minutos. Nacionalidad: Francia/ Italia/ Alemania.

Sinopsis: En 1572, católicos y hugonotes deciden sellar la paz en sus contiendas con el matrimonio de Margarita, hermana del rey Enrique III, con el rey de Navarra, Enrique de Borbón, cabeza visible del bando hugonote. Con motivo de la celebración, miles de hugonotes, y entre ellos su líder político, el almirante Coligny, acompañan a su rey a París. La tensión es visible entre ellos y los católicos, y muy especialmente entre los más contrarios a la boda, comenzando por el propio líder de la Liga Católica, el duque de Guisa, antiguo amante de la novia. La ceremonia religiosa se celebra ya en medio de una gran tensión, aunque nada permite presagiar que los católicos han tendido una trampa a los hugonotes, y esa misma noche van a proceder a su exterminio, comenzando por el príncipe Borbón y por Coligny. Sin embargo, Margot decide preservar la vida de su esposo. Y, con ello, transformará la historia de Francia.

Comentario: Las guerras de religión ensangrentaron Europa durante los siglos XVI y XVII, hasta adquirir dimensiones verdaderamente genocidas. Probablemente una de las más sanguinarias se disputó en Francia durante el último tercio del siglo XVI, y todavía en 1610 se cobró la vida del rey Enrique de Navarra, superviviente en 1572, y convertido en Enrique IV de Francia. La mirada preciosista, por momentos viscontiniana, de Patrick Chéreau, se deposita en el que constituye, probablemente, el epsiodio de las conflictos de religión más célebre de la historia, si se consideran todas las circunstancias que concurrieron en el suceso: una boda concebida para reconciliar a los contendientes que se convierte en una trampa mortal que tiene como escenario nada menos que París, y en donde un rey pretende asesinar a otro rey que acaba de contraer matrimonio con su hermana. La película es, por todos los conceptos desigual. Brilla cuando la lidera una extraordinaria Isabelle Adjani, o cuando Daniel Auteil incorpora toda la gravedad de la tarea que recae sobre él. Y se resiente cuando Miguel Bosé incorpora a un imposible duque de Guisa, también marcado por la tragedia futura de su asesinato en el castillo real de Blois. Pero la desmesura del suceso (y del libro de Dumas padre) se aviene muy bien con la confrontación entre la severidad calvinista de los hugonotes, oscuro el atuendo y el ceño, y la cínica exuberancia de los católicos.

58. HYTNER, N.: *La locura del rey Jorge* (1994) The Samuel Goldwyn Company/ Channel Four Films

Título original: *The Madness of King George*. Año: 1994. Producción: Stephen Evans. David Parfitt. Dirección: Nicholas Hytner. Guión: Alan Bennett (Alan Bennett). Fotografía:

Andrew Dunn. Banda sonora: George Fenton. Reparto: Nigel Hawthorne. Helen Mirren. Ian Holm. Rupert Everett. Amanda Donohoe. Rupert Graves. Julian Rhind-Tutt. Julian Wadham. Metraje: 105 minutos. Nacionalidad: Gran Bretaña.

Sinopsis: Tras reconocer la independencia de las Trece Colonias, Gran Bretaña se enfrenta a una nueva crisis sin precedentes desde el establecimiento de la Monarquía parlamentaria: el rey Jorge III se comporta de una manera cada vez más excéntrica, hasta desembocar en la locura. El nuevo primer ministro, el *tory* William Pitt, firme partidario de la institución monárquica, se enfrenta a la irresponsable ambición del príncipe de Gales, quien además ha contraído un matrimonio morganático, y que ve en la crisis dinástica la posibilidad de cobrar venganza y otorgar visibilidad a su posición personal, y el nada disimulado republicanismo de algunos de los líderes *whigs*, comenzando por su propio portavoz, Fox. La inteligencia conjunta de Pitt y de la reina Carlota, sin embargo, serán lo bastante fuertes como para poner al augusto enfermo en manos de un especialista implacable en el diagnóstico y en el tratamiento del mal, pero también seguro en los resultados, unos resultados que, con paciencia y fidelidad al método, llegan. Únicamente, Pitt se tendrá que esforzar en que el rey se acostumbre a llamar "Estados Unidos" al territorio que denomina siempre "las colonias".

Comentario: Una producción singular, llena de inteligencia y de sagacidad en la propuesta de interpretación histórica y en el análisis político de la profunda crisis que aquejó a la Monarquía parlamentaria británica a lo largo de un reinado que se enfrentó sucesivamente con la emancipación de las Trece Colonias y el vendaval napoleónico. Y que, adicionalmente, venía casi a coincidir, en el Reino Unido, con el recuerdo del *annus horribilis* de la Monarquía, 1992, como tal calificado por la propia reina Isabel II (quien no podía imaginar los acontecimientos del final del verano de 1997) Una vez más en el cine británico, la institución de la Corona resiste el examen. Y se diría que el formidable elenco, con Nigel Hawthorne, Helen Mirren e Ian Holm a la cabeza, pero también Rupert Everett, Rupert Graves o Amanda Donohoe, se empeñan en contribuir a ello. Para quienes disfrutamos con las bandas sonoras, y especialmente con las de George Fenton, he aquí una de las mejores de un final del siglo XX pródigo en ellas.

59. RAPPENEAU, J.-P.: *El húsar en el tejado* (1995) Hachette Premiere et Cie/ France 2 Cinema

Título original: *Le hussard sur le toit*. Año: 1995. Producción. Bernard Bouix. René Cleitman. Dirección. Jean-Paul Rappeneau. Guión: Jean-Paul Rappeneau. Nina Companeez. Jean-Claude Carrière (Jean Giono). Fotografía: Thierry Arbogast. Banda sonora. Jean-Claude Petit. Reparto: Juliette Binoche. Olivier Martínez. François Cluzet. Jean Yanne. Claudio Armendola. Pierre Arditi. Gérard Depardieu. Metraje: 120 minutos. Nacionalidad: Francia.

Sinopsis: Angelo Parodi, un joven carbonario italiano, se refugia en Provenza huyendo de los agentes del gobierno austriaco, consiguiendo escapar a varios atentados, y huyendo por un territorio presa del cólera, en donde sus habitantes se comportan de manera brutal ante cualquier extraño. En Manosque evita su linchamiento ganando los tejados del histórico pueblo, contemplando un mundo que parece encaminarse hacia su destrucción, y tratando de obtener cobijo nocturno en las casas abandonadas. En una de ellas conoce a la condesa Paulina de Théus, quien simpatiza con sus ideales, y desea también escapar de una región infestada por la enfermedad y regresar a sus tierras, vecinas a los Alpes, y a salvo de la epidemia. Ambos tratan de salir de Provenza, lo que les obliga a romper la estricta cuarentena decretada por las autoridades y vigilada por el propio ejército francés. Cuando finalmente se encuentran a punto de alcanzar su objetivo, la condesa contrae el cólera, y a lo largo de una interminable noche recurre a incesantes friegas de alcohol para tratar de evitar su muerte. Muy débil, pero viva, el húsar conduce a la aristócrata junto a su marido en sus posesiones alpinas, y decide después atravesar las montañas para regresar a Italia. Un año después escribe a la condesa.

Comentario: Liberalismo, revolución, enfermedad, amor, y muerte. Y Provenza. El argumento de la novela original de Jean Giono no podía ser más genuinamente romántico. Y la adaptación al cine de Jean-Paul Rappeneau, después de su extraordinario éxito en *Cyrano* (1991) se desenvuelve con enorme comodidad en esta bella historia de diálogo y de silencio, de sentimientos contenidos e ideales, de pueblos abandonados, hermosas vidas efímeras, e igualdad ante la pandemia del cólera, el dolor y la muerte, en lo que podría ser una metáfora y acaba por convertirse en la más elocuente expresión de la esencial igualdad entre los seres humanos. Rappeneau decide imprimir a la historia un sesgo amoroso mucho menos evidente en la obra original del autor de *Un rey sin diversión*, una licencia tan legítima como acertada. Y el acierto en la selección de los protagonistas, Juliette Binoche y Olivier Martinez, cierra una obra delicada, sensible, que permite aproximarse a las vivencias y sentimientos de los protagonistas de la extinción del pertinaz Antiguo Régimen y la trabajosa construcción de la Europa liberal y constitucional.

60. GIBSON, M.: *Braveheart* (1995) TCF/ Icon Productions/ Ladd Company

Título original: *Braveheart*. Año: 1995. Producción: Mel Gibson. Bruce Davey. Alan Ladd Jr. Dean Lopata. Stephen McEveety. Elisabeth Robinson. Dirección: Mel Gibson. Guión: Randall Wallace (Randall Wallace). Fotografía: John Toll. Banda sonora: James Horner. Reparto: Mel Gibson. Sophie Marceau. Patrick MacGoohan. Catherine MacCormack. Angus MacFadyen. Ian Bannen. Brendan Gleeson. David O'Hara. Brian Cox. Gerard

McSorley. Peter Mullan. Metraje: 175 minutos. Nacionalidad: Estados Unidos.

Sinopsis: A finales del siglo XIII, y tras la masacre perpetrada por Eduardo I de Inglaterra contra los jefes de los clanes escoceses, uno de los hijos de los líderes traicionados, William Wallace, regresa a su país tras un forzoso exilio para sufrir en su esposa Merron el mismo tratamiento por las fuerzas de ocupación inglesa. Inicia entonces una guerra de guerrillas que desemboca en un combate formal entre el ejército inglés y el escocés, la batalla de Stirling, que se resuelve con la primera derrota de la caballería pesada en campo abierto de la historia, y el nombramiento de Wallace como Lord Protector de Escocia. Wallace cuenta con la amistad de Robert Bruce, heredero de los derechos reales del clan Balliol, pero los nobles escoceses prefieren recibir compensaciones territoriales de Eduardo I a ser liderados por Wallace, quien invade Inglaterra y se detiene para negociar con Isabel de Francia, nuera del rey de Inglaterra. Mientras, las fuerzas escocesas son rodeadas, y Wallace es derrotado en la segunda batalla de Stirling gracias a la traición de sus propios compatriotas. Tras conseguir escapar y dar muerte a los traidores, Wallace es finalmente capturado en Edimburgo y conducido a Londres, en cuya Torre será torturado y ejecutado. En 1314, y al grito de "¡Wallace!", los escoceses, liderados por su rey Robert Bruce, ganan la batalla de Bannockburn, y cuatro siglos de independencia. De momento.

Comentario: Una de las grandes producciones de los últimos años del siglo XX. Mel Gibson concita el drama histórico, la película de aventuras, el melodrama político con duelos en la cercanía (Wallace-Robert Bruce) y en la distancia (Wallace-Eduardo I) las historias de amor sucesivas en el tiempo (el héroe responde a todos los parámetros de los géneros clásicos) y una historia que, queriendo ubicarse fuera del tiempo y del espacio, encaja a la perfección en las inquietudes de la Europa del cambio de siglo y de milenio, en donde la lucha por la identidad en tiempos de globalización entiende muy bien a los escoceses que se pintan la cara de azul. Las lecciones políticas no caminan a la zaga, y resulta estremecedor escuchar que, como le dice John Balliol a Robert Bruce, hay que aprender a odiar para estar preparado para reinar. La música de James Horner, y las espléndidas interpretaciones de clásicos como Patrick McGoohan e Ian Bannen, de entonces casi desconocidos actores escoceses como Angus MacFadyen, Catherine McCormack o Peter Mullan, de ya conocidos irlandeses como Brendan Gleeson o Gerard McSorley, y de los propios Mel Gibson y Sophie Marceau, completan un clásico para el final del siglo del cine.

61. STONE, O.: *Nixon* (1995) Illusion Entertainment Group/ Cinergi

Título original: *Nixon*. Año: 1995. Producción: Andrew G. Vajna. Dirección: Oliver Stone. Guión: Oliver Stone. Stephen J. Rivele. Christopher Wilkinson. Fotografía: Robert Richardson. Banda sonora: John Williams. Reparto: Anthony Hopkins. Joan Allen. Paul Sorvino. James Woods. Bob Hoskins. Ed Harris. Powers Boothe. David Paymer. Mary Steenburgem. Metraje: 190 minutos. Nacionalidad: Estados Unidos.

Sinopsis: Nacido en una familia cuáquera muy pobre en una granja de limones californiana en Yorba Linda, y habiendo perdido a un hermano en plena infancia como consecuencia de la tuberculosis, Richard Milhaus Nixon sale adelante gracias a su propio talento y a su tenacidad, convirtiéndose en representante republicano por California a partir de 1946, en vicepresidente de los Estados Unidos en 1952, y en la más prometedora figura de la generación de jóvenes líderes republicanos de la postguerra antes de sucumbir ante John Kennedy en las elecciones presidenciales de 1960 por poco más de cien mil votos, hasta entonces la distancia más corta de la historia. Cuando cuatro años después fracasa en su candidatura a gobernador de California todo el mundo le da por muerto políticamente. Y, sin embargo, Nixon se convierte en un caso único en el siglo XX: tras dos severas derrotas electorales, se impone en las elecciones presidenciales de 1968 a Hubert Humphrey y en 1972 arrolla a George MacGovern. Pero, cuando se descubre que algunos de sus más estrechos colaboradores están involucrados en el espionaje del cuartel general demócrata en el edificio “Watergate” de Washington en las elecciones de 1972, y que ha mentido, no tendrá más opción que dimitir.

Comentario: El único presidente de la historia de los Estados Unidos que renunció a su cargo es, en en la película de Oliver Stone, el hombre que, tras fracasar en las elecciones presidenciales de 1960, y en las elecciones gubernativas californianas en 1964, gana la nominación republicana y las elecciones presidenciales en 1968, pone fin a la guerra de Vietnam y, sobre todo, establece una alianza con China que determina el aislamiento estratégico y la derrota final de la Unión Soviética en la Guerra Fría, y sienta las bases de un nuevo orden mundial áspero y denotado por el realismo, pero también pacífico. Oliver Stone, combatiente en Vietnam, cuyo pensamiento político no coincide precisamente con el de Richard Nixon, realiza un examen sumamente medido de una figura y una presidencia cínica e implacable en su capacidad para estrechar relaciones con dictaduras de todo signo, y sin escrúpulos en la competencia electoral. Pero desde la simpatía por el hombre humilde que vio morir a un hermano por culpa de la tuberculosis, nacido en una pobre granja de limones californiana que, tras ser vendida por su padre, se convirtió en un próspero campo petrolífero. Antológico Hopkins como Nixon, Sorvino como Kissinger y, no digamos Allen como Pat Nixon. Película larga y desigual, pero el mejor *biopic* presidencial de la historia.

62. JORDAN, N.: *Michael Collins* (1996) Geffen Pictures

Título original: *Michael Collins*. Año: 1996. Producción: Stephen Woolley. Dirección: Neil Jordan. Guión: Neil Jordan

Fotografía: Chris Menges. Banda sonora: Elliot Goldenthal. Reparto: Liam Neeson. Julia Roberts. Alan Rickman. Aidan Quinn. Ian Hart. Brendan Gleeson. Charles Dance. Sean McGinley. Gerard McSorley. Jonathan Rhys-Meyers. Metraje: 160 minutos. Nacionalidad: Irlanda/ Gran Bretaña/ Estados Unidos.

Sinopsis: El Levantamiento irlandés de Pascua de 1916 fracasa, y sus líderes, excepción hecha de Eamon de Valera, gracias a su pasaporte estadounidense, son ejecutados sumariamente. En las elecciones de noviembre de 1918 los candidatos del *Sinn Féin* obtienen una gran victoria en Leinster, Munster, y Connacht, pero no en Ulster, mientras uno de sus líderes, Michael Collins, funda el Ejército Replubicano Irlandés (IRA). Tras la proclamación de la República por el *Dáil Eireann*, que reúne a los diputados electos irlandeses que se niegan a acudir a Westminster, Eamon de Valera es elegido presidente. Bajo su liderazgo, se produce un cambio de estrategia: si la República quiere contar con el reconocimiento internacional, debe acudir a los métodos de la guerra convencional. El ejército británico apresa a la casi totalidad del gobierno irlandés y al propio De Valera, pero Collins consigue sacarlo de la cárcel de Lincoln. De Valera viaja entonces a Estados Unidos, en donde recibe una cálida acogida e internacionaliza el conflicto, mientras Collins prosigue la guerra en la isla. Alcanzada una tregua, Collins acude a Londres para negociar con los británicos, suscribiendo en octubre de 1921 un acuerdo para la creación de un dominio del imperio británico, como Australia o Canadá, en 26 de los 32 condados irlandeses. El parlamento irlandés respalda el acuerdo por 64 diputados contra 57. Y el pueblo irlandés lo ratifica en referéndum. Pero los contrarios al tratado, con De Valera al frente, no aceptan el Estado Libre, ocupando *Four Courts* en Dublin el 14 de abril de 1922, y comenzando una guerra civil en la que Collins perece en una emboscada en *Beal naBlath*, "la boca de las flores", en su condado de Cork natal, el 22 de agosto de 1922.

Comentario: Neil Jordan se enfrentaba a una tarea muy difícil, como realizador y como irlandés: examinar a los fantasmas de una nación que, sucesivamente, afrontó una insurrección brutalmente reprimida, una guerra de independencia, la partición de su territorio, una guerra civil, y una herida en su propia alma cuyo origen se localiza en la histórica división de los independentistas entre los antiguos terroristas que decidieron apostar por el posibilismo, liderados por Michael Collins, y los antiguos políticos institucionalistas que decidieron combatir tras la ratificación del acuerdo con el Reino Unido por un margen parlamentario muy estrecho, bajo el mando de Eamon de Valera. El tránsito de la violencia al Estado, y de los asesinatos a sangre fría a las responsabilidades y el sentido de gobierno cuentan con un reparto excepcional en el que el brillante duelo entre Liam Neeson y Alan Rickman, y la mutación de sus personalidades como consecuencia de sus opciones políticas, es decir, de su pugna por el poder, discurre en paralelo con un triángulo amoroso que trata de otorgar sentido a la presencia de Julia Roberts en el reparto. Neil Jordan lucha por exhibir toda la complejidad del conflicto irlandés y todas las contradicciones de sus protagonistas en medio de una sublevación, una guerra mundial, una guerra de independencia y una guerra civil que se prolongan entre 1914 y 1923. Un siglo después, la división de Irlanda persiste.

63. BRANAGH, K.: *Hamlet* (1996) Castle Rock Entertaiment

Título original: *Hamlet*. Año: 1996. Producción: David Barron. Dirección: Kenneth Branagh. Guión: Kenenth Branagh (William Shakespeare). Fotografía: Alex Thompson. Banda sonora. Patrick Doyle. Reparto: Kenneth Branagh. Kate Winslet. Derek Jacobi. Julie Christie. Charlton Heston. Richard Briers. Nicholas Farrell. Brian Blessed. Billy Cristal. Jack Lemmon. Timothy Spall. Rufus Sewell. Gérard Depardieu. Robin Williams.

Richard Attenborough. John Gielgud. Judi Dench. John Mills. Metraje: 240 minutos. Nacionalidad: Gran Bretaña.

Sinopsis: Tras la muerte del rey Hamlet de Dinamarca, la boda de su viuda con su hermano Claudio, y consiguiente comienzo de su reinado, se produce en una brillante ceremonia ante una corte feliz, en donde únicamente la gravedad del hijo del difunto rey, Hamlet, representa un motivo de inquietud ante el nuevo tiempo que se abre para la Monarquía del Norte. Hamlet sospecha que la inesperada y prematura muerte de su padre no obedece a causas naturales. Y cuando el espectro de su padre se aparece, obtiene la constancia que necesitaba. A partir de ese instante, la vocación de cobrar venganza de Hamlet se enfrenta a unos usurpadores y asesinos que cuentan con todo el poder del Estado a su disposición. Por eso decide urdir una gigantesca comedia: fingir su propia locura para así poder desenmascarar a los criminales sin levantar sospechas acerca de sus intenciones últimas. Esa comedia, sin embargo, está destinada a un trágico final.

Comentario: Una corte danesa ambientada en la brillante atmósfera novecentista, el Palacio de Blenheim, un reparto de lujo, la música de Patrick Doyle, y una adaptación ambiciosa, integral, del original de *Hamlet*. La propuesta de Kenneth Branagh es más compleja y exigente que nunca. Pero, con su acostumbrado desparpajo, maneja los recursos a su disposición con energía y agilidad. Y propone al espectador deliciosas asociaciones en la distribución de los papeles: Derek Jacobi es el nuevo rey Claudio, Kate Winslet Ofelia, Julie Christie la reina Gertrudis, Brian Blessed el fantasma del padre de Hamlet, Billy Cristal el primer sepulturero, Charlton Heston el actor rey, Nicholas Farrell Horacio... Hamlet es el conspirador barroco que prefiere satisfacer su vanidad a sus objetivos políticos, el anti-político, es decir, el hombre que se conduce sin falsedad y sin hipocresías, mostrando su estrategia y sus propósitos. Probablemente eso convierte la tragedia danesa en una de las más contemporáneas entre las compuestas por Shakespeare.

Hamlet es frívolo hasta la crueldad, irresponsable, indeciso, ególatra... pero dice la verdad. Y eso le hace inmortal.

64. DONALDSON, R.: *Trece días* (2000) Alliance Atlantis/ New Line Cinema/ Beacon Pictures Production

Título original: *Thirteen days*. Año: 2000. Producción: Armyan Bernstein. Thomas A. Bliss. Dirección: Roger Donaldson. Guión: David Self. Fotografía: Andrzej Bartkowiak. Banda sonora: Trevor Jones. Reparto: Kevin Costner. Bruce Greenwood. Steven Culp. Michael Fairman. Henry Strozier. Stephanie Romanov. Christopher Lawford. Kevin Conway. Dylan Baker. Metraje: 140 minutos. Nacionalidad: Estados Unidos.

Sinopsis: El 14 de octubre de 1962 el presidente de los Estados Unidos, John Fitzgerald Kennedy, recibe la información reunida por los aviones de vigilancia de la vecina Cuba: violando los acuerdos suscritos en Viena apenas meses antes, las fuerzas soviéticas se encuentran instalando misiles intercontinentales que pueden portar cabezas nucleares, lo que dejaría a los Estados Unidos en una situación de absoluta indefensión. Tras la reunión del Consejo de Seguridad Nacional, y la resolución unánime de la Organización de Estados Americanos, Kennedy exige el desmantelamiento de las instalaciones lanzadoras de misiles, decreta el bloqueo de Cuba, y anuncia la decisión a sus conciudadanos y a todo el mundo. Si la Unión Soviética decide forzar el bloqueo, estallará una guerra cuya dimensión atómica es segura. Mientras, ambas potencias disputan ante "el tribunal de la opinión pública mundial", como el embajador estadounidense Adlai Stevenson califica a las Naciones Unidas, un combate ético por la razón y por la justicia que representará un punto de inflexión en las relaciones internacionales. Pero evitar la guerra sólo será posible si, en ambos bandos, prevalecen las buenas personas.

Comentario: Desde el final de la segunda guerra mundial, nunca las decisiones de los hombres de gobierno se encontraron enfrente de un escenario más mortifero: el estallido real e inmediato de una contienda nuclear entre los Estados Unidos y la Unión Soviética. La película delimita muy bien la naturaleza de las relaciones de poder durante la Guerra Fría, y examina el funcionamiento de las instituciones del Estado de Derecho cuando se ven sometidos a un escenario "imposible", como le confiesa Ted Sorensen a Kenneth O'Donnell cuando le reconoce su incapacidad para escribir lo impensable. La película es eficaz y contenida, intentando siempre no sucumbir a una interpretación hagiográfica o a ejercicios de propaganda partidaria, como el propio John Kennedy instó a los integrantes de su Administración. Describe muy eficazmente la gestión de crisis como un ejercicio que requiere conocimiento y sentido de la historia, un examen colegiado y honesto de las opciones para la resolución de los problemas, lealtad política e institucional, y una decisión final firme y coherente, adoptada y ejecutada con responsabilidad. Kevin Costner como Ken O'Donnell, pero también Bruce Greenwood y Steven Culp como John y Robert Kennedy, encabezan un reparto sólido y eficaz para una película que explica muy bien cómo los Kennedy fundaron la política moderna.

65. CORBIAU, G.: *La pasión del rey* (2000) K-Star/ France 2 Cinéma/ MMC Independent/ K-Dance

Título original: *Le Roi Danse.* Año: 2000. Producción: Dominique Janne. Dirección: Gérard Corbiau. Guión: Eve de Castro. Andrée Corbiau. Gérard Corbiau (Philippe Beausant) Fotografía: Gérard Simon. Banda sonora: Reinhard Goebel. Reparto: Benoît Magimel. Boris Terral. Colette Emmanuelle. Tcheky Karyo. Cécile Bois. Jacques François. Claire Keim. Metraje: 112 minutos. Nacionalidad: Bélgica/ Francia/ Alemania.

Sinopsis: Tras la muerte del cardenal Mazarino, el joven rey de Francia, Luis XIV, decide abandonar la tutela de su madre, la reina Ana de Austria, y hacerse cargo del efectivo ejercicio del poder. Pero su concepto de la concentración de poder desborda ampliamente el ejercicio de las tareas de gobierno, y se proyecta en el ámbito de las formas de arte y de creación. Su estrategia para transmitir a la Corte su proyecto político es bailar, mostrarse en la plenitud de su vigor y de su destreza, valiéndose de la música que le compone su maestro de cámara, Jean-Baptiste Lully, quien al unísono con el dramaturgo predilecto del rey, Molière, elaboran poemas musicales recitados por el propio escritor, cuyo primer intérprete es el propio Luis XIV. La corte francesa se inunda de música y de color, mientras Lully diseña para el rey hasta un nuevo calzado, cuyos tacones permiten al rey elevarse sobre sus limitaciones físicas, y convertir su propia figura en la primera manifestación de un poder que se concibe como absoluto en sus facultades, no compartido, y destinado a un ejercicio pleno de sus potestades. El levantamiento de un nuevo espacio consagrado a la grandeza del rey a través de la domesticación de la mismísima naturaleza en Versalles, discurre en paralelo con la conversión de Francia en la primera potencia continental y, también, con el paulatino declinar físico del rey, que abandona la danza, y se va alejando, de Lully. En la vida del rey hay más poder. Pero menos música.

Comentario: En el cambio de siglo y de milenio Gérard Corbiau realizó unas de las más bellas reflexiones sobre Estado y poder de la historia del cine. La dimensión plástica y las manifestaciones artísticas del ejercicio de la autoridad del soberano absoluto disfrutan de una dramatización insuperable, que acierta a transmitir toda la grandeza de la monarquía de Luis XIV, y también su fundamentación política e institucional. Pero el rigor de la lectura histórica, la densidad del razonamiento político, y la propia peripecia compartida del rey y de sus artistas, dramaturgos y compositores, dueños conscientes de un tiempo que entienden e interpretan conjuntamente, resultan especialmente creíbles gracias a la potencia y convicción del trabajo de Benoît Magimel como Luis XIV, de Tchéky Karyo como Molière, y de Boris Terral como Lully. La praxis política y la estética de la regencia de Ana de Austria y el valimiento de Mazarino ceden el paso a la insolencia, la arrogancia y la seguridad del rey Luis, a los versos de Molière, y a la música, presencia permanente, protagonista primera y última de la película, sentido y significado de un proyecto político hegemónico que, como todos en la historia, el hispánico en el siglo XVI, el germánico en el XIX, o el anglosajón en el XX, será sobre todas las cosas un proyecto de hegemonía cultural, de dominación a través de una propuesta de vida integral. Porque la verdadera pasión de Luis XIV no es la música, sino el poder. Pero, de aquella Francia, ¿qué subsiste hoy?.

66. PIERSON, F: *La solución final* (2001) HBO Films/ BBC

Título original: *Conspiracy*. Año: 2001. Producción: Nick Gillot. Dirección: Frank Pierson. Guión: Loring Mandel. Fotografía: Stephen Goldblatt. Reparto: Kenneth Branagh. Stanley. Tucci. Colin Firth. Ben Daniels. Nicholas Woodenson. Barnaby Kay. Ian McNeice. Tom Hiddleston. Kevin McNally. Owen Teale. Metraje: 92 minutos. Nacionalidad: Estados Unidos/ Gran Bretaña.

Sinopsis: El 20 de enero de 1942, en una mansión situada junto al Wannsee, un apacible paraje nevado, el teniente coronel Adolf Eichmann, de las SS, se encuentra preparando todos los detalles de una reunión cuyos protagonistas aparecen puntualmente. Están encabezados por Reinhard Heydrich, *Reichsprotektor* de Bohemia, por muchos considerado el líder nazi más calificado para suceder a Hitler. Pero, junto a él, aparecen figuras como Wilhlem Stuckart, representante de la cartera de Interior, Roland Freisler, del ministerio de Justicia, o Alfred Meyer, del ministerio para los Territorios Ocupados. El motivo nonográfico de la reunión es el debate de un plan que deberá hacer posible la eliminación masiva de la población judía de Europa. Stuckart defiende aplicar las Leyes de Núremberg y estirilizarlos. Pronto quedará en absoluta minoría: todos los asistentes optan por el exterminio. Y, en poco más de una hora de reunión, quince hombres acuerdan el genocidio de millones de seres humanos.

Comentario: Probablemente nunca una reunión tan reducida y, sobre todo, tan breve –uno de los grandes alicientes de la película es que se desarrolla casi en tiempo real, reflejando la gelidez criminal y la resolución fanática de sus participantes– tuvo unas consecuencias tan devastadoras para la condición humana. La acción disfruta de un ritmo excelente gracias a la eficaz dirección de Frank Pierson y, sobre todo, a las soberbias composiciones que realizan los actores. Kenneth Branagh está magnífico como Heydrich, contundente, vivaz, brillante, implacable. Stanley Tucci es un Eichmann convincente, excelente organizador, siempre un paso al lado y por detrás del delfín de Hitler. Colin Firth es el atribulado Stuckart. Owen Teale el histriónico y vulgar juez Freisler. El mal adquiere forma convencional y ordenada, con orden del día y acta de la reunión. Pero, como habría de demostrar Hannah Arendt, el mal es así. Banal.

67. GREENGRASS, P.: *Bloody Sunday* (2002) Bórd Scannán na hÉireann/ Granada Televison

Título original: *Bloody Sunday*. Año: 2002. Producción. Mark Redhead. Pipa Cross. Keith Evans. Arthur Lappin. Dirección: Paul Greengrass. Guión: Paul Greengrass. Fotografía: Ivan Strasburg. Banda sonora: Dominic Muldoon. Reparto: James Nesbitt. Gerard Crossan. Mary Moulds. Allan Gildea. Tim Pigoot-Smith. Carmel McCallion. Nicholas Farrell. Gerard McSorley. Christopher Villiers. Metraje: 104 minutos. Nacionalidad: Irlanda/ Gran Bretaña.

Sinopsis: El domingo 30 de enero de 1972 el movimiento en favor de los derechos civiles en los seis condados del Norte de Irlanda pertenecientes al Reino Unido convocó una manifestación en la ciudad de Derry a la que concurrieron miles de personas para protestar contra la medida de encarcelamiento sin juicio a cualquier ciudadano sospechoso de actividad terrorista. Las fuerzas británicas abrieron fuego sobre los manifestantes, asesinado a catorce de ellos, e hiriendo de gravedad a casi medio centenar. Esta es la historia de la preparación, desarrollo y consecuencias de la manifestación a través de la figura de Ivan Cooper, un activista que creía en la estrategia de no violencia, y en la necesidad de buscar una definitiva salida pacífica al problema de Irlanda. Sin embargo, después del que, desde el mismo 30 de enero de 1972, fue conocido como el "Domingo Sangriento de Derry", los partidarios de la violencia en ambas comunidades enfrentadas encontraron nuevos pretextos para proseguir con la acción terrorista.

Comentario: Tres décadas después de los terribles sucesos de Derry, Paul Greengrass decidió procede al rodaje de una película monográficamente centrada en los hechos del invierno de 1972 que, entre otras consecuencias, condujeron a la suspensión de los partidos del Cinco Naciones de rugby a disputar en Irlanda, por momentos casi documental, contrastada en cada detalle, en las imágenes originales o en la narración de los protagonistas. La recreación, que se sustenta sobre un excelente reparto en el que sobresale James Nesbitt, permite esclarecer los sucesos, y proceder a una sólida y veraz adjudicación de responsabilidades. Las conclusiones puede deducirlas cada espectador. Y empezar a entender por qué, el pasado 24 de junio de 2016, la mayor parte de los ciudadanos de los seis condados norirlandeses votaron su permanencia en la Unión Europea. Enorme dirección de Greengrass y enorme trabajo de un gran reparto en el que sobresale un excelente James Nesbitt como Ivan Cooper. Una película que no es documental, pero si un documento histórico de primer orden.

68. LONCRAINE, R.: *Amenaza de tormenta* (2002) HBO Films/ BBC Films/ Scott Free Productions

Título original: *The Gathering Storm*. Año: 2002. Producción: Frank Doelger. David M. Thompson. Dirección: Richard Loncraine. Guión: High Whitemore. Fotografía: Peter Hannan. Banda sonora. Howard Goodall. Reparto: Albert Finney. Vanessa Redgrave. Derek Jacobi. Jim Broadbent. Tom Wilkinson. Lena Headey. Tom Hiddlestone. Linus Roache. Metraje: 97 minutos. Nacionalidad: Estados Unidos/ Gran Bretaña.

Sinopsis: En la Gran Bretaña de los años 30', en donde la hegemonía conservadora, bajo el liderazgo del primer ministro Stanlet Baldwin, es absoluta, Winston Churchill, antiguo primer Lord del Almirantazgo con los liberales y canciller del Tesoro con los conservadores, es un diputado sexagenario, políticamente aislado, alejado de la dirección de su propio partido, cuya carrera pública es considerada por la mayor parte de sus colegas como finalizada. Pasa la mayor parte de su tiempo en su residencia de Chartwell, atiende sus obligaciones editoriales, básicamente centradas en su biografía de su lejano antepasado, el primer duque de Malborough, el que adoptó como lema "fiel, pero desdichado", y se enfrenta a frecuentes diferencias con su esposa. Sin embargo, el preocupante sesgo que adoptan los acontecimientos del continente cuando el fascismo italiano y, sobre todo, el nazismo alemán, adoptan una política externa agresiva, proporciona a Churhcill la ocasión para denunciar la inacción del gobierno. Y su capacidad para obetener información confidencial del diplomático Ralph Wigram le nutre de los argumentos definitivos para sostener con vigor e integridad sus posiciones.

Comentario: Los años más difíciles de Winston Churchill, convertido en un modesto diputado conservador enfrentado a la acción de gobierno de su propio partido y a su primer ministro, Stanley Baldwin, acuciado por las consecuencias del *crack* bursátil de 1929, y sometido al más complejo episodio de su vida matrimonial, no habían disfrutado hasta esta producción de Ridley Scott, siempre apasionado por la historia, de una aproximación monográfica. Y la película se vale de un reparto espectacular, en el que sobresale el propio Albert Finney como Churchill, pero también Vanessa Redgrave como Clementine Hozier, o Derek Jacobi como Stanley Baldwin, para relatar la capacidad de un gran líder para preservar su identidad política y su personalidad intelectual a partir de su interpretación de las grandes corrientes de la historia y, por consiguiente, de las responsabilidades políticas que de la historia puede extraer y asumir. El retrato de Churchill no es heroico o hagiográfico. No es un líder providencial ni un oportunista. Simplemente un hombre que, en circunstancias extremas para la civilización, la libertad y la democracia, identifica a sus enemigos, y tiene la decencia, la coherencia y la energía necesarias para hacerles frente, y no sucumbir frente a ellos.

69. MORRIS, E: *The Fog of War* (2003) Sony Pictures

Título original: *The Fog of War. Eleven Leesons from the Life of Robert S. McNamara*. Año: 2003. Producción: Errol Morris. Michael Williams. Julie Ahlberg. Dirección: Errol Morris. Guión: Errol Morris. Fotografía: Robert Chappell. Peter Donahue. Banda sonora: Philip Glass. Reparto: Robert Strange MacNamara. Metraje: 93 minutos. Nacionalidad: Estados Unidos.

Sinopsis: Robert Strange MacNamara, un joven republicano especialista en Economía de la Defensa por Harvard y antiguo presidente de la Ford Motor Company, responsabilidad que abandonó tras recibir la llamada del presidente electo John Fitzgerald Kennedy para convertirse en su secretario de Defensa, viendo reducido su salario a la cuadragésima quinta parte, y que tras el asesinato de Kennedy permaneció en el cargo junto a su sucesor, Lyndon B. Johnson, hasta su dimisión en 1967, pasando a ocupar la presidencia del Banco Mundial hasta su jubilación del servicio público en 1981, relata su vida, toda su vida, privada y pública, contando la verdad, y compartiendo las once lecciones que extrajo de los profundos y sucesivos errores que cometió. Por ejemplo, el deber de empatizar siempre con el enemigo, de conocerle y ponerse en sus zapatos, que hubiera evitado la Guerra de Vietnam, porque los estadounidenses hubieran conocido la milenaria rivalidad entre chinos y vietnamitas, y no hubieran temido su hipotética alianza. MacNamara visitará a quienes fueron sus enemigos, en Vietnam o en Cuba, manifestará cómo fue él quien, en el final de la segunda guerra mundial, y tras analizar cómo el 90% de las casas japonesas estaban construidas en madera, recomendó los bombardeos con bombas incendiarias, y se hará cargo, muchas veces con emoción no contenida, de su pasado. De todo su pasado.

Comentario: Cuando, en el ocaso consciente de su existencia, un hombre decide contar la verdad, y contarla después de buscarla por todo el mundo, lo que cualquier ser humano debe hacer, sea quien sea y piense lo que piense, es escuchar. En este caso, además, se trata de uno de los grandes protagonistas de una década tan esencial a la definición de nuestro mundo como la séptima del siglo XX, los míticos 60'. Miembro de la administración política más brillante y esperanzadora de la historia, la que acompañó entre 1961 y 1963 al presidente de los Estados Unidos John Fitzgerald Kennedy, y responsable directo de la fórmula de bloqueo que, durante la crisis de los misiles cubanos de octubre de 1962, evitó que el mundo se precipitara hacia un holocausto nuclear, MacNamara no defrauda cuando recuerda lo grande y lo aparentemente pequeño, como el nacimiento de su primer hijo, un parto que costó cien dólares que su esposa y él pagaron en diez plazos mensuales de diez dólares, y su modesta primera vivienda, afirmando sin dudar que "aquellos fueron los mejores años". Igualmente, su voz se quiebra evocando al presidente Kennedy y su asesinato. Su mirada a la cámara, matizada por un cuidado blanco y negro, no deja lugar a dudas. En ningún momento. Errol Morris pone la cámara. Y la música de Michael Nyman el resto.

70. STONE, O.: *Alejandro Magno* (2004) Warner Bros/ Intermedia Films

Título original: *Alexander.* Año: 2004. Producción: Moritz Borman. Thomas Schühly. John Kilik. Iain Smith. Dirección: Oliver Stone. Guión: Oliver Stone. Christopher Kyle. Laeta Kalogridis. Fotografía: Rodrigo Prieto. Banda sonora: Vangelis. Reparto: Colin Farrell. Angelina Jolie. Anthony Hopkins. Val Kilmer. Jonathan Rhys-Meyers. Rosario Dawson. Jared Leto. Brian Blessed. Ian Beattie. Raz Degan. Rory McCann. Metraje: 171 minutos. Nacionalidad: Estados Unidos.

Sinopsis: El anciano rey Ptolomeo, fundador del reino helenístico de Egipto, antiguo general del rey Alejandro de Macedonia, decide narrar la historia del joven que en apenas una década, la que lleva de la batalla del Río Gránico (333 a. de C.) a su propio fallecimiento en Babilonia (323 a. de C.) con apenas 33 años, lideró la más profunda transformación en la historia humana, uniendo por primera vez a Occidente y Oriente, incluidas todas las grandes civilizaciones de la Antigüedad, en una misma solución política que abarcaba en una misma síntesis de autoridad y de comunidad política a todos los pueblos. El relato comienza en la Macedonia natal del rey, describiendo la relación de Alejandro con sus padres, el rey Filipo II y Yocasta, la invasión de Anatolia, la conquista de Egipto y, tras derrotar al rey persa Darío en Arbelas el 331 a. de C., la conquista de su imperio, la ocupación de Mesopotamia, y la expedición hacia la India y la Bactria, regiones que nunca había ocupado ninguna potencia extranjera. El relato de Ptolomeo, igualmente, trata de explicar por qué Alejandro decidió desposarse con Roxana, la hija de un caudillo bactriano, sus dificultades con los macedonios tras su prolongada ausencia de su patria, la adopción de una guardia persa y el fomento de matrimonios entre macedonios y persas, su cólera con Clito, su desgarro tras el prematuro fallecimiento de Efestión, su afán en fundar "Alejandrías" que articularan el vastísimo territorio de su imperio. Y, finalmente, cuando enfermó de muerte y, en vez de designar sucesor, nominó "al más digno", la desintegración de su obra.

Comentario: Una vez más, tras sus películas generacionalmente biográficas sobre Vietnam, o sobre presencias históricas tan determinantes en su propia identidad como *JFK* o *Nixon*, Oliver Stone regresa a la historia para, esta vez, un año después del estallido de la segunda guerra de Irak, indagar en el proyecto político de integración de Occidente y Oriente más relevante de la historia. Esta vez, sin embargo, Stone no encuentra un estilo superador del *peplum*, la película de aventuras, o el melodrama histórico. El reparto es extraordinario, pero naufraga en la adjudicación del papel principal a un actor, como Colin Farrell, notable, pero muy distante de las exigencias que plantea una personalidad histórica como la de Alejandro Magno. Adicionalmente, a los más viejos del lugar nos resulta inevitable evocar el precedente rodado en 1954 por Robert Rossen, y la prodigiosa interpretación del siempre versátil y convincente Richard Burton, mucho más familiarizado con la armadura clásica, aunque el teñido rubio platino que exhiben tanto el actor irlandés como el galés resulta igual de inverosímil. La película es sumamente interesante gracias al trabajo de Anthony Hopkins como el rey Ptolomeo I de Egipto, el antiguo general de Alejandro y narrador, a la cabeza de un lujoso reparto en el que sobresalen Angelina Joile como Yocasta, Val Kilmer como Filipo II, Jared Leto como Efestión, y Rosario Dawson como Roxana. Y gracias a la propia vigencia de la obra política y el legado de Alejandro.

71. PETERSEN, W.: *Troya* (2004) Warner Bros/ Plan B Entertainment/ Radiant Productions

Título original: *Troy*. Año: 2004. Producción: Colin Wilson. Dirección: Wolfgang Petersen. Guión: David Benioff (Homero). Fotografía: Roger Pratt. Banda sonora: James Horner. Reparto:

Brad Pitt. Eric Bana. Peter O'Toole. Orlando Bloom. Diane Kruger. Brian Cox. Saffron Burrows. Brendan Gleeson. Sean Bean. Julie Christie. Julian Glover. Nigel Terry. Metraje: 160 minutos. Nacionalidad: Estados Unidos.

Sinopsis: Los aqueos celebran un banquete de paz y amistad con los troyanos que debe poner fin a su mutua hostilidad. Pero Paris, hijo del rey Príamo de Troya, y Helena, esposa del rey Menelao de los aqueos, se enamoran y escapan juntos a Troya. Cuando los troyanos deciden acogerles, los aqueos optan por atacar la ciudad bajo el mando de Agamenón, y contando con caudillos como Ulises, rey de Ítaca y, sobre todo, el semidiós Aquiles, hijo de Zeus, un guerrero invencible, y sus aguerridos mirmidones. El ejército troyano cuenta con un gran líder como Héctor, hijo predilecto de Príamo. Pero desde el desembarco de los aqueos en las costas troyanas, Aquiles se muestra invencible. Sin embargo, cuando Aquiles abandona la lucha tras su pugna con Agamenón por la joven Briseída, los troyanos consiguen derrotar a los sitiadores. Patroclo, fiel amigo de Aquíles, decide entonces vestir su armadura, cayendo frente a Héctor, lo que motiva el regreso de un furioso Aquiles al campo de batalla, y su venganza en un Héctor al que no únicamente derrota y da muerte, sino que se lleva su cuerpo, cuya entrega suplica el rey Príamo en persona. Muerto Aquiles, el asedio se encamina hacia su perpetuación en el tiempo. Pero Ulises, "el de los pies ligeros", tiene una idea.

Comentario: Difícil elección para Petersen, un director con oficio, pero carente de brillo, y no digamos de sello propio. Podía optar entre la adaptación literaria fiel y la aventura para adolescentes; entre el clásico, la parodia de un género, o la aventura con músculo. La elección fue una síntesis de todas las posibilidades a la mayor gloria de Brad Pitt, pero con un reparto solvente en el que no habrían de faltar grandes mitos de la mejor interpretación, que sostienen la película con recitales como el que depara Peter O'Toole cuando, en su calidad de rey Príamo, acude a solicitar los restos de su hijo Héctor, magistralmente interpretado por Eric Bana, Julie Christie como Tetis, Brendan Gleeson como Menelao, Brian Cox como Agamenón, o Sean Bean como Ulises, protagonizan también grandes intepretacioners, y Orlando Bloom, Diana Kruger y Saffron Burrows resultan muy creíbles como Paris, Helena y Andrómaca. Es muy difícil no disfrutar de la película cuando se ama la historia y la literatura. Pero la epopeya troyana merecía, sigue mereciendo, otra película.

72. WOOD, A.: *Machuca* (2004) Andrés Wood Producciones S. A./ Tornasol Films S. A.

Título original: *Machuca* Año: 2004. Producción: Mamoun Hassan. Gerardo Herrero. Andrés Wood. Dirección: Andrés Wood. Guión: Andrés Wood. Roberto Brodsky. Mamoun Hasan. Fotografía: Miguel J. Littin. Banda sonora: José Miguel Miranda. José Miguel Tobar. Reparto: Matías Quer. Manuela Martelli. Ariel Mateluna. Federico Luppi. Aline Küppenheim. Tamara Acosta. Ernesto Malbrán. Francisco Reyes. María Olga Matte. Alejandro Trejo. Metraje: 118 minutos. Nacionalidad: Chile/ España

Sinopsis: En 1973, en el Chile que preside Salvador Allende tras el triunfo de la Unidad Popular en las elecciones presidenciales de 1970, Gonzalo Infante, un niño de once años procedente de una familia acomodada que acude a un colegio religioso cuyo profesorado está denotado por su compromiso con los más pobres, y que decide abrir sus aulas a niños sin recursos materiales bajo el liderazgo de su director, el padre McEnroe, en medio de la división de los padres, se convierte en compañero de clase de un niño procedente de un barrio humilde, Pedro Machuca, que obtiene también algunos ingresos extraordinarios vendiendo símbolos y banderas a los participantes en las diversas manifestaciones que recorren Santiago. Gonzalo acompaña a Pedro, conociendo una realidad social que le resultaba completamente desconocida, y compartiendo con sencillez y autenticidad una profunda amistad. Hasta que llega el 11 de septiembre.

Comentario: El proceso político chileno durante el mandato presidencial de Salvador Allende, brutalmente truncado por el golpe de Estado del general Augusto Pinochet de 11 de septiembre de 1973, es examinado por Andrés Wood desde una perspectiva sumamente original, la del final de una infancia en donde no existen prejuicios sociales ni culturales, ni sentido de pertenencia a una clase social o profesional, sino la misma vocación por disfrutar de la amistad en medio de una sociedad efervescente, en donde los niños de clase humilde se sienten más atraídos por la Unidad Popular, y los niños de hogares de clase media urbana y profesional afines a la Democracia Cristiana que estudian en colegios religiosos en donde los sacerdotes pretenden transmitir a sus estudiantes la radicalidad del mensaje evangélico de Jesucristo creen en la democracia, y no en el autoritarismo, pero también aspiran a un país justo con igualdad de oportunidades. Contando con un reparto en donde ilustres veteranos como Federico Luppi acompañan los comienzos de las carreras de actores hasta entonces desconocidos, Wood compone una obra sensible y directa, un testimonio auténtico de una etapa histórica. Una película que se aproxima a la verdadera entraña de la historia y de la política.

73. ROTHEMUND, M.: *Sophie Scholl. Los últimos días* (2005) Broth Film/ Goldkink Filmproduktion

Título original: *Sophie Scholl. Die letze Tage.* Año: 2005. Producción: Marc Rothemund. Fred Breinersdorfer. Sven Burgemeister. Christoph Müller. Dirección: Marc Rothemund. Guión: Fred Breinersdorfer. Fotografía: Martin Langer. Banda sonora. Reinhold Heil. Johnny Klimek. Reparto: Julia Jentsch. Alexander Held. André Hennicke. Fabian Hinrichs. Johanna Gastdorf. Florian Stetter. Maximilian Brückner. Lilli Jung. Metraje: 115 minutos. Nacionalidad: Alemania.

Sinopsis: En febrero de 1943, los estudiantes que integran *La Rosa Blanca*, un grupo de oposición al nazismo muy activo en Munich, y entre cuyos integrantes se encuentran soldados que combaten en el frente oriental, deciden distribuir masivamente un panfleto en la Universidad informando de la inminente derrota del nazismo en Stalingrado. Cuando dos de sus integrantes, los hermanos Hans y Sophie Scholl, se encuentran finalizando el depósito de los ejemplares, un bedel les sorprende, siendo detenidos y, en unión de Christoph Probst, sometidos a un juicio sumario por el Tribunal Supremo del *Reich* que, como siempre en estos supuestos, preside Richard Fleischer, un auténtico lacayo de Hitler, que conduce la vista con perfecta lealtad a toda la despiadada vulgaridad y el desprecio militante por los derechos más elementales de los acusados, que denotan al totalitarismo nazi. Los militantes de *La Rosa Blanca* son condenados a la guillotina por alta traición, y sin posibilidad de apelación, cumpliéndose la sentencia el propio día de la sentencia. Un régimen tan cobarde como el nazismo demuestra así su pánico frente al ejemplar testimonio de entrega y de generosidad de unos jóvenes estudiantes y soldados, cristianos y demócratas.

Comentario: La historia de *La Rosa Blanca*, de los jóvenes estudiantes bávaros que tuvieron el coraje de desafiar al nazismo y, una vez detenidos y sometidos a juicio sumario, enfrentarse a sus propios verdugos y, tras una implacable disección de sus crímenes e infamias, vaticinar no sólo su final, sino el veredicto de la historia, disfruta en la película de Rothemund de un minucioso y documentado tratamiento de los hechos que se producen desde el reparto del último panfleto de la organización clandestina, el quinto, en la Universidad de Munich, hasta la ejecución de los hermanos Scholl. Pero el centro de la acción es Sophie, procedente de Ulm, 21 años de edad, hija de un pastor evangélico que compartía la religión de sus padres. Su fortaleza y su coherencia, pero también la desazón y la tristeza que en una joven inteligente y vitalista produce la certeza de una muerte tan injusta como inminente, así como el desarrollo de unos interrogatorios en donde cautiva al inspector de policía, son algunos de los recursos de los que se vale el realizador, siempre eficaz y fiel a todos los detalles de la historia original. Julia Jentsch protagoniza un maravilloso trabajo, lleno de convicción, bajo la dirección eficaz de Marc Rothemund. *La Rosa Blanca* quería preservar la dignidad de Alemania ante la historia, demostrando que no todos los alemanes eran nazis. Y lo consiguió.

74. ZAILLIAN, S: *Todos los hombres del rey* (2006) Columbia Pictures

Título original: *All the King's Men.* Año: 2005. Producción: Steven Zaillian. James Carville. Direccion: Steven Zaillian. Guión: Steven Zaillian (Robert Penn Warren). Fotografía: Pawel Edelman. Banda sonora: James Horner. Reparto: Sean Penn. Kate Winslet. Jude Law. Anthony Hopkins. Mark Ruffalo. Patricia Clarkson. James Gandolfini. Talia Balsam. Metraje: 120 minutos. Nacionalidad: Estados Unidos.

Sinopsis: Willie Stark es un joven idealista que habita en el Profundo Sur de los Estados Unidos en el segundo cuarto del siglo XX. Stark contempla las penalidades a las que hace frente una ciudadanía siempre engañada por sus aristocráticos representantes políticos, quienes habitan en medio de la opulencia, distantes y jactanciosos. Y, a despecho de todas las dificultades, decide lanzarse a la actividad política. Stark está dotado de una gran elocuencia, es capaz de construir un mensaje claro, directo y accesible. Y, sobre todo, es honesto y creíble. Pero, en su camino hacia el poder, en su caso la gobernación del Estado de Luisiana, Stark va claudicando, abandona sus ideales, y se convierte en un líder autoritario, que encabeza una auténtica banda de gangsters. Los jóvenes que le acompañan en el camino, como los Stanton, o su fascinado descubridor, el periodista Jack Burden, serán testigos privilegiados de su carrera apasionante. Y, finalmente, dramática.

Comentario: Con el inevitable referente de *El político* (1949) magistralmente dirigida por Robert Rossen y protagonizada por Broderick Crawford, esta nueva adaptación al cine de la novela de Robert Penn Warren sobre el célebre líder populista de Luisiana Huey Long, contando con un reparto extraordinario, disfrutó de menos éxito e impacto que su predecesora, pero fue mucho más fiel al original literario. Y contó con las magníficas interpretaciones de Sean Penn como Willie Stark, bien secundado por Jude Law como Jack Burden, Kate Winslet como Anne Stanton, Anthony Hopkins como el juez Irwin, y Mark Ruffalo como Adam Stanton. La historia del hombre honesto que decide entregarse al servicio público por vocación genuina, pero que termina reproduciendo hasta las últimas consecuencias todas las taras demagógicas y autoritarias que un día denunció, transformándose en un monstruo de cinismo, de vanidad y de egolatría, conquistó el Premio Pulitzer en 1946, en pleno *New Deal*, en unos Estados Unidos que acababan de imponerse en la más aniquiladora guerra del historia. Y su vigencia permanece intacta.

75. MORETTI, N.: *El caimán* (2006) Sacher Film/ Bac Films/ Stephan Fils/ France 3 Cinéma

Título original: *Il caimano.* Año: 2006. Producción: Nanni Moretti. Angelo Barbagallo. Dirección. Nanni Moretti. Guión: Nanni Moretti. Heidrun Schleef. Federica Pontremoli. Francesco Piccolo. Fotografía: Arnaldo Catinari. Banda sonora: Franco Piersanti. Reparto: Silvio Orlando. Margherita Buy. Jasmine Trinca. Nanni Moretti. Elio de Capitani. Michele Placido. Giuliano Montaldo. Paolo Sorrentino. Metraje: 119 minutos. Nacionalidad: Italia.

Sinopsis: Un modesto productor de películas de serie "B", Bruno Bonomo, pero también un verdadero adorador del cine, se enfrenta a una doble crisis: está a punto de separarse de su mujer, Paola, y además no se suscita la posibilidad de realizar películas de entidad. Bonomo quiere impulsar el rodaje de cintas de contenido histórico y político. Y, en esas circunstancias, se le presenta la oportunidad de producir un guión redactado por una inexperta aspirante a directora cuya inspiración conduce al primer ministro Silvio Berlusconi. Es entonces cuando comienza una segunda película en donde, esta vez, toda la problemática política italiana saldrá a relucir. Comienza, dentro de la película que contenía la película, la definitiva película.

Comentario: Moretti no se limitó a realizar una disección del berlusconismo, que además llega muy tardía, pero muy certera, en el desarrollo de la acción. Es el conjunto del sistema político el que padece, una vez más, el análisis de un director siempre comprometido con el destino de la democracia italiana. La película no sólo permite contemplar una extraordinaria interpretación de Silvio Orlando como Bruno Bonomo, un habitual del cine de su amigo Moretti, sino a la gran Margherita Buy como Paola Bonomo y Adria en la ficción, al exitoso director napolitano Paolo Sorrentino interpretando a su marido en la ficción, y a Michele Placido como un Berlusconi de ficción que resulta mucho más inquietante que el aparentemente inofensivo antiguo cantante de cruceros que un día decidió ocupar el despacho de Alcide de Gasperi y Aldo Moro en el Palacio Chiggi. La factura formal es sorprendente, desdoblando la película en dos piezas como una muñeza rusa. Y la solución, formidable.

76. HENCKEL VON DONNERSMARCK, F.: *La vida de los otros* (2006) Wiedemann & Berg Filmproduktion/ Bayerischer Rundfunk/ Arte/ Creado Film

Título original: *Das Leben der Anderen*. Año: 2006. Producción: Quirin Berg. Max Wiedemann. Dirk Hamm. Dirección: Florian Henckel von Donnersmarck. Guión: Florian Henckel von Donnersmarck. Fotografía: Haen Bogdanski. Banda sonora: Gabriel Yared. Stéphane Mouche. Reparto: Ulrich Mühe. Martina Gedeck. Sebastian Koch. Ulrich Tukur. Thomas Thieme. Hans-Uwe Bauer. Volkmar Kleinert. Metraje: 135 minutos. Nacionalidad: Alemania.

Sinopsis: En 1984, la policía de seguridad del Estado de la República Democrática Alemana, la *Stasi*, extrema su vigilancia sobre creadores e intelectuales. El autor teatral George Dreyman es uno de los objetivos básicos de la vigilancia, debido a su capacidad de liderazgo. El agente HGW/27, Gerd Wiesler, un experimentado especialista, es destinado a su vigilancia. Gracias a los micrófonos instalados en la casa de Dreyman puede conocer su relación con la actriz Christa-Maria Sieland, a quien el ministro de Cultura ha convertido en su amante y en confidente de la propia *Stasi*. Dreyman trata de obtener el perdón para su amigo Albert Jerska, un genial director teatral represaliado por su posición crítica con el régimen stalinista. Cuando Dreyman celebra su cumpleaños, Jerska le regala una composición inédita, *Sonata para un Hombre Bueno*. Poco después se suicida. Dreyman interpreta la pieza al piano, mientras HGW/27 derrama el llanto del hombre cuya conciencia se ha emancipado. Dreyman decide escribir un artículo sobre la tasa de suicidios en la RDA y sus motivaciones, y publicarlo en Occidente. HGW/27 le encubre, hasta que la dramática muerte de Christa permite que sus superiores le descubran. Pero, años después, Dreyman descubre también su existencia en el Berlín de la nueva Alemania libre, federal y unida. Su *Sonata para un Hombre Bueno*, esta vez en forma de libro, será en esta ocasión dedicada al agente HGW/27. Y cuando Wiesler adquiera el libro, no será necesario que se le envuelva para regalo, porque, como le dice al librero, "es para mí".

Comentario: El fallecimiento de Ulrich Mühe, poco después de la conclusión de la película, nos privó de un inmenso actor, pero nos dejó como insuperable testamento artístico a HGW/27. Lo mejor de la profesión actoral alemana, con Sebastian Koch como Georg Dreyman, Martine Gedeck como Christa-Maria Sieland y Volkmar Kleinert como Albert Jerska al frente, se sumaron para ofrecer la que sigue siendo, hasta ahora, la gran película alemana del siglo XXI. Florian Henckel von Donnersmarck compone un bellísimo recorrido por la resistencia de la condición humana frente al totalitarismo, evocando a quienes entregaron su vida en defensa de la libertad, pero también a quienes supieron seguir los dictados de su conciencia, y no las consignas tiránicas de un poder impío. Pero es también lúcido cuando, tras la desaparición de la DDR, presenta a Bruno Hempf (el gran Thomas Thieme) antiguo ministro stalinista de Cultura, como parte del *establishment* de la nueva Alemania, mientras el antiguo agente HGW/27, instalado en la precariedad, reparte publicidad por los buzones. El primado de la conciencia no garantiza el bienester material. Ni siquiera ninguna forma de reconocimiento. Hasta que la *Sonata para un Hombre Bueno* se convierte también en libro. Y el espectador sabe que el verdadero poder transformador en la historia es patrimonio de los HGW/27, es decir, está al alcance de cualquier ser humano de buena voluntad. Una película imprescindible.

77. DÍAZ YANES, A.: *Alatriste* (2006) Estudios Picasso/ Origen PC/ La Chauve-Souris

Título original: *Alatriste.* Año: 2006. Producción: Antonio Cardenal. Dirección: Agustín Díaz Yanes. Guión: Agustín Díaz Yanes (Arturo Pérez Reverte). Fotografía: Paco Femenía. Banda sonora. Roque Baños. Reparto: Viggo Mortensen. Ariadna Gil. Unax Ugalde. Elena Anaya. Eduardo Noriega. Blanca Portillo. Eduard Fernández. Enrico Lo Verso. Juan Echanove. Javier Cámara. Pilar López de Ayala. Cristina Marcos. Pilar Bardem. Alex O'Dogherty. Paco Tous. Metraje: 140 minutos. Nacionalidad: España/ Francia/ Estados Unidos.

Sinopsis: Tras finalizar la Tregua de los Doce Años, los tercios españoles pelean en las tierras bajas de Flandes contra los rebeldes. Uno de sus oficiales, el capitán Alatriste, le promete a uno de sus camaradas moribundo que se hará cargo de su hijo Íñigo. De regreso en España, Alatriste es contratado para asesinar a dos visitantes ingleses que resultan ser el príncipe de Gales y el duque de Buckingham, de incógnito en Madrid para sellar una alianza con España, y se introduce en la incierta corte de Felipe IV, contando con la enemistad de la Inquisición, de Luis de Alquézar, la amistad del conde de Guadalmedina, o de escritores como Francisco de Quevedo, y el amor de la actriz María de Castro, quien también es amante del rey, lo que imposibilita cualquier futuro en común para ambos. Alatriste concluye sus días en 1643 en la batalla de Rocroi, formando parte del Tercio Viejo de Cartagena, bombardeado en campo abierto por las fuerzas francesas como si fuera una fortaleza, y denegando la oferta del mariscal francés, el príncipe de Condé, para que los soldados de los tercios capitulen y conserven sus vidas, alegando que se trata de "un tercio español".

Comentario: Agustín Díaz Yanes resolvió proceder a una síntesis de los mejores episodios de la serie de novelas que recogen las aventuras del capitán Alatriste en una sóla película. El resultado es una de las escasas interpretaciones del sistema imperial español que ha ofrecido nuestro cine, siempre vinculadas a un soporte literario, como *El rey pasmado* (1991) de Imanol Uribe, basada en la novela de Gonzalo Torrente Ballester, pero nunca tan ambiciosa en el afán de captar todas las dimensiones del proyecto político de los Habsburgo, sin leyendas negras ni rosas, con plena conciencia de sus miserias, pero también de sus grandezas. Mortensen ofrece un Diego Alatriste muy fiel a su original literario, cínico y sólido, honesto y escéptico, amigo y soldado leal, Ariadna Gil es una excelente María de Castro, Juan Echanove un convicente Francisco de Quevedo, Javier Cámara es el conde-duque de Olivares, un hombre de Estado analítico y realista, y no un enfermo del poder. Y la película, que se enfrenta al desafío casi imposible de adaptar toda la serie literaria de Pérez Reverte, una digna y sólida reconstrucción de las luces y las sombras del primer sistema de gobierno verdaderamente universal de la historia: la Monarquía Hispánica.

78. FREARS, S.: *La reina* (2006) Pathé Pictures International/ Canal+/ Granada Film/ Pathé Renn Productions/ France 3 Cinéma/ BIM/ Future Films

Título original: *The Queen.* Año: 2006. Producción: Andy Harries. Christine Langan. Tracey Seaward. Dirección: Stephen Frears. Guión: Peter Morgan. Fotografía: Alfonso Beato. Banda sonora: Alexandre Desplat. Reparto: Helen Mirren. Michael Sheen. James Cromwell. Alex Jennings. Sylvia Syms. Laurence Brug. Helen McCrory. Tim McMullan. Roger Allan. Michel Gay. Pat Laffan. Metraje: 96 minutos. Nacionalidad: Gran Bretaña/ Francia/ Italia.

Sinopsis: El 1 de septiembre de 1997 una noticia conmociona al mundo: Diana de Gales fallece en un brutal accidente de automóvil en el túnel junto al Pont d'Alma de París junto a su pareja, Dodi-al-Fayed, cuando apenas contaba 38 años de edad. La familia real británica no emite reacción alguna, subrayando la naturaleza "particular" de la vida de la princesa Diana tras su divorcio, mientras el pueblo británico realiza muy sentidas muestras de dolor. Un dolor que prontamente exige algún tipo de reacción por parte de la reina Isabel II, quien se encuentra de vacaciones en su residencia escocesa de Balmoral, y cuya relación con la fallecida no destacaba por su cordialidad. La falta de reflejos de la soberana es advertida por el nuevo primer ministro electo, Tony Blair, quien además de asumir el dolor del pueblo y convertirse en su portavoz político e institucional, insta a la reina para que se sume a la gigantesca corriente popular. En un gesto insólito, Isabel II se dirigirá a la nación para testimoniar que "amaba" y "admiraba" a la fallecida princesa, y dispone que se realicen funerales de Estado. Y cuando, siguiendo la tradición, le pide a Blair que se haga cargo de su gobierno, le recordará que es el décimo.

Comentario: La crisis política y constitucional suscitada por el trágico fallecimiento de la princesa Diana, no tanto como consecuencia de la singular posición protocolaria que ocupaba en la vida pùblica británica tras su divorcio del príncipe de Gales, como por la ausencia de reacción oficial por parte de la Corona en los días siguientes al accidente parisino que puso término a su vida, una crisis emotiva suscitada por el impacto emocional de la noticia, y la disparidad de las reacciones protagonizadas por el pueblo y la propia familia de la princesa, se produce además inmediatamente después del regreso de los laboristas de Tony Blair a las responsabilidades de gobierno después de 18 años en la oposición, y coloca al nuevo primer ministro en una posición muy incómoda. Blair, según la película siguiendo las directrices de Alistair Campbell, utiliza la crisis para reforzar su propio liderazgo, poniendo voz a los sentimientos de la ciudadanía –histórica declaración camino de un servicio religioso junto con su familia en que acuña la definición de Diana Spencer como "la princesa del pueblo"– y convirtiéndose en el motor del giro estratégico que protagoniza, finalmente, la propia reina Isabel, dirigiéndose a sus conciudadanos en un cuidado mensaje, consintiendo en poner a media asta el estandarte real en Buckingham aunque Diana no pertenecía ya a la familia real, y presidiendo los funerales de Estado. Helen Mirren interpreta magistralmente esos históricos días, con un Michael Sheen espléndido con su camiseta del Newcastle y su capacidad para asumir con profesionalidad cualquier papel. Y la escena del ciervo. El poder se rinde a la belleza.

79. ESTÉVEZ, E.: *Bobby* (2007) The Weinstein Company

Título original: *Bobby*. Año: 2007. Producción. Ed Bass. Dirección. Emilio Estévez. Guión: Emilio Estévez. Fotografía: Michael Barrett. Banda sonora: Mark Isham. Reparto: Anthony Hopkins. Helen Hunt. Harry Belafonte. Emilio Estevez. Heather Graham. William H. Macy. Demi Moore. Martin Sheen. Sharon Stone. Elijah Wood. Lindsay Lohan. Ashton Kutcher. Lawrence Fishburne. Shia LaBeouf. Metraje: 120 minutos. Nacionalidad: Estados Unidos.

Sinopsis: En 1968, los partidarios de la candidatura presidencial de Robert Kennedy, senador por Nueva York, disputan en California una decisiva elección primaria el 5 de junio, tras su derrota en Oregon. Su cuartel general se encuentra radicado en el Hotel Amabassador de Los Ángeles, cuyo Salón de Baile está dispuesto para recibir al propio Kennedy esa noche. Mientras se aguarda el escrutinio, las historias de ciudadanos estadounidenses de extracción, origen, anhelos e identidad muy diversos se concitan en el histórico edificio. A la caída de la tarde, la victoria de Robert Kennedy sobre Eugene MacCarthy es incontestable, y con ella se hace decisivamente probable el itinerario hacia la nominación demócrata. Tras un emotivo y jovial discurso, Kennedy debe dar una rueda de prensa y decide acortar su camino por la cocina del hotel. Allí tiene lugar uno de los grandes magnicidios de la historia. Las últimas palabras del moribundo senador, que se desangra con una bala en la cabeza, son: "¿está todo el mundo bien?".

Comentario: Emilio Estévez, hijo de un Martin Sheen que ha interpretado a John Kennedy, e integrante de una familia de ascendencia hispano-irlandesa siempre unida al clan Kennedy, quiso anticiparse al cuadragésimo aniversario del asesinato de Robert Kennedy tributándole un homenaje que intercala el pensamiento y la voz del candidato presidencial con las peripecicas de huéspedes y trabajadores del Hotel Ambassador de Los Ángeles el histórico 5 de junio de 1968 en que se produjo el asesinato, apenas minutos después de la victoria de Kennedy en las cruciales primarias demócratas de California. Estevez reúne a uno de los mejores repartos nunca puestos a disposición de un director de cine, en el que no faltan estrellas de tres generaciones, para componer un muy personal homenaje al "hermano con alma", como le llamaba Gore Vidal, pariente del clan. La autenticidad de su estilo de liderazgo, basado en la cercanía, la sencillez y la compasión, se había plasmado en el funeral por Martín Luther King, asesinado en Memphis apenas dos meses antes, el 4 de abril, convertido en la esperanza de la comunidad afroamericana y de los hispanos. Y *Bobby* es el resultado. Un año antes de la elección presidencial de un gran admirador y declarado seguidor de ambos: Barack Obama.

80. CHADWICK, J.: *Las hermanas Bolena* (2008) BBC Films/ Ruby Films/ Scott Rudin Productions

Título original: *The Other Boleyn Girl*. Año: 2008. Producción: Alison Owen. Scott Rudin. Dirección: Justin Chadwick. Guión: Peter Morgan (Philippa Gregory). Fotografía: Kieran McGuigan. Banda sonora: Ed Shearmur. Reparto: Scarlet Johansson. Eric Bana. Natalie Portman. Kristin Scott-Thomas. Ana Torrent. Jim Sturgess. Mark Rylance. Benedict Cumberbatch. David Morrissey. Oliver Coleman. Mark Rylance. Eddie Redmayne. Tom Cox. Metraje: 115 minutos. Nacionalidad: Gran Bretaña/ Estados Unidos.

Sinopsis: Tomás Bolena, líder de una rama de la poderosa familia Howard, envía a sus hijas, María y Ana, a la corte de Enrique VIII, en donde María se convierte en su amante, y le da un hijo varón. El rey, sin embargo, tiene la esperanza de que la reina Catalina alumbre un heredero, y María se aparta de la Corte para criar a su hija. Será su hermana Ana, mucho más ambiciosa, quien contraiga matrimonio con un Enrique VIII que decide abandonar la obediencia romana para convertirse en cabeza de una nueva confesión, la Iglesia de Inglaterra. La flamante reina Ana Bolena tiene una niña, y sus sucesivos embarazos se malogran, mientras el rey dirige su atención hacia otras damas de la Corte. Enrique VIII envía al patíbulo a su esposa, para así poder contraer matrimonio con Jane Seymour. La venganza contra los Bolena-Howard, sin embargo, no afectará a María, quien disfrutará de absoluta tranquilidad durante toda su existencia, y del respeto y del afecto de Enrique VIII y de sus descendientes.

Comentario: El interés del cine por la dinastía Tudor es constante, desde *La vida privada de Enrique VIII* de Alexander Korda a esta película, sólidamente dirigida por Justin Chadwick. Para el espectador británico, o de cultura anglosajona, los Tudor, y especialmente Enrique VIII e Isabel I, sentaron las bases de Inglaterra como potencia mundial, y la consiguiente expansión de su lengua y de su cultura. Igualmente, sus avatares dinásticos son fascinantes: un rey que se casa seis veces, y cuyos tres descendientes legítimos reinan, pero mueren sin descendencia, resumen casi un siglo de brillante historia, de afición de Enrique VIII por la música y la danza y de su hija Isabel por el teatro, de pensamiento y de creación, de Tomás Moro y William Shakespeare. En esta nueva aproximación a la historia de la relación del rey Enrique con la familia Bolena, una rama menor de los siempre inquietos Howard, no sólo cobra importancia "la otra Bolena" del título original en inglés, sino que se manifiesta el profundo sentido dinástico y político de un rey cuyo objetivo básico era asegurar la sucesión y conjurar el peligro latente de que pudiera estallar una nueva contienda civil. Gran trabajo de todo el reparto protagonista, especialmente Eric Bana, Scarlett Johansson y Natalie Portman. Ana Torrent se convierte en la sucesora de la Irene Papas de *Ana de los mil días*, de Charles Jarrott, como Catalina de Aragón. Por fortuna.

81. EDEL, U.: *RAF. Fracción del Ejército Rojo* (2008) Constantin Film

Título original: *Der Baader Meinhof Komplex*. Año: 2008. Producción. Bernd Eichinger. Dirección: Uli Edel. Guión. Bernd Eichinger (Stefan Aust). Fotografía: Rainer Klausmann.

Banda sonora. Peter Hinderthür. Florian Tessloff. Reparto: Martina Gedeck. Moritz Bleibtreu. Bruno Ganz. Johanna Wokalek. Jan Josef Liefers. Alexandra Maria Lara. Nadja Uhl. Metraje. 148 minutos. Nacionalidad: Alemania.

Sinopsis. En la República Federal de Alemania de la primera Gran Coalición, la Kiesinger-Brandt de 1966-1969, la agitación extremista es muy profunda entre los estudiantes universitarios. Con motivo de la visita oficial del sha de Irán, Reza Pahlevi, se convocan concentraciones que desembocan en la muerte de un estudiante y gravísimos disturbios. Una periodista que cubre los sucesos, Ulrike Meinhof, muy próxima ideológicamente a los manifesantes, decide pasar a la clandestinidad y, convencida de que no hay evolución pacífica posible del sistema democrático, abrazar la violencia terrorista, uniéndose a la RAF, la "Fracción del Ejército Rojo" que dirige Andreas Baader y que prontamente, en honor de ambos, sería conocida como la banda "Baader-Meinhof". Durante los años siguientes, su actividad regará de sangre Alemania hasta que, tras su detención en 1972, se suscite un enorme debate público acerca de las garantías constitucionales que deben acompañar a los propios enemigos del orden constitucional, un debate en el que escritores como Heinrich Böll, Premio Nóbel de Literatura, encabeza a los defensores de la convicción de que la grandeza del Estado de Derecho reside, precisamente, en que no desciende al nivel criminal del terrorismo, y garantiza un juicio justo a todos los ciudadanos.

Comentario: Tres décadas después de la dramática desaparición de la banda Baader-Meinhof, la película dirigida por Uli Gedeck procede a un muy detallado examen de su actividad desde su gestación, con motivo de las acciones de protesta que se producen en la República Federal de Alemania cuando en 1969 es visitada por sha de Irán. La película es inequívoca en la descripción del fanatismo vesánico y criminal de los integrantes de la banda, sin incurrir en el intento de distinción entre Baader y Meinhof que propugnaron interpretaciones muy sensibles a la aplicación de la teoría del "buen salvaje" a algunos de los más abyectos delincuentes de la historia. Gran reparto con Bruno Ganz, Alexandra Maria Lara y, sobre todo, la enorme Martina Gedeck como Ulrike Meinhof. Sobre la personalidad de la sesuda y racional periodista que decidió abrazar la violencia totalitaria descansa la película. Y Edel acierta plenamente en la elección y en el tratamiento de una figura y una materia nada pacíficas o fáciles.

82. HOWARD, R.: *El desafío Frost-Nixon* (2008) Imagine Entertainment/ Working Title Films

Título original: *Frost-Nixon*. Año: 2008. Producción: Ron Howard. Brian Grazer. Tim Bevan. Eric Fellner. Dirección. Ron Howard. Guión: Peter Morgan (Peter Morgan). Fotografía: Salvatore Totino. Banda sonora: Hans Zimmer. Reparto: Frank Langella. Michael Sheen. Rebecca Hall. James Woods. Kevin Bacon. Oliver Platt. Toby Jones. Sam Rockwell. Matthew MacFadyen. Andy Miller. Gabriel Jarret. Metraje: 120 minutos. Nacionalidad: Estados Unidos.

Sinopsis: En 1977 el periodista inglés Robert Frost, conocido por sus entrevistas a destacadas *celebrities* y figuras del mundo del espectáculo, desea obtener respetabilidad como profesional, y se fija el objetivo de obtener una entrevista exclusiva con el ex-presidente de los Estados Unidos Richard Nixon, quien medita volver a presentarse a unas elecciones y, en todo caso, se encuentra deseoso de incrementar sus recursos. Cuando Frost acepta las condiciones que le pone Nixon para celebrar cuatro entrevistas –no mencionar el caso Watergate y recibir un millón de dólares como honorarios, una cifra desmesurada para la época– comienzan unos encuentros que, a lo largo de sus tres primeras sesiones, el experimentado y elocuente presidente maneja con insultante superioridad, y le reafirman en su expectativa presidencial para 1980. Pero, en el cuarto y último encuentro, Frost consigue golpear en la conciencia de Nixon, quien termina por confesar, emocionado, que quizás su comportamiento no estuvo a la altura de lo que cabe esperar de un presidente de los Estados Unidos, presentando a sus conciudadanos sus excusas.

Comentario: Ron Howard de nuevo exhibe su pulso narrativo, su sentido de la acción y del ritmo, y su capacidad para dirigir una historia compleja que, con enorme inteligencia, sabe conducir hacia el histórico momento de la última de las cuatro conversaciones entre Robert Frost y Richard Nixon en la que el periodista británico le pregunta al antiguo presidente si acaso piensa que un presidente puede hacer algo que sea ilegal. La respuesta de Nixon –"lo que estoy diciendo es que, si lo hace el presidente, deja de ser ilegal"– representa sin duda una afirmación incompatible con la lógica del Estado de Derecho, que además resulta especialmente grave cuando la pronuncia un presidente democrático elegido y reelegido, y con absoluta convicción. Pero lo interesante de esa afirmación abominable es que describe muy bien el verdadero pensamiento de Nixon y, probablemente, de algunos otros de sus colegas, persuadidos de la impunidad que asiste al representante político por el mero hecho de disfrutar de un mandato popular, en todo caso, siempre limitado en el tiempo. Nixon no volverá a disfrutar de un cargo público electivo, pero su libro *The real war,* aparecido en 1979, se convertirá en el texto inspirador de las dos presidencias de Reagan. Y cuando muere en 1994, y todos los presidentes vivos asisten a la ceremonia de Estado en su memoria, Robert Dole, jefe de la mayoría republicana en el Senado, afirma que el final del siglo XX será conocido en el futuro como "la Era de Nixon".

83. SORRENTINO, P.: *Il divo* (2008) Indigo Film/ Lucky Red/ Parco Film/ Babe Film/ Studio Canal/ Arte France Cinéma

Título original: *Il divo.* Año: 2008. Producción: Andrea Occhipinti. Francesca Cima. Nicola Giuliano. Dirección: Paolo

Sorrentino. Guión: Paolo Sorrentino. Fotografía: Luca Bigazzi. Banda sonora. Teho Teardo. Reparto: Toni Servillo. Anna Bonaiuto. Paolo Graziosi. Piera Degli Esposti. Fanny Ardant. Giulio Bosetti. Flavio Bucci. Carlo Buccirosso. Cristina Serafini. Metraje: 108 minutos. Nacionalidad: Italia/ Francia.

Sinopsis: El honorable Giulio Andreotti acaba de formar gobierno unos meses después de cumplir los setenta años. Una vida entera al servicio de la República italiana le han convertido en un auténtico mito de la política, caracterizado por su sagacidad y su caústico sentido del humor –"se que soy un hombre pequeño, pero no veo gigantes a mi alrededor", "excepción hecha de las Guerras Púnicas, se me han atribuido todos los males de Italia durante los últimos dos milenios", y sobre todo: "el poder desgasta, sobre todo cuando no se ejerce"– pero también por su conocimiento de la naturaleza profunda del ejercicio de las responsabilidades de gobierno. Algunos de sus colaboradores aparecen en informaciones que les vinculan a organizaciones de naturaleza mafiosa, mientras que el conjunto del sistema político italiano se ve sometido a un profundo cuestionamiento como consecuencia de escándalos de corrupción que afectan a algunos de sus lìderes más relevantes. Andreotti, por muchos analistas considerado el símbolo de la Italia democrática y republicana, con sus luces y sus sombras, se ve envuelto en sucesivos procesos, siendo invariablemente absuelto. Pero nada de cuanto sucede altera su personalidad. Sus paseos por el centro de Roma. Su vida junto a Livia Danese. Su asistencia diaria a la Eucaristía. Su hábito de madrugar. Sólo cuando en una comparecencia le preguntan por De Gasperi, responderá airado: "¡deje en paz a De Gasperi".

Comentario: Nadie como Giulio Andreotti, parlamentario ininterrumpido desde el 2 de junio de 1946 hasta su fallecimiento, sempiterno ministro, primer ministro en cuatro ocasiones, para recorrer la "lógica" del parlamentarismo europeo. Lo divertido de *Il divo* es que Sorrentino pretendía realizar un examen crítico del personaje. Al final, la película y el espectador se rinden a "Belcebú". A su inteligencia, a su sentido del humor, a su honestidad personal, a la firmeza de sus convicciones, a su conocimiento de la condición humana, a su lucidez... El monólogo de Andreotti, auténtico climax de la política, de la carrera actoral del gran Toni Servillo, y del cine de la pasada década, enfrenta al espectador con la despiadada faz de una dedicación política basada en la estrategia de la supervivencia y, sobre todo, en la plena convicción de que "en ocasiones hay que hacer el mal para procurar el bien", en oposición a la pretensión del "querido Aldo", de su íntimo amigo y adversario estratégico, el gran Aldo Moro, de que era necesario perseguir a toda costa la justicia, aunque ellos condujera el mundo al "caos". El retrato de Andreotti, sin embargo, particularmente cuando le comunica a su esposa Livia que va a ser juzgado, y ella le responde de manera lacónica –"te conozco; no se pasan cincuenta años con un hombre sin saber cómo es; lucharemos"– antes de escuchar a Renato Zero cantar *I migliori anni della nostra vita* y tomarse la mano, termina convirtiéndose en una tierna reivindicación de su figura, de su coherencia, de su abrumador sentido común... y de la Italia previa al berlusconismo. Una gran Italia.

84. VALLÉE, J.-M.: *La reina Victoria* (2009) GK Films/ Momentum Pictures

Título original: *The Young Victoria*. Año: 2009. Producción: Martin Scorsese. Graham King. Sarah Ferguson. Dirección: Jean-Marc Vallée. Guión: Julian Fellowes. Fotografía: Hagen Bogdanski. Banda sonora: Ilan Eshkeri. Reparto: Emily Blunt. Rupert Friend. Paul Bettany. Miranda Richardson. Jim Broadbent. Mark Strong. Thomas Kretschmann. Metraje. 98 minutos. Nacionalidad: Gran Bretaña/ Estados Unidos.

Sinopsis: Gran Bretaña, 1837. La vida del rey Guillermo IV se aproxima a su fin, y la herencia recae en su joven sobrina Victoria, hija de su hermano Eduardo, duque de Kent, fallecido en 1820, cuando Victoria contaba apenas dos años. Desde entonces fue educada por su madre, Victoria de Sajonia-Coburgo, a quien el rey Guillermo, su cuñado, detesta, aislada en el palacio de Kensington, y sometida a la tiránica disciplina de John Conroy, amante de la duquesa de Kent. Sin embargo, la joven Victoria no cedió. Y, además, se dió un hecho casi providencial. A pesar de que el rey Guillermo se encontraba muy enfermo, Victoria accedió a la mayoría de edad el 24 de mayo de 1837, falleciendo el rey el 20 de junio siguiente, lo que evitó una regencia. Pudo la reina entonces alejar de su lado a Conroy y a su madre. Pero si que triunfó la habilidad matrimonial de los Sajonia-Coburgo, consiguiendo el rey Leopoldo I de Bélgica su objetivo de casar a la reina con su sobrino Alberto, después de un noviazgo epistolar en el que las ideas sociales de su primo ejercieron un gran influjo sobre la joven Victoria. Un influjo que venía a unirse a la desplegada por el primer ministro *whig*, William Lamb, quien se encargó de que la reina nombrara a militantes de su partido como damas de la Corte, lo que, unido a la resistencia de la reina a aceptar la victoria de los *tories* y el nombramiento de Robert Peel como nuevo *premier*, habría de originar una crisis constitucional. Es entonces cuando la reina Victoria decide cumplir con su deber como soberana de una Monarquía parlamentaria.

Comentario: Cuando la soberana del Reino Unido entendió que sus preferencias políticas *whigs*, como pupila de William Lamb, duque de Melbourne, no podían permitirle ignorar la mayoría parlamentaria de los *tories* de Robert Peel, se consolidó definitivamente el modelo parlamentario británico. Adicionalmente, la película de Jean-Marc Vallée no se limita a describir el noviazgo de la reina con el príncipe Alberto de Sajonia-Coburgo-Gotha, y su felicidad conyugal, sino que estudia la dificultad de la institución monárquica para detectar la significación profunda de su tarea política e institucional, que la reina Victoria, de acuerdo con la película por influencia de su esposo, identificó con el desarrollo de una marcada sensibilidad social, y una acción decidida en favor de la corrección de las consecuencias humanitarias de la Revolución Industrial. La película procede a una interpretación histórica sin duda discutible, pero también realiza una contribución inteligente y razonada al examen de algunas de las formas políticas más esenciales al proyecto histórico del Estado de Derecho. Soberbia Emily Blunt como reina Victoria. Por no hablar de Jim Broadbent como Guillermo IV y Miranda Richardson como la duquesa de Kent.

85. CAMPANELLA, J. J.: *El secreto de sus ojos* (2009) 100 Bares/ Tornasol Films/ Haddock Films/ Telefe

Título original: *El secreto de sus ojos*. Año: 2009. Producción: Gerardo Herrero. Dirección: Juan José Campanella. Guión: Juan José Campanella. Eduardo Sacheri (Eduardo Sacheri). Fotografía: Félix Monti. Banda sonora: Federico Jusid. Emilio Kauderer. Reparto: Ricardo Darín. Soledad Villaamil. Guillermo Francella. Pablo Rago. Javier Godino. José Luis Gioia. Mario Alarcón. Mariano Argento. Metraje: 124 minutos. Nacionalidad: Argentina/ España.

Sinopsis: En la Argentina previa al golpe de Estado de 26 de marzo de 1976 que instauró una sangrienta y siniestra dictadura, una mujer es brutalmente agredida y asesinada. Polícía y administración de justicia se ponen en acción para tratar de identificar al criminal, y en especial una jueza y dos de los trabajadores de su juzgado, que aseguran al joven y desesperado viudo que encontrarán al asesino. Todas las probabibilidades apuntan a un joven que, sin embargo, cuando el golpe de Estado se produce, forma parte de las redes civiles de pistoleros que lo apoyan. Uno de los empleados del juzgado es asesinado, el otro debe incorporarse a un destino en una provincia muy distante de la capital, y el crimen, a pesar de que el presunto asesino es detenido y confiesa, queda impune. Sin embargo, el criminal desaparece. Años después, tras el restablecimiento de la democracia, los protagonistas de la investigación deciden retomarla donde se quedó, tratando de localizar al asesino. A quien si encuentran es al viudo de la asesinada, quien vive aislado del mundo, en una chacra en pleno campo.

Comentario: Cuando la razón de Estado se convierte en la disculpa que el autoritarismo utiliza para perpetrar sus crímenes, los más sanguinarios asesinos disfrutan de un respaldo oficial que posibilita la impunidad, y una impunidad que puede llegar a perpetuarse. Los protagonistas de *El secreto de sus ojos* tratan de encontrar a un asesino sin escrúpulos gracias a la convicción de que la naturaleza humana no puede escapar a sus pasiones. Pero no llegan nunca a detenerlos. El inquietante final de la película plantea abiertamente al espectador que, frente al terror, acaso el único recurso de un ciudadano honesto sea convertirse en el ejecutor de su propio sentido de la justicia. Pero también demuestra que la venganza destruye al ser humano, aniquila sus más nobles y creativas inclinaciones, y termina convirtiéndole en el otro rostro de un horror que se transforma en su propio espejo. La dirección de Campanella es impecable. El trabajo de Darín y Villaamil superlativo. Pero cuando Francella le recuerda a Darín que un hombre no puede nunca escapar de sus pasiones... Gran cine.

86. EASTWOOD, C.: *Invictus* (2009) Spyglass Entertainment/ Revelations Entertainment/ Malpaso Productions

Título original: *Invictus*. Año: 2009. Producción: Clint Eastwood. Lori McCreary. Robert Lorenz. Mace Neufeld. Dirección: Clint Eastwood. Guión: Anthony Peckham (John Carlin). Fotografía: Tom Stem. Banda sonora. Kyle Eastwood. Michael Stevens. Reparto: Morgan Freeman. Matt Damon. Tony Kgoroge. Patrick Mofokeng. Julian Lewis Jones. Adjoa Andoh. Matt Stern. Metraje: 132 minutos. Nacionalidad: Estados Unidos.

Sinopsis: Tras su liberación de su prolongada reclusión en 1990, y la celebración de las primeras elecciones libres de su historia, Nelson Mandela, líder del Congreso Nacional Africano, se convierte en presidente de Sudáfrica en 1994. Los periódicos se preguntan al día siguiente si, además de ganar unas elecciones, es capaz de liderar un país, y él considera "legítima" la pregunta. Su primera directriz es proponer a los servidores *afrikaner* de la antigua administración que sigan colaborando con él, incluidos los integrantes de los antiguos servicios de seguridad que le persiguieron. Y, con el objeto de potenciar la integración entre las comunidades que configuran Sudáfrica, conservar el equipo nacional de rugby, los *Springboks*, orgullo de los *afrikaner*, con sus símbolos y su camiseta. La inminente celebración de la Copa del Mundo de rugby en el país, al año siguiente, 1995, constituye una inmejorable oportunidad para impulsar la unidad de la nación, y Mandela decide ganar la complicidad activa del capitán del equipo naciona, el *flanker* François Pienaar, a quien le insta a no conformarse, como líder, con el objetivo siempre necesario de la ejemplaridad, sino que desarrolle también la inspiración. Y le entrega el poema que le acompañó siempre en su celda de la prisión de Robben Island, *"Invictus"*, de Ernst Henley. Un país entero respaldará a un equipo que, contra todo pronóstico, obtiene la victoria en el torneo jugando para 43 millones de sudafricanos.

Comentario: *El factor humano*, de John Carlin fue llevado al cine por Clint Eastwood. A pesar de que Nelson Mandela aclaraba con enorme humor que él no era Morgan Freeman, ambos quedaron para siempre hermanados. Igual que, seguramente, será difícil que un primer mandatario electo por sufragio universal directo entienda mejor que *Madiba* que un jefe de Estado, y el Estado mismo, y todas sus instituciones, representan y sirven al conjunto de los ciudadanos, y no a sus amigos, sus conocidos, o sus electores. Un guión muy bien escrito ofrece al espectador auténticas lecciones de sabiduría política, de accionar responsable, y de conciencia humanista auténtica. Un cuidado reparto en el que sobresalen absolutamente Morgan Freeman interpretando a *Madiba*, y Matt Damon en el papel del capitán sudafricano, François Pienaar, ofrece escenas tan memorables como la visita de los jugadores de la camiseta verde y dorada a Robben Island, a la celda minúscula que no fue capaz de derrotar el alma de Mandela. O rememora la histórica final resuelta por el *drop* de Joel Stransky. Una hermosa obra.

87. O'SULLIVAN, T: *Durante la tormenta* (2009) BBC Films/ HBO Films/ Scott Rudin Production/ Rainmark Films

Título original: *Into the Storm. Churchill at War.* Año: 2009. Producción: Ridlley Scott. Dirección: Thaddeus O'Sullivan. Guión: Hugh Whitemore. Fotografía: Michel Amathieu. Banda sonora: Howard Goodall. Reparto: Brendan Gleeson. Janet McTeer. Len Cariou. James D'Arcy. Iain Glen. Patrick Malahide. Robert Pugh. Metraje: 100 minutos. Nacionalidad: Gran Bretaña.

Sinopsis: Convertido en primer ministro en las más aciagas circunstancias posibles, tal y como él mismo había previsto siempre, Churchill dedica sus primeros esfuerzos a concentrarse en la que él mismo denomina ya como "la batalla de Inglaterra", una batalla de la que, advierte, depende el futuro de la civilización, y en restaurar los ánimos de una nación que, hasta entonces, no ha sufrido más que derrotas y dolor. Y utiliza el tono que distingue a los verdaderos estadistas de los políticos oportunistas, no augurando más que nuevos sufrimientos, exigencias, destrucción, y muerte, pero asegurando que sea cual sea el resultado de la hora histórica que se avecina para Gran Bretaña, esa hora será, necesariamente, "su hora más bella". La determinación con la que actúa un primer ministro que, desde el principio, se opuso al nazismo, y a cualquier forma de negociación o de "apaciguamiento" de sus predecesores con el totalitarismo, es parte inseparable de la determinación con la que el Reino Unido se enfrentará a la barbarie, con inmensos sacrificios, hasta la victoria final.

Comentario: Cuando Roosevelt le pregunta a Churchill, en su primer encuentro desde la entrada de los Estados Unidos en la guerra, cuál es el alimento más esencial para un pueblo, y Churchill le responde que "la esperanza", queda perfectamente definida la verdadera naturaleza de la segunda guerra mundial como un enfrentamiento entre civilizacion y barbarie, entre centralidad de la persona, la vida y la dignidad humanas y servil sometimiento a una tiranía vesánica. El Churchill que compone Gleeson es una personalidad que, más allá de su identidad política y de sus convicciones ideológicas, se erige en el portavoz de un pueblo que, cuando toda Europa ha caído en manos del totalitarismo bajo cualquiera de sus expresiones, decide permanecer fiel a su identidad democrática, a sus derechos y a sus libertades. Sabedor de que el precio a pagar por la libertad es siempre oneroso. Pero que la libertad merece ése y cualquier precio.

88. ASSAYAS, O.: *Carlos* (2010) Films en Stock/ Egoli Tossell Film

Título original: *Carlos, le film*. Año: 2010. Producción: Oliver Assayas. Dirección: Olivier Assayas. Guión: Olivier Assayas. Dan Franck. Fotografía: Yorick Le Saux. Denis Lenoir. Reparto: Edgar Ramírez. Fadi Abi Samra. Ahmad Kaabour. Rodney El Haddad, Christoph Bach, Julia Hummer. Alexander Scheer Talal El-Jordi. Nora von Waldstätten. Juan Acosta. Susanne Wuest. Metraje: 162 minutos. Nacionalidad. Francia/ Alemania.

Sinopsis: Venezolano de origen, pero sin más nacionalidad que su fanatismo ideológico, Ilich Ramírez, "Carlos", o "El chacal", se convirtió en uno de los grandes protagonistas de la vida pública de los primeros años de la década de los 70'.

"Carlos" conduce el activismo terrorista a nuevas escenarios, realizando acciones espectaculares, como el asalto a la sede de las Naciones Unidas en Viena, que se resuelve con la petición de un avión para abandonar el país. Súbitamente, los grandes gobiernos democráticos, como el austriaco de Bruno Kreisky, aceptan sentarse a negociar bajo extorsión directa de una banda terrorista. Carlos acaba de convertirse en una leyenda, un ejemplo a seguir para multitud de grupúsculos armados en el mundo, y en uno de los más característicos protagonistas de los "años de plomo" de la historia occidental.

Comentario: Una muy cuidada y documentada aproximación al más deliberadamente mediático de los terroristas que. asolaron el mundo durante la sangrienta década de los 70'. La película analiza la gestación de un criminal fanático que persigue la materialización del infierno totalitario del stalinismo a través de la dominación por el terror, al servicio de una estrategia de la tensión y del asesinato que forma parte de la vida pública ordinaria de los países occidentales durante las últimas decadas del siglo XX, gozando además de la comprensión y, a veces, del respaldo de algunos sectores de la más adocenada *intelligentsia*. El sólido trabajo realizado por Olivier Assayas, muy convincentemente interpretado por Edgar Ramírez, permite al espectador aproximarse a episodios todavía muy recientes de la historia democrática. Recientes, y sumamente aleccionadores.

89. BURTON, T.: *Alicia en el país de las maravillas* (2010) Tim Burton Animation Co./ Walt Disney Productions

Título original: *Alice en Wonderland*. Año: 2010. Producción. Richard D. Zanuck. Joe Roth. Suzanne Todd. Jennifer Todd. Dirección: Tim Burton. Guión. Linda Woolverton (Lewis Carroll). Fotograsfía. Dariusz Wolski. Banda sonora: Danny

Elfman. Reparto: Mia Wasikowska. Johnny Depp. Helena Bonham-Carter. Anne Hathaway. Matt Lucas. Crispin Glover. Tim Pigott-Smith. Marton Csokas. Geraldine James. (Voces de Stephen Fry, Alan Rickman, Christopher Lee, Michael Sheen, Timothy Spall) Metraje: 107 minutos. Nacionalidad. Estados Unidos.

Sinopsis. Diez años después de su regreso del País de las Maravillas, Alicia es una encantadora joven que está a punto de comprometerse en matrimonio en una exquisita fiesta que se celebra en una elegante mansión. Pero, de nuevo, el conejo blanco aparece para conmocionar su vida y conducirla al mundo que conoció en su infancia, y que olvidó por completo. Esta vez dos reinas hermanas, la tiránica reina roja y la apacible reina blanca, se disputan el dominio del País de las Maravillas como si fuera el escenario de una dramática partida de ajedrez, porque la reina roja no sólo ha destronado a su hermana, sino que pretende aniquilarla. Sin embargo, la llegada de Alicia devuelve la esperanza a las criaturas del País de las Maravillas.

Comentario: Si el díptico de Lewis Carroll que integran *Alicia en el país de las maravillas* y *Alicia a través del espejo* resulta imprescindible en cualquier forma de reflexión sobre el poder, el universo artístico de Tim Burton estaba incompleto sin esta película singular, maravillosa, impactante, llena de sugerencia, inocente y adulta, inteligente, siempre sutil. En ocasiones, Burton se muestra casi desbordado por la grandeza y la inteligencia de Carroll, por tantos conceptos el inspirador de toda su obra, y la película se convierter en un homenaje al maestro. Pero la eficacia del guión de Linda Woolverton y el magnífico trabajo de un reparto plenamente identificado con su trabajo permite que el director exhiba su inmenso. Excelente Mia Wasikowska. Y el resto del maravilloso reparto, a la altura de sus portentosas posibilidades.

90. FIENNES, R.: *Coriolanus* (2011) Icon Entertainment/ BBC Films

Título original: *Coriolanus*. Año: 2011. Producción: Ralph Fiennes. John Logan. Gabrielle Tana. Julia Taylor-Stanley. Colin Vaines. Dirección: Ralph Fiennes. Guión: John Logan (William Shakespeare). Fotografía: Barry Ackroyd. Banda sonora: Ilan Eshkeri. Reparto: Ralph Fiennes. Vanessa Redgrave. Gerard Butler. Brian Cox. Jessica Chastain. Ashraf Barhom. James Nesbitt. Metraje: 120 minutos. Nacionalidad: Gran Bretaña.

Sinopsis: Caius Martius, también conocido como Coriolanus, es un general romano que, tras su último éxito, se siente llamado al ejercicio del poder político a través del desempeño de la magistratura consular, para así modificar el rumbo político de una Roma cuyas instituciones le suscitan profundas críticas, y no digamos la frivolidad de sus ciudadanos. Su madre, Volumnia, es la más incondicional impulsora de su candidatura que, sin embargo, fracasa, suscitando la ira del general, que es expulsado de la Urbe y confinado en una remota región del Norte. Sin embargo, decide aliarse con Tulo Aufidio, histórico enemigo tanto suyo como de la República, para recuperar el poder. Para Coriolano ha llegado el momento de convertir el poder en venganza.

Comentario: La adaptación en clave contemporánea de la tragedia de Shakespeare por parte de Ralph Fiennes depara sensaciones encontradas. El planteamiento es muy atractivo, el reparto maravilloso, y Shakespeare pone todo lo demás en lo que constituye una película imprescindible en cualquier monografía sobre derecho y poder. Y muy especialmente sobre la conversión del afán de venganza, o la aplicación de la lógica schmittiana de que en política no hay amigos comunes, sino enemigos comunes, en norma de actuación del servidor público. Pero la película no acaba de funcionar. Fiennes, un actor extraordinario, no pertenece a la saga de grandes actores-realizadores de las Islas que, de momento, se cierra con el irlandés Kenneth Branagh. Pero es una delicia escuchar a la gran Redgrave recitando el texto de Volumnia, al propio Fiennes en el papel principal, y comprobar que el escocés Butler puede hacer más cosas que salvar la Casa Blanca o comedias románticas. Ganará con los años.

91. LLOYD, P.: *La dama de hierro* (2011) Pathé/ Film 4 Productions/ UK Film Council/ Goldcrest Films

Título original. *The Iron Lady*. Año: 2011. Producción: Damian Jones. Dirección: Phyllida Lloyd. Guión: Abi Morgan. Fotografía: Eliot Davis Banda sonora: Clint Mansell. Thomas Newman. Reparto: Meryl Streep. Jim Broadbent. Richard E. Grant. Olivia Colman. Anthony Head. Roger Allam. Nicholas Farrell. Alexandra Roach. Harry Lloyd. Metraje: 104 minutos. Nacionalidad: Gran Bretaña.

Sinopsis: Una anciana que cree poder hablar con su marido ya fallecido, descubre en el supermercado una vida cada vez más encarecida. Y también recuerda una existencia pública a cuya vocación despertó escuchando a su padre, activo militante conservador en su Grantham natal. Recuerda cómo, tras estudiar Ciencias Químicas y Derecho y casarse, adquirió el apellido por el que la conocería la historia, Thatcher, convirtiéndose primero en diputada, después en ministra de Educación gracias a la confianza del primer ministro, Edward Heath, y finalmente en líder de los *tories*, tras desplazar en 1975 a su principal mentor, y en primera ministra tras las elecciones legislativas de 1979. Margaret Thatcher acredita desde el principio de su desempeño el calificativo que le adjudica el presidente francés Giscard d'Estaing: "la dama de hierro". Inicia un proceso de reconversión industrial y del carbón que conduce a una serie de huelgas en ambos sectores que se prolongan durante meses, y se enfrenta a las huelgas de hambre que en Irlanda originan la muerte de diez integrantes del IRA. Sin embargo, consigue conjurar su debilidad política cuando, tras la invasión de las islas Malvinas por fuerzas argentinas, envía a la Armada para recuperarlas, enfrentándose con el propio presidente estadounidense, su amigo Ronald Reagan, y su secretario de Estado, Alexander Haig. Tras su arrollador triunfo en las elecciones de 1983, un triunfo que revalida en 1987, Thatcher se consolida como una líder de proyección mundial. Pero también como una mujer soberbia que difícilmente escucha, y que en una reunión de su gabinete, el otoño de 1990, humilla a su fiel Geoffrey Howe. Sometido su liderazgo a examen por los diputados conservadores, y tras imponerse por un margen inesperadamente estrecho, termina presentando su dimisión.

Comentario: Meryl Streep dotó de credibilidad a una película que pretende revisar la dimensión política de una de las grandes figuras de la reciente historia, y termina convirtiéndose en un ejercicio hagiográfico y acrítico de una trayectoria que, como mínimo, aunque sólo sea por su prolongación en el tiempo, y la dificultad de muchas de las decisiones estratégicas adoptadas, merece un examen más cuidadoso. La omisión de la importancia del respaldo de Heath a su carrera política, y la consiguiente magnitud de su traición a un caballero que, tras abandonar la política, se dedicó a escribir y a dirigir orquestas, no avala la necesaria seriedad de una interpretación que convierte a Margaret Thatcher en una personalidad política que, tan sólo en sus instantes postreros en el 10 de Downing Street, cuando perpetra auténticos escarnios públicos sobre algunos de sus más leales ministros, y en concreto sobre un hombre de Estado de la magnitud del pausado galés Geoffrey Howe, trata de incorporar con equilibrio a una personalidad apasionante y compleja, imprescindible para comprender el final de la Guerra Fría y del propio siglo XX.

92. ARCEL, N: *Un asunto real* (2012) Zentropa Entertainments/ DR TV/ Film i Väst/ Sveriges Television

Título original: *En Kongelig Affaere*. Año: 2012. Producción: Meta Louise Foldager. Sisse Graum Jorgensen. Louise Vesth. Dirección: Nikolaj Arcel. Guión: Nikolaj Arcel. Rasmus Heisterberg. Lars von Trier Fotografía. Rasmus Videbaek. Banda sonora: Gabriel Yared. Cyrille Aufort. Reparto: Mads Mikkelsen. Alicia Vikander. Mikkel Boe Folsgaaard. Trine Dryholm. Thomas W. Gabrielsson. David Dencik. Bent Mejding. Metraje: 135 minutos. Nacionalidad: Dinamarca.

Sinopsis: La princesa inglesa Carolina Matilde contrae matrimonio con Christian VII, rey de Dinamarca, un hombre cuyo temperamento oscila entre la abulia y la locura, incapaz de ejercer sus funciones regias. El nombramiento como médico del rey de Johann Friedrich Struensee, un hombre de ideas avanzadas, que desea la modernización del país, su apertura política, y la generación de bienestar y oportunidades, ideas compartidas por la reina, coincide en el tiempo con una relación sentimental entre ambos. El rey es fácticamente apartado del gobierno, encargada la reina de la regencia, y convertido Struensee en primer ministro. La opción de la joven reina determina también la evolución del régimen despótico danés hacia una ambición reformista que es saludada con júbilo y esperanza por los propios filósofos ilustrados franceses, con Voltaire y Rousseau al frente. Finalmente, el favorito real es ejecutado y la reina enviada lejos de Copenhague. Pero el proyecto reformista proseguirá durante el reinado de Federico VI.

Comentario: Estado y poder en el siglo XVIII, un siglo no especialmente presente en el cine, significa aproximarse al impacto de la Ilustración y a la gestación de los procesos de cambio revolucionario. Y, en este sentido, resulta sumamente interesante la experiencia danesa, un país que, en apenas dos siglos, evolucionaría desde la depauperación material a una posición política, institucional, y de desarrollo humano integral, de verdadero privilegio. La cinematografía danesa, que ha dado a la historia del cine a uno de sus grandes realizadores, Carl Theodor von Dreyer, y más recientemente al siempre polémico Lars von Trier, quien participa en el guión de esta cuidada producción, brinda en esta ocasión una profunda y bien documentada reflexión sobre su propia historia. Y dos excelentes actores, como el poderoso Mads Mikkelsden y la celestial Alicia Vikander lideran un muy competente reparto que incorpora un fragmento de historia esencial a la génesis de la contemporaneidad.

93. SPIELBERG, S.: *Lincoln* (2012) Relliance Entertainmet/ TCF

Título original: *Lincoln*. Año: 2012. Producción: Kathleen Kennedy. Steven Spielberg. Dirección. Steven Spielberg. Guión: Tony Kusher (Doris Kearns Goodwin) Fotografía: Januzk Kaminski. Banda sonora: John Williams. Reparto: Daniel Day-Lewis. Sally Field. Tommy Lee Jones. James Spader. Joseph Gordon-Levitt. David Strathairn. Adam Driver. Hal Holbrook. Metraje: 147 minutos. Nacionalidad: Estados Unidos.

Sinopsis: A principios de 1865, la Guerra de Secesión se encuentra virtualmente finalizada, y la Confederación apenas aspira a negociar una rendición honrosa. El presidente Lincoln, que acaba de ganar su reelección, no se da por satisfecho: la emancipación de los esclavos no disfruta de rango constitucional, y si no consigue una mayoría de 2/3 para incorporarla como enmienda, cualquier Estado de la Unión podrá restablecerla, por no decir cualquier futura presidencia. Lincoln debe buscar votos entre sus adversarios demócratas, cometido nada fácil. Pero, además, debe trabajar para conseguir el voto unánime de sus compañeros de partido, un objetivo muy complejo: los abolicionistas le garantizarán sus votos si no negocia con el Sur, y los moderados si lo hace. Son tres cuadraturas del círculo político. Lincoln, si embargo, es un hombre sin miedo y sin complejos. Ha formado un gabinete que integran todos los grandes líderes republicanos, rivales entre sí. Y sabrá aplicar la misma metodología para conjugar la energía y la inteligencia de esos mismos rivales al servicio de un proyecto histórico: salvar a la Unión y poner fin al régimen esclavista. Por si todo ello fuera poco, Lincoln acaba de perder a uno de sus hijos, otro quiere enrolarse en el ejército federal, en contra del criterio de su madre, y su situación familiar es, seguramente, la más compleja de su vida. En estas condiciones, deberá como nunca conservar la templanza y el equilibrio para dar términos a sus objetivos. Y, como dirá al final quien había sido su más porfiado adversario, Thaddeus Stevens, el hombre más justo del país se valdrá de los medios más abyectos para obtener un resultado sublime. Toda una lección política de un hombre cuya vida está a punto de tocar trágicamente a su fin.

Comentario: La crítica decidió preservar el inolvidable trabajo de Daniel Day-Lewis de un examen sumamente severo de una película considerada, por momentos "oscura", cuando no tediosa. Probablemente esa crítica no supo examinar el cariz siniestro de cualquier guerra, pero muy especialmente si es civil, y tampoco valorar la luminosidad que acompaña al definitivo debate y aprobación de la decimotercera enmienda. El magnífico libro de Doris Kearns Goodwin constituye el soporte de un guión en algunos episodios brillante. Y la película consigue transmitir la atmósfera que envuelve a un país que está a punto de cerrar una sangrienta Guerra de Secesión, pero lo hará en falso si no es capaz de regresar a sus virtudes fundacionales para superar definitivamente la esclavitud, la explotación y la desigualdad. Magníficas interpretaciones de los protagonistas, comenzando por el extraordinario Daniel Day-Lewis, bien secundado por Sally Field y por Tommy Lee-Jones. La acogida de la crítica fue desigual. Me permito sospechar, sin embargo, que esta es una de las películas de Spielberg –una más– que seguirán creciendo con el transcurso del tiempo.

94. LARRAÍN, P.: *No* (2012) Fábula production/ Participant Media/ Funny Ballcons

Título original: *No*. Año: 2012. Producción: Pablo Larraín. Juan de Dios Larraín. Dirección: Pablo Larraín: Guión: Pedro Peirano. Fotografía: Sergio Armstrong. Banda sonora: Carlos Cabezas. Reparto: Gabriel García Bernal. Alfredo Castro. Antonia Zegers. Luis Gnecco. Alejandro Goic. Néstor Cantillana. Jaime Vadell. Diego Muñoz. Manuela Oyarzún. Metraje: 115 minutos. Nacionalidad: Chile/ México/ Estados Unidos.

Sinopsis: La dictadura de Pinochet convoca para el 5 de octubre de 1988 un plebicisto en el que los ciudadanos chilenos habrán de decidir si posibilitan la permanencia del dictador en el poder. Tras un profundo debate interno, la oposición decide acudir al plebicisto, contando con disponer, por primera vez en quince años, de espacios en los medios públicos, y sobre todo la televisión, para la difusión de sus ideas. René Saavedra, un publicista que trabaja en una empresa de comunicación cuyos responsables, con su jefe Lucho a la cabeza, se encuentran muy ligados a la dictadura, acepta realizar la campaña del "No" a Pinochet, y lo hace apostando por formatos, mensajes y contextos joviales y positivos, imágenes como el arco iris, que se convierte en el símbolo de la campaña y el distintivo aglutinador de todas las fuerzas opositoras, el lema "Chile, la alegría ya viene", jinetes que portan consigo la bandera chilena, artistas que cantan en un teatro..., lo que despierta no poco rechazo en quienes entienden que 15 años de vejaciones, asesinatos y torturas merecen un enfoque más serio. Pero la propia dictadura avala la estrategia cuando, con su propio jefe a la cabeza, trata de tomar los motivos centrales de la campaña opositora y desacreditarla. Los publicistas saben que significa que han ganado la campaña a un régimen rígido, incapaz de pensar y proponer la ilusión que sólo la democracia puede acertar a motivar. Pero hay que ganar el referéndum.

Comentario: A punto de estrenarse en España sus dos últimas películas, *Neruda* (*Neruda,* 2016) y *Jackie* (*Jackie,* 2016), el fecundo y brillante director chileno Pablo Larraín, muestra en *No* algunas de las claves de su sabiduría como realizador. El universo ético es cerrado, y el espectador toma partido muy rápidamente en la película, fuera o no contemporáneo de los hechos, lo que absorbe el interés desde el principio. Se sabe el final (feliz), pero la atención es permanente. Sin embargo, los protagonistas aportan muchos más matices. René es eficaz y profesional, pero no cautiva. Se diría que se siente más comprometido con su carrera o con su vanidad profesionales que con dar término a una macabra dictadura. Y Lucho trabaja para esa dictadura, pero es también un profesional que no ha realizado distinciones políticas a la hora de seleecionar a los profesionales que trabajaban junto a él. Igualmente, Larraín desliza un sutil y perverso mensaje que, por otra parte, se corresponde muy poco con la historia: el "No" se habría impuesto gracias a una campaña inteligente que casi orilla a las víctimas del pinochetismo. Todo el reparto es extraordinario, y Gael García Bernal está excelente. Pero lo de Alfredo Castro es otro nivel. Un lujo en acción.

95. TROTTA, M. von: *Hannah Arendt* (2012) Heimatfilm/ Bayesricher Rundfunk/ Westdeutscher Rundfunk

Título original: *Hannah Arendt.* Año: 2012. Producción: Bettina Brokemper. Johannes Rexin. Dirección: Margarethe von Trotta. Guión: Margarethe von Trotta. Pam Katz. Fotografía: Caroline Champetier. Banda sonora: André Mergenthaler. Reparto: Barbara Sukowa. Axel Milberg. Janet McTieer. Ulrich Noethen. Julia Jentsch. Michael Degen. Metraje: 110 minutos. Nacionalidad: Alemania/ Luxemburgo/ Francia.

Sinopsis: Adolf Eichmann, criminal de guerra nazi, refugiado tras la guerra en Argentina, es capturado por el Mossad y llevado a Israel, siendo inmediatemente sometido a juicio por sus delitos. La pensadora judía alemana Hannah Arendt, después de décadas de exilio en Estados Unidos, llega a un acuerdo con la revista "New Yorker" para proceder a la cobertura del juicio redactando varios artículos, lo que la conduce a Jerusalén, y a escuchar y contemplar a Eichmann. Hannah Arendt sostiene que debe juzgarse la conducta de un ser humano concreto, y no someter a juicio a la historia, lo que genera enorme controversia entre los propios intelectuales judíos. Además, y para su sorpresa, descubre que Eichmann es sin duda un criminal, pero también un hombre tosco, vulgar, que cumplía las instrucciones y aplicaba la ley sin formularse la más mínima interrogante de naturaleza moral. Hannah Arendt recuerda también su relación con su maestro Heidegger, y su compromiso con el nazismo cuando accedió al rectorado de la Universidad de Friburgo, un compromiso breve pero explícito. El autor de *El ser y el tiempo* fue también el hombre que más impacto causó en su vida. Y el juicio a Eichmann le obliga a revisar su propia existencia. Por eso, se pregunta si acaso lo más estremecedor del mal que afligió a Europa y que condujo al holocausto de su propio pueblo no reside en su aparente "normalidad". Además, cuando publica sus artículos, critica la pasividad con la que algunas organizaciones judías parecieron resignarse a su deportación y genocidio, afirmaciones que suscitan una terrible polémica periodística.

Comentario: Una de las más grandes e irreductibles presencias intelectuales del siglo XX merecía una película. En concreto, esta medida, profunda, y conmovedora película. Lo importante de la obra de Hannah Arendt es que obligó a poner en revisión la explicación del nazismo, y de todas las expresiones del totalitarismo, como una especie de excepción histórica, de locura colectiva irrepetible. La filósofa alemana demostró que el mal esencial al racismo, a la tiranía, a la brutalidad, al desprecio por la vida y por la dignidad humana, no es un comportamiento extraño, sino que estuvo protagonizado por personas comunes, que aceptaron el horror con normalidad. Eso convierte a Arendt en imprescindible. Desde la película dedicada a *Rosa Luxemburgo* (*Rosa Luxemburg*, 1986), el binomio Von Trotta-Sukowa no había alcanzado una intensidad y una credibilidad tan extraordinarias. Pero *Hannah Arendt* es una película que disfruta de mayor madurez, mejor concebida y mejor escrita, y sus resonancias son más universales. La importancia del pensamiento de Arendt, de la experiencia vivida frente a las pretensiones empiristas en las ciencias sociales, algo que ella consideraba "absurdo", otorga validez a los sentimientos como fundamento para la maduración de una óptica vital sensible y comprometida. Una gran película sobre el poder. Pero el poder de las palabras y del pensamiento, del compromiso y del testimonio.

96. SORRENTINO, P.: *La gran belleza* (2013) Indigo Film/ Medusa Film/ Mediaset/ Pathé/ France 2 Cinéma7 babe Film/ Canal +

Título original: *La grande bellezza*. Año: 2013. Producción: Nicola Giuliano. Francesca Cima. Dirección: Paolo Sorrentino. Guión: Paolo Sorrentino. Umberto Contarello. Fotografía: Luca Bigazzi. Banda sonora: Lele Marchitelli. Reparto: Toni Servillo. Sabrina Ferilli. Carlo Verdone. Serena Grandi. Isabella Ferrari. Galatea Ranzi. Luca Marinelli. Giulia Di Quilio. Metraje: 142 minutos. Nacionalidad: Italia/ Francia

Sinopsis: Jep Gambardella es un *salonnier* de la Roma más frívola y mundana, en donde los festejos de la antigua *dolce vita*, ahora revestida de pretensiones intelectuales y creativas, y de "compromiso civil", son formas de desesperadas criaturas que no resignan a sus fracasos personales y al ocaso de sus ambiciones profesionales, públicas o políticas. El propio Jep realiza una gran fiesta cuando alcanza los 65 años. Pero conserva la lucidez necesaria para recordar que únicamente conoció la plenitud con un fugaz amor de juventud que, descubre, acaba de fallecer sin haber dejalo de amarle, que la publicación de su única novela fue el solitario destello de un talento que ha devenido en una vida frívola, sin horizonte, sin esperanza, sin autenticidad. Que cuando vuelve a encontrar el amor, se le escapa trágicamente. Que cuando sólo la monumentalidad, "la gran belleza", acompaña a un ser humano, puede decir, como a sus amigos les confiesa en uno de los momentos cumbre de la película, que no es más que una persona desesperada en busca de consuelo para aliviar el tedio y la finitud. Atrás quedó cuanto hace a la vida digna de serlo: la creatividad, las ilusiones, el amor, la gratuidad en la entrega. La inocencia. El verdadero poder.

Comentario: La penúltima película del realizador napolitano Paolo Sorrentino describe a una Roma y, por extensión, a una Europa, que atesoran toda su monumentalidad y grandeza como históricos centros de poder. Pero en decadencia, a pesar del patético intento de alguna de sus protagonistas por reivindicar una vida que discurre entre la esterilidad y la melancolía. Sin embargo, Sorrentino no nuestra amargura ni resignación. Los protagonistas de la película pueden dedicar sus afanes a imaginarse en la cúspide del mundo, pensar que son creativos y participativos, como Estefa, o contemplar sin indulgencia su fracaso propio, y convenir en que se encaminan hacia una edad en donde únicamente se tienen los unos a los otros para quererse y tratar de hacer frente a la desesperación juntos, como Jep. El gigantesco anfiteatro Flavio, el Coliseo que desde su maravillosa terraza romana contempla Gambardella, es el mejor testimonio del destino de toda forma de belleza: la inspiración a la creación, a la autenticidad y al compromiso humano. Jep, enamorado en su juventud, autor de una notable primera novela, fue presa de esa belleza. Ahora, se resigna a morir con estilo, una forma adicional de engaño. Toni Servillo hace posible que ese engaño se convierta en interrogantes que de manera implacable golpean en la conciencia del espectador, y permanecen en ella. Inmenso actor. Excelente película.

97. FERRARA, A.: *Pasolini* (2014) Tarantula. Urania Pictures/ Canal+/ Belgacom

Título original: *Pasolini*. Año: 2014. Producción: Fabio Massimo Cacciatori. Thierry Lounas. Dirección: Abel Ferrara. Guión: Abel Ferrara. Fotografía: Stefano Falivene. Reparto: Willen Dafoe. Adriana Asti. Ninetto Davoli. Riccardo Scamarcio. María de Medeiros. Valerio Mastandrea. Andrea Bosca. Metraje: 85 minutos. Nacionalidad: Italia/ Francia/ Bélgica.

Sinopsis: Tras el estreno de *Saló, o los 120 días de Sodoma* (*Saló*, 1974), Pier Paolo Pasolini es objeto de toda suerte de críticas por una sociedad que no tolera su conjugación de creatividad, libertad e irreverencia. Con cincuenta años, Pasolini es el creador e intelectual independiente e indómito, pero también el hijo devoto, y no menos el incondicional amigo de sus amigos, que prepara una nueva película. Y, cuando la madrugada del 2 de noviembre de 1975 su cadáver aparezca en la playa de Ostia, se dispararán las conjeturas sobre la naturaleza de su asesinato, al tiempo que una sociedad conmocionada por la brutalidad del crimen, y en pleno proceso de cambio político y social, se enfrentará con la obra y el testimonio de una presencia pública siempre crítica, lúcida y honesta. Imprescindible.

Comentario: El asesinato de Pasolini encierra todavía numerosas incógnitas, más de cuatro décadas después. Pier Paolo Pasolini, creador romano pero de origen friulano por parte de madre, realizador de cine, pero también poeta y escritor, militante comunista, pero siempre incómodo, por su defensa de la libertad humana, su rechazo a toda forma de disciplina interna, su denuncia de los regímenes totalitarios, y su explícita admiración por líderes como Robert Kennedy, cristiano que dirigió una maravillosa película sobre Jesucristo, *El Evangelio según san Mateo* (*Il Vangelo secondo Matteo*, 1964), pero siempre muy crítico con la Iglesia católica, y no digamos com la Democracia Cristiana, homosexual que no ocultó nunca su opción en una sociedad tan pacata como la de su tiempo, honesto, austero, inteligente, caústico, creativo, independiente, un verdadero intelectual, comprometido y libre, vindicador de la transformación social, pero también de la necesidad de cambiar la vida, su figura representó un permanente motivo de hostilidad para todas las formas y expresiones dirigentes de la vida pública italiana. Probablemente Abel Ferrara quiere expresar todo eso, y la película se convierte en un serio y documentado homenaje. Willen Defoe compone una muy convincente interpretación, bien secundado por el juego de Ninetto Davoli interpretando a Edoardo Filippo, mientras a él mismo, cuarenta años más joven, lo incorpora Riccardo Scamarcio. Cine dentro del cine. Y una película a la altura del mejor Ferrara.

98. WARCHUS, M. *Pride* (2014) Calamity Filns

Título original: *Pride* Año: 2014. Producción: James Clayton. Christine Langan. David Livingstone. Cameron McCracken. Jim Spencer. Dirección: Matthew Warchus. Guión: Stephen Beresford. Fotografía: Tad Radcliffe. Banda sonora: Christopher Nightingale. Reparto: George MacKay. Ben Schnetzer. Dominic West. Imelda Staunton. Bill Nighy. Paddy Considine. Andrew Scott. Jessica Gunning. Freddie Fox. Joseph Gilgun. Liz White. Metraje: 118 minutos. Nacionalidad: Gran Bretaña.

Sinopsis: El invierno de 1983-1984, en pleno comienzo del segundo mandato como primera ministra de Margaret Thatcher, la minería británica del carbón fue a una prolongada huelga, de casi cuatro meses, que revistió una especial incidencia en un país tan vinculado históricamente al sector como Gales. Un grupo gay de Londres decide organizarse para recaudar fondos para le huelga, pero la dirección estatal del sindicato rechaza su ayuda. Es entonces cuando, bajo el liderazgo de Mark Ashton, crean una organización, "Lesbianas y Gays apoyan a los Mineros", y eligen al azar un pueblo en pleno Sur carbonífero galés, Dulais, al que acuden para entregar la recaudación y mostrar su solidaridad. El encuentro entre los jóvenes londinenses y la comunidad minera galesa no está exenta de recelos e incomprensiones, pero también ofrece la oportunidad para el mutuo conocimiento de la problemática de dos minorías integradas por ciudadanos cuyas expectativas y derechos no son reconocidos por el thatcherismo, pero tampooco el sistema político y el ordenamiento jurídico. Dai Donovan, el líder minero de Dulais, le explica a sus amigos londinenses que su Union está hace muchos años presidida por un estandarte en el que figuran dos manos que se estrechan. Tras 22 semanas de lucha, los mineros regresan al trabajo, derrotados y dignos. Pero cuando en 1984 se celebra el Día del Orgullo Gay en Londres, el sindicato de la minería participa acticamente en la manifestación. En los años siguientes, Mark fallece. Pero el apoyo de los mineros es decisivo para que las *Trade Unions* primero, y el laborismo después, asuma sus reivindicaciones.

Comentario: El cine social británico adoptó formato de comedia a partir de *Full Monty* (1997), de Peter Cattaneo, creándose un subgénero que algunos críticos denominaron de "buen rollito social". *Pride* representa una aproximación distinta. Es una película tierna, por momentos conmovedora, auténtica, pero nítida en la documentada descripción de hechos reales. Y ahí radica su originalidad e interés. Ningún partido, movimiento o estamento está exento de críticas, ni escapa a la caústica mirada de Warchus. Em cambio, la ternura se focaliza en la figura de Jonathan Blake, el segundo paciente diagnosticado por VIH, todavía vivo, o la de Mark Ashton, que falleció con apenas 26 años por culpa del SIDA, ambos espléndidamente interpretados por Dominic West y Ben Schnetzer. Pero la película se sostiene sobre dos veteranas figuras, Imelda Staunton como Hefina Headon y Billy Nighy como Cliff, y la confirmación de jóvenes espléndidas realidades como George MacKay tras su formidable trabajo en *Amanece en Edimburgo*

(*Sunshine on Leith*, 2014), o de Jessica Gurning como Siân James, quien tras la huelga estudio Lengua y Literatura Galesa en la Universidad de Swansea, llegando a ser MP en Westminster. La lucha por el reconocimiento de la diversidad, la identidad, la pluralidad, y el derecho a la plenitud de la existencia humana llega al cine con autenticidad.

99. SORRENTINO, P.: *La juventud* (2015) Indigo Film/ Medusa Film/ C+ Films. Bis Films. Pathé/ Number 9 Films

Título original: *La giovinezza*. Año: 2015. Producción: Nicola Giuliano. Francesca Cima. Carlotta Calori. Dirección: Paolo Sorrentino. Guión: Paolo Sorrentino. Fotografía: Luca Bigazzi. Banda sonora: David Lang. Reparto: Michael Caine. Harvey Keitel. Rachel Weisz. Pual Dano. Jane Fonda. Tom Lipinski. Madalina Ghenea. Rebecca Calder. Anabel Kutay. Metraje: 120 minutos. Nacionalidad: Italia/ Suiza/ Francia/ Gran Bretaña.

Sinopsis: El anciano y célebre compositor y director de orquesta británico, Fred Ballinger, acude a un exclusivo balneario suizo para realizar una cura de salud, en un clima de aislamiento y de tranquilidad. Allí se encuentra con su antiguo amigo y rival en contiendas sentimentales Mick, un veterano realizador estadounidense que se ha retirado a los Alpes en compañía de su equipo para escribir un último guión genial, una posibilidad que genera severo escepticismo a su alrededor. En el balneario se encuentra también Lena Ballinger, hija de Fred, recientemente divorciada, y de manera traumática, y con su hija Lena los recuerdos familiares, y la memoria de su esposa, enferma como consecuencia de una cruel enfermedad. Y, también en el balneario, se encuentra un niño que trata de aprender a interpretar una de las obras más bellas de Fred, y la flamante Miss Universo. La inocencia y el esplendor de la infancia y de la juventud, o los problemas de la madurez, revelan a los refinados, experimentados y soberbios creadores, viejos, pero en toda la culminación de su vanidad, la hermosa e implacable naturaleza de la vida. Brenda Morel, la veterana agente de Mick, ayuda al realizador en ese ejercicio de lucidez. Y Alex MacQueen, un emisario de la reina Isabel que solicita a Fred que salga de su aislamiento para volver a dirigir en el cumpleaños del príncipe Felipe, le recuerda cuán importante es todavía su vida y su creatividad.

Comentario: La última película de Paolo Sorrentino contó con un reparto internacional de excepción, la localización fuera de su amada Roma, pero de nuevo dentro de un espacio acotado, pero no menos connotado por la historia de las formas de creación, y entre ellas el cine, como es un elitista balneario alpino, al menos desde Thomas Mann, centro de la clase dirigente del continente, y todavía el privilegiado escenario para la reunión de foros económicos que no esconden su vocación de regir los destinos del mundo. En la película de Sorrentino, sin embargo, el poder es la vida humana, la maravillosa existencia, siempre plena, dotada de perfiles distintos en la juventud, en la madurez y en la ancianidad, pero siempre llena de dignidad, de espacio para todo cuanto la constituye, el amor y la creatividad, la familia y la amistad, los poderes que verdaderamente nutren a la condición humana, cambian la historia, se sobreponen a cualquier forma de adversidad. Un reparto extraordinario, encabezado por figuras tan indiscutibles como Michael Caine, Harvey Keitel, Jane Fonda o Rachel Weisz, dota de plena credibilidad a una película emotiva, sutil, escrita con delicadeza e inteligencia, a estas alturas proverbiales ya en Sorrentino, pero también llena de amor por la vida, y en todas sus etapas. *La juventud* ayuda a sus protagonistas, y a los espectadores, a redescubrir cada etapa de la existencia como lo que son: una maravillosa oportunidad para la plenitud de la aventura humana.

FUENTES DOCUMENTALES Y BIBLIOGRAFÍA

a. Fuentes Documentales y Literarias

ADENAUER, K.: *Un mundo indivisible*. Buenos Aires. 1957.

AGOSTINI, P.; BRUCKBERGER, R. L.: *Diálogo de Carmelitas*. Libreto. Guón cinematográfico. Madrid. 2006.

ANÓNIMO: *La muerte del rey Arturo*. Madrid. 1980.

AQUITANIA, G. de: *Poesía completa*. Edición de Luis Alberto de Cuenca. Madrid. 1983.

ARENDT, H.: *Eichmann en Jerusalén*. Barcelona. 2013.

BASSANI, G.: *La novela de Ferrara 1*. Barcelona. 1984.

BAYROU, F.: *Henri IV. Le roi libre*. Paris. 2007.

BERGMAN, I.: *Linterna mágica*. Barcelona. 1995.

BERNANOS, G.: *Diario de un cura rural*. Madrid. 1998.

-*Los grandes cementerios bajo la luna*. Barcelona. 2009.

BERNSTEIN, C.; WOODWARD, B.: *Todos los hombres del presidente (El escándalo Watergate)*. Barcelona. 1974.

BÖLL, H.: *Garantía para Ulrike Meinhof. Un artículo y sus consecuencias*. Barcelona. 1974.

-*Más allá de la literatura. Ensayos político y literarios*. Barcelona. 1986.

BOLT, R.: *Un hombre para la Eternidad.. A man for all seasons*. Madrid. 1967.

-*La Misión*. Barcelona. 1987.

BRANAGH, K.: *Beginning*. London. 1990.

BRANDT, W.: *Mi camino hacia Berlín*. Barcelona. 1961.

-*Memorias políticas 1960/1975. Quince años vitales: de alcalde de Berlín a canciller de Alemania*. Barcelona. 1976.
CAPRA, F.: *El nombre delante del título. Autobiografía*. Madrid. 1999.
CARLIN, J.: *El factor humano. Nelson Mandela y el partido que salvó a una nación*. Barcelona. 2009.
CARROLL, L.: *Alicia en el país de las maravillas*. Madrid. 1970.
-*A través del espejo y lo que Alicia encontró al otro lado*. Madrid. 1984.
CHAPLIN, C.: *Mi autobiografía*. Madrid. 1993.
CHIEL, D.: *La caja de música*. Barcelona. 1998.
CHRISTOMANOS, C.: *Sissi*. Fragmentos de diario. Impresiones, conversaciones, recuerdos. Selección y prefacio de Verena von der Heyden-Rysch. Textos de Luwig Klages, Maurice Barrès, Paul Morand y E. M. Cioran. Barcelona. 1988.
DE SICA, V.: *Ladrones de bicicletas*. México D. F. 1977.
-*La puerta del cielo. Memorias 1901-1952*. Salamanca. 2015.
D'ORCZY, B.: *La pimpinela escarlata*. Barcelona. 1986.
DOUGLAS, K.: *El hijo del trapero*. Barcelona. 1998.
DRURY, A.: *Tormenta sobre Washington*. Buenos Aires. 1962.
DUMAS, A.: *Los tres mosqueteros*. Madrid. 1980.
-*La reina Margot*. Barcelona. 1994.
EISENSTEIN, S. M.: *Yo. Memorias inmorales 1*. Madrid. 1988.
ELIOT, T. S.: *Asesinato en la catedral*. Madrid. 2009.
ENZENSBERGER, H. M.: *Tumulto*. Barcelona. 2014.
FAST, H.: *Espartaco*. Buenos Aires. 1955.
FLYNN, E.: *My Wicked, Wicked Ways*. London. 2002.
FOWLES, J.: *La mujer del teniente francés*. Barcelona. 1987.
GARRISON, J.: *JFK*. Barcelona. 1996.
GIONO, J.: *El húsar en el tejado*. Barcelona. 1995.
GOLDENSOHN, L.: *Las entrevistas de Nüremberg*. Ed. e Introd. de R. GELLATELY. Madrid. 2004.
GRAHAM GREENE, H.: *El tercer hombre*. Barcelona. 1998.
GRAVES, R.: *Yo, Claudio*. Madrid. 1978.
-*Claudio, el dios, y su esposa Mesalina*. Madrid. 1978.
GUARESCHI, G.: *Don Camilo*. Barcelona. 1973.
HAFFNER, S. *Historia de un alemán. Memorias 1914-1933*. Barcelona. 2001.

HAMBURG, E. (Ed.): *Nixon. An Oliver Stone Film*. London. 1996.
HARRISON, R.: *Rex. An autobiography*. London. 1974.
HELLMAN, L.: *Pentimento*. Barcelona. 1978.
HENRI IV: *"J'ai tellement envie de vous". Lettres d'amour 1585-1610*. Ed. Françoise Kermina. París. 2010.
HEPBURN, K.: *Yo misma. Historias de mi vida*. Barcelona. 1991.
HOPE, A.: *El prisionero de Zenda*. Madrid. 2004.
HUDSON, C. *Los gritos del silencio*. Barcelona. 1987.
HUGO, V.: *Nuestra Señora de París*. Madrid. 2006.
ISHERWOOD, C.: *Adiós a Berlín*. Barcelona. 1995.
JOHNSON, L. B.: *Memorias de un presidente 1963-1969*. Barcelona. 1971.
JORDAN, N.: *Michael Colins. Film Diary & Screenplay*. London. 1996.
KENNEDY, E. M.: *Los Kennedy. Mi familia*. Madrid. 2010.
KENNEDY, J.: *Conversaciones históricas sobre mi vida con John F. Kennedy*. Entrevistas con Arthur M. Schlesinger Jr., en 1964. Introducción y notas de Michael Beschloss. Madrid. 2011.
KENNEDY, J. F.: *Perfiles de coraje*. Buenos Aires. 1958.
KOESTLER, A.: *El cero y el infinito*. Barcelona. 2014.
KUNDERA, M.: *La insoportable levedad del ser*. Barcelona. 1986.
LAMPEDUSA, G. T. de: *El gatopardo*. Barcelona. 1984.
LAWRENCE, T. E.: *Los siete pilares de la sabiduría*. 4 vols. Madrid. 1986.
LERNER, A. J.: *The Street Where I Live*. New York. 1994.
MARCO AURELIO: *Meditaciones*. Madrid. 1985.
MALORY, T.: *La muerte de Arturo I*. Madrid. 1985.
MANN, K.: "Al Profesor Thomas Mann, Nueva York". RAUSCHNING, K.: *1945. El año de la catástrofe*, pp. 323-327. Barcelona. 1971.
MILLER, A.: *Vueltas al tiempo*. Barcelona. 1988.
MINDSZENTY, J.: *Memorias*. Barcelona. 1974.
MORAND, P.: *Fouquet, ou le Soleil offusqué*. Paris. 1971.
MORAVIA, A.: *El conformista*. Barcelona. 2010.
MORO, A.: *Lettere dalla prigionia*. Torino. 2008.
MUSIL, R.: *Las tribulaciones del estudiante Törless*. Barcelona. 1985.
O'BRIEN, K.: *Esa Dama*. Barcelona. 1986.

PADURA, L.: *El hombre que amaba a los perros*. Barcelona. 2009.
PENN WARREN, R.: *Todos los hombres del rey*. (Edición restaurada). Barcelona. 2006.
PIRRO, U.: *Celuloide*. Madrid. 1990.
PUZO, M.: *El padrino*. Barcelona. 1996.
RENOIR, J.: *Mi vida y mi cine*. Madrid. 1993.
RIEFENSTAHL, L.: *Memorias*. Barcelona. 1991.
ROMMEL, E.: *Memorias*. Madrid. 2008.
ROSSELLINI, R.: *Un espíritu libre no debe aprender como esclavo. Escritos sobre cine y educación*. Barcelona. 2001.
SABATINI, R.: *Scaramouche*. Madrid. 1999.
SCIASCIA, L.: *El caso Moro*. Barcelona. 2010.
SCOTT, W.: *Rob Roy*. Barcelona. 1976.
-*Ivanhoe*. Barcelona. 1984.
SIMENON, G.: *El presidente*. Barcelona. 1962.
SORENSEN, T.: *Counselor. A Life at the Edge of History*. New York. 2008.
STEINBECK, J.: *Los hechos del rey Arturo y sus nobles caballeros*. Barcelona. 1994.
-*Las uvas de la ira*. Madrid. 2002.
STEVENSON, R. L.: *El Señor de Ballantrae*. Madrid. 1987.
TARCHETTI, I. U.: *Fosca*. Barcelona. 1991.
THACKERAY, W.: *Las aventuras de Barry Lyndon*. Barcelona. 1991.
TOLSTOI, L.: *La guerra y la paz*. Barcelona. 1981.
TRIGO, F.: *Jarrapellejos*. Madrid. 2001.
TROTSKI, L.: *La revolución permanente*. Buenos Aires. 1973.
TROYES, C. de: *Guillermo de Inglaterra*. Introducción de Marie-José Lemarchand. Madrid. 1991.
UHLMAN, F.: *Reencuentro*. Barcelona. 1987.
VON PAPEN, F.: *Memorias*. Msdrid. 1952.
WALLACE, L.: *Ben-Hur*. Barcelona. 1977.
WALLACE, R.: *Braveheart*. Barcelona. 1995.
WALSH, M.: *El Hombre Tranquilo*. Madrid. 2012.
WARREN, E. (Pres.): *Report of the Warren Commission. The Assassination of President Kennedy*. New York. 1964.
WAUGH, E.: *Retorno a Brideshead. Las memorias sagradas y profanas del capitán Charles Ryder*. Buenos Aires. 1948.

WELLES, O.; BOGDANOVICH, P.: *Ciudadano Welles*. Barcelona. 1994.
WHITE, T. H.: *Camelot. El Libro de Merlín*. Barcelona. 1993.
WIAZEMSKY, A.: *Un año ajetreado*. Barcelona. 2013.
WILDER, B.; KARASEK, H.: *Nadie es perfecto*. Barcelona. 1993.
YEATS, W. B.: *Antología poética*. Biografía, selección y traducción de Manuel Soto. Madrid. 1991.

b. Bibliografía

ALCÁNTARA SÁEZ, M.: "Complejidad, subjetividad y poder en el cine de Stanley Kubrick". ALCÁNTARA, M.; MARIANI, S. (Eds.): *La política va al cine*, pp. 15-27. Lima. 2014.
ALONGE, G.: *Cinema e Guerra. Il film, la Grande Guerra, e l'immaginario bellico del Novecento*. Torino. 2001.
AMY DE LA BRETÈQUE, F.: *La légende de Robin des Bois*. Toulouse. 2001.
ASOR ROSA, A.: "Il neorrealismo o il trionfo del narrativo". ABRUZZESE, ASOR ROSA, FINK, GUIDORIZZI, LIZZANI, ORATI, PAGANOTTO, TINAZZI, ZANCAN: *Cinema e Letteratura del Neorrealismo*. A cura di Giorgio Tinazzi e Marina Zancan, pp. 79-102. Venezia. 1990.
BLOCH, M.: *La sociedad feudal*. Madrid. 2002.
BLOOM, H.: *Shakespeare. La invención de lo humano*. Barcelona. 2002.
BRAGG, M.: *La vida de Richard Burton*. Barcelona. 1990.
BURGESS, G.: *Absolute Monarchy and The Stuart Constitution*. Yale. 1996.
CHATEAU, F.: *Cinéma et philosophie*. París. 2003.
CIRLOT, V.: *La Novela Artúrica. Orígenes de la Ficción en la Cultura Europea*. Barcelona. 1987.
COLEMAN, T.: *Olivier. The Authorised Biography*. London. 2005.
COOGAN, T. P.: *Michael Collins. A biography*. London. 1991.
DRAKAKIS, J.: " 'Fashion it thus'. *Julius Caesar* and the politics of theatrical representation". ALEXANDER, C. M. S. (Ed.): *Shakespeare and Politics*, pp. 206-218. Cambridge. 2004.

ÉLOY, M.: "L'Égypte: du fantasme à l'Histoire". *CinémAction nº 89. Le péplum: l'Antiquité au cinéma*, pp. 13-19. París. 4º trimestre. 1998.
FEENEY CALLAN, M.: *Richard Harris. A Sporting Life*. London. 1992.
-*Anthony Hopkins*. Barcelona. 1994.
FOUCAULT, M.: *La verdad y las formas jurídicas*. México D. F. 1986.
FERRO, M.: *Cinéma et Histoire*. París. 1993.
FLEMING, R.: *Britain after Rome. The Fall and Rise 400-1070*. London. 2011.
GARCÍA PELAYO, M.: *Los mitos políticos*. Madrid. 1981.
GILMOUR, D.: *El último gatopardo (Vida de Giuseppe de Lampedusa)* Madrid. 1988.
GIOVAGNOLI, A.: *Il caso Moro. Una tragedia repubblicana*. Bologna. 2005.
GRIFFITHS, R. A.; THOMAS, R. S.: *The Making of the Tudor Dinasty*. London. 1997.
GRONOWICZ, A.: *Garbo. Su historia*. Barcelona. 1990.
GUARNER, J. L.: *Roberto Rossellini*. Madrid. 2006.
GUBERN, R.: *La caza de brujas en Hollywood*. Barcelona. 1987.
HALLER, W.: *Liberty and Reformation in the Puritan Revolution*. New York. 1963.
HARRIS, T.: *Revolution. The Great Crisis of the British Monarchy 1685-1720*. London. 2007.
HART, P.: *Mick. The Real Michael Collins*. London. 2005.
HINTZE, O.: *Historia de las formas políticas*. Madrid. 1968.
JAEGER, W.: *Paideia: los ideales de la cultura griega*. México D. F. 2012.
JAFFA, H. V.: "The Unity of Tragedy, Comedy, and History. An Interpretation of the Shakespearean Universe". ALVIS, J. E. & WEST, T. G. (Ed.): *Shakespeare as Political Thinker*, pp. 29-58. Wilmington (Del.) 2000.
JONES, J. R.: *The Revolution of 1688 in England*. London. 1972.
JORDAN, C.: *Shakespeare's Monarchies. Ruler and Subject in the Romance*. Cornell. 1999.
KANTOROWICZ, E. H.: *Los dos cuerpos del rey. Un estudio de teología política medieval*. Madrid. 1985.

LEHMANN, C.: *Shakespeare Remains. Theater to Film, Early Modern to Postmodern.* Ithaca & London. 2002.
MALCOLM SMUTS, R.: *Court Culture and the Origins of a Royalist Tradition in Early Stuart England.* Philadelphia. 1999.
MEINECKE, F.: *La Idea de la Razón de Estado en la Edad Moderna.* Madrid. 1983.
MEYER, E.: *El historiador y la Historia antigua. Estudios sobre la teoría de la Historia y la Historia económica y política de la Antigüedad.* México D. F. 1983.
MINGANT, N.: *Hollywood à la conquête du monde. Marchés, stratégies, influences.* Paris. 2010.
MIRET JORBA, R.: *Luchino Visconti. La razón y la pasión.* Barcelona. 1989.
MOIX, T.: *Hollywood Stories.* Barcelona. 1971.
MORLEY, S.: *James Mason. Odd Man Out.* New York. 1989.
MORO, T.: *Utopía. La mejor forma de comunidad política y la nueva isla de Utopía. Librito de oro, no menos saludable que festivo, compuesto por el muy ilustre e ingenioso Tomás Moro, ciudadano y sheriff de la muy noble ciudad de Londres.* Madrid. 1991.
MORTIMER, I.: *The Perfect King. The Life of Edward III, Father of the English Nation.* London. 2007.
MUNN, M.: *Richard Burton. Prince of Players.* London. 2008.
RUBYTHON, T.: *And God Created Burton.* London. 2011.
RUNCIMAN, S.: *Historia de las Cruzadas II. El Reino de Jerusalén y el Oriente Franco (1100-1187)* Madrid. 1981.
SAN MIGUEL PÉREZ, E.: *Abogacía, justicia y derecho en Shakespeare.* Madrid. 2004.
-*La lectora de Fontevraud. Derecho e Historia en el Cine. La Edad Media.* Madrid. 2013.
-"*Quo non ascendet?* Absolutismo, Estado y Poder en el Cine. Olivares, Cromwell y Fouquet". *Anuario de Historia del Derecho Español LXXXV,* pp. 497-518. Madrid. 2015.
SCHIFANO, L.: *Visconti. Une vie exposée.* Paris. 2009.
SCHLESINGER, A. M. Jr.: *Nuevos estilos en política.* Buenos Aires. 1967.
-*Los ciclos de la historia americana.* Madrid. 1988.
SHARP., A.: *Political ideas of the English civil wars 1641-1649.* London. 1983.

SOLOMON, J.: *Peplum. El mundo antiguo en el cine*. Madrid. 2002.
SORENSEN, T.: *Kennedy*. New York. 1965.
SPOTO, D.: *Laurence Olivier. A Biography*. London. 1991.
VALANTIN, J.-M.: *Hollywood, le Pentagone et le monde. Les trois acteurs de la stratégie mondiale*. Paris. 2010.
VANOYE, F.: *L'adaptation littéraire au cinéma. Formes, usages, problèmes*. París. 2011.

Made in United States
Orlando, FL
04 November 2026

90201290R10190